·1000MW 超超临界机组发电技术丛书·

金属监督与焊接

JINSHU JIANDU YU HANJIE

刘鸿国　主编

中国电力出版社
CHINA ELECTRIC POWER PRESS

内 容 提 要

本书以超超临界百万机组金属材料为基础，以金属监督、焊接为主线，以提高机组部件安全可靠性为目标，主要内容包括超超临界机组新型耐热钢介绍，P92 焊接工艺评定与焊接管理，典型部件焊接、检验施工方案，基建、运行、检修金属监督，典型缺陷与失效案例，高温高压管道、锅炉管在线监测与寿命管理，超超临界机组氧化皮控制与预防措施。

本书可作为从事超超临界机组设备制造、运行、检修、管理等相关工作的技术人员阅读使用，也可供从事相关技术研究工作的技术人员、管理人员及高校师生借鉴参考。

图书在版编目(CIP)数据

金属监督与焊接/刘鸿国主编. —北京：中国电力出版社，2017.11
(1000MW 超超临界机组发电技术丛书)
ISBN 978-7-5198-1156-3

Ⅰ.①金… Ⅱ.①刘… Ⅲ.①火电厂-超临界机组-发电机组-金属材料-焊接 Ⅳ.①TM621.3 ②TG457.1

中国版本图书馆 CIP 数据核字(2017)第 230440 号

出版发行：中国电力出版社
地　　址：北京市东城区北京站西街 19 号（邮政编码 100005）
网　　址：http://www.cepp.sgcc.com.cn
责任编辑：宋红梅　董艳荣（010—63412383）
责任校对：郝军燕
装帧设计：张俊霞　赵姗姗
责任印制：蔺义舟

印　　刷：北京天宇星印刷厂
版　　次：2017 年 11 月第一版
印　　次：2017 年 11 月北京第一次印刷
开　　本：787 毫米×1092 毫米　16 开本
印　　张：14
字　　数：450 千字　12 插页
印　　数：0001—1500 册
定　　价：**58.00** 元

编　委　会

主　　编　刘鸿国

参编人员　蔡　晖　沈　钢

　　　　　杜保华　殷　尊

审　　稿　沈　钢

序

随着国内首座超超临界百万千瓦电厂华能玉环电厂 2006 年 11 月首台机组投产，我国投产运行的超超临界机组已具备了一定规模。为适应我国超超临界机组的快速发展，电力行业及其他相关电厂设备的制造、安装、运行、维修等单位及科研院所的技术人员为此付出了不懈努力和辛勤劳动，并取得了丰硕的成果。

本书对超超临界机组的新型耐热钢 T92/P92、T122/P122、Super304H、HR3C 等材料的使用性能、焊接工艺性能（焊接性）、焊接及热处理工艺、焊接检验、施工技术方案、早期失效、焊接修复、金属监督、状态评估与寿命管理等领域开展了深入的实验研究和工程实践，获得大量丰富翔实的案例资料，取得了理论与实践相结合的可喜成绩。超超临界机组金属监督与焊接的成果，其中有经验也有教训，许多资料为第一手资料，具有原创性和先进性，有较强的针对性和实践可操作性，推动了国内相关行业标准的更新与进步，可资借鉴。

本书可供从事燃煤发电技术及从事超超临界机组设备制造、运行、检修、管理等相关工作的技术人员阅读使用，也可供从事相关技术研究工作的技术人员、管理人员及高校师生借鉴参考。相信该书的出版对我国超超临界机组金属材料及性能评价、焊接、检验、失效分析、状态评估、寿命管理等工程技术人员具有重要参考价值，进一步促进超超临界机组的发展，为机组的长周期、安全、稳定、可靠、经济运行发挥重要作用。

上海交通大学博士导师　**单爱党**

2017 年 8 月

前　言

国家“863”计划“百万千瓦超超临界发电关键技术”课题研究依托工程，华能玉环电厂成功建成投产已十年有余，我国电力工业在超超临界机组设计、制造、安装、工程建设管理、调试、运行维护管理等方面取得了长足的进步，大幅缩短了与世界先进发电技术的差距。十年来我国的超超临界机组数量和容量均居世界第一，引领了清洁高效燃煤发电技术发展。

超超临界、高效超超临界机组发展的核心基础是新型耐热钢材料技术的进步，20 世纪 90 年代后期，耐热材料及其制造工艺水平取得了前所未有的技术进步，涌现了大量新型 9Cr～12Cr 系列铁素体钢和 20Cr～25Cr 系列奥氏体钢，新型耐热钢的研发推动了更先进和高效的超超临界机组快速发展。

本书编者在电厂金属材料、焊接、检验、金属监督、失效分析、评估、寿命管理等领域，尤其是针对超超临界机组，有丰富的实践经验和专项科研成果积累，全程参与和见证了国内超超临界机组的建设与发展。本书重点介绍了超超临界机组新型耐热钢等金属材料的性能、焊接工艺、早期失效典型案例原因分析及预防措施、寿命管理、氧化皮防治等，尤其注重生产实践的指导性。

本书共七章，第一章、第五章由刘鸿国编写，第二章、第三章由刘鸿国、蔡晖、沈钢编写，第四章、第七章由殷尊、蔡晖编写，第六章由杜保华编写。全书由刘鸿国统稿，由中国能建浙江火电建设有限公司沈钢审稿。

本书在编辑、出版过程中得到中国电力出版社的大力支持，在本书的编写过程中还得到了上海交通大学博士导师单爱党的支持，编者在此一并表示感谢。

由于时间和水平有限，书中不妥之处在所难免，恳请各位读者批评指正。

编　者

2017 年 8 月

目　录

序
前言

第一章　超超临界机组新型耐热钢介绍 …… 1
第一节　超超临界机组选材分析 …… 1
一、高温受热面选材分析 …… 2
二、四大管道选材分析 …… 5
三、汽轮机高温高速转动部件用材 …… 6
第二节　新型耐热钢 …… 10
一、新型耐热钢简介 …… 10
二、新型耐热钢国产化 …… 14
第三节　高效超超临界机组选材分析 …… 16
一、610℃/620℃再热发电技术 …… 16
二、650℃级别超超临界发电技术 …… 17
三、700℃级别先进超超临界发电技术 …… 17

第二章　P92焊接工艺评定与焊接管理 …… 19
第一节　超超临界机组用新型钢的焊接 …… 19
一、P92/P91焊接中的裂纹问题 …… 19
二、焊接接头力学性能问题 …… 20
三、焊接接头强度不足问题 …… 21
四、焊接材料与工艺的影响 …… 22
第二节　新型耐热钢T92/P92焊接工艺 …… 24
一、P92钢化学成分及性能特点 …… 24
二、P92钢焊接的重点及难点 …… 25
三、焊接工艺评定策划及组织 …… 27
四、热处理工艺 …… 30
五、P92钢现场安装焊接 …… 31
六、P92钢安装过程质量控制重点 …… 34
七、T122/P122焊接工艺评定 …… 35
八、焊后检验 …… 40
第三节　新型耐热钢HR3C、Super304H钢焊接工艺 …… 42
一、Super304H、HR3C钢及其焊接情况 …… 42

二、Super304H、HR3C 焊接工艺 …… 52
第四节 现场焊接与管理 …… 55
一、编制依据 …… 55
二、焊接工程量及特点 …… 55
三、焊接施工组织机构 …… 56
四、焊接主要施工方案和重大技术措施 …… 57
五、焊接质量管理 …… 60
六、焊接安全卫生管理 …… 61
七、焊接劳动力的准备 …… 62
八、焊接能力供应 …… 62
九、焊接技术、质量记录的准备 …… 63
十、其他质量管理过程 …… 63
第五节 P92 管道内壁裂纹现场焊接修复 …… 64
一、概况 …… 64
二、技术路线 …… 65
三、主蒸汽管弯头裂纹缺陷的挖补 …… 65
四、主蒸汽管道 23 号焊口的焊接 …… 69

第三章 典型部件焊接、检验施工方案 …… 71
第一节 汽缸拼缸焊接方案 …… 71
一、拼装及焊接要求 …… 71
二、低压外下缸的拼装和焊接工艺 …… 72
三、低压外下缸与凝汽器焊接 …… 73
四、低压外上缸的拼装和焊接工艺 …… 74
五、施工工艺 …… 75
第二节 主蒸汽等大管道焊接方案 …… 76
一、焊接操作工艺流程 …… 77
二、焊接操作工艺描述 …… 77
三、焊接及热处理返工工艺 …… 81
四、焊接质量控制及质量要求 …… 82
第三节 受热面焊接施工方案 …… 83
一、焊接方法 …… 83
二、焊接力能配备方案 …… 83
三、焊前预热技术方案 …… 83
四、焊接工艺 …… 84
五、热处理技术方案 …… 85
六、焊后检验方案 …… 85
七、返修处理方案 …… 85
八、质量验收标准 …… 85

九、质量保证措施 …… 86
第四节 超超临界塔式锅炉 T23 水冷壁 …… 87
一、作业程序、方法和内容 …… 87
二、特殊结构安装焊缝焊接顺序推荐 …… 88
三、作业结果的检查验收和达到的标准要求 …… 89
第五节 射线作业方案 …… 90
一、射线检验范围 …… 90
二、检测人员和设备 …… 91
三、检测流程 …… 91

第四章 基建、运行、检修金属监督 …… 99
第一节 基建监督项目策划与管理 …… 99
一、金属监督的依据 …… 99
二、金属监督的范围 …… 100
三、超超临界机组新钢种管理 …… 114
四、安装前后的检查 …… 119
五、不合格品的处置 …… 119
第二节 基建阶段突出问题与监督重点 …… 120
一、基建阶段突出问题及金属监督重点 …… 120
二、优化用材，把好设计、制造选材关 …… 120
三、抓好设备监造，确保设备制造水平 …… 120
四、做好入场验收，控制安装过程质量 …… 121
第三节 运行阶段突出问题与监督重点 …… 122
一、金属技术监督概述 …… 122
二、基层单位金属技术监督管理模式 …… 123
三、技术监督 …… 123
四、金属在高温长期运行过程中的变化 …… 131
第四节 检修阶段突出问题与监督重点 …… 139
一、四氧化三铁的析出 …… 139
二、水冷壁管子和鳍片的开裂 …… 140
三、高温腐蚀 …… 141
四、水冷壁及尾部烟道吹损 …… 141
五、主蒸汽、热段管道接管座焊缝 …… 142
六、锅炉防磨防爆检查 …… 142
七、检修监督项目策划与管理 …… 144
第五节 火力发电厂金属事故分析 …… 145
一、锅炉爆管分析 …… 145
二、汽轮机叶片损坏与防止措施 …… 150
三、汽轮机转子事故与处理 …… 151

四、汽轮机汽缸的开裂问题 …… 153
五、螺栓的断裂与防止 …… 153

第五章　典型缺陷与失效案例 …… 155
第一节　T92/P92、T122/P122 许用应力下降 …… 155
第二节　新型耐热钢 T91/P91、T92/P92、T122/P122 材质不合格 …… 158
一、P91 热段管道（及弯头）硬度不合格 …… 158
二、P122 联箱铁素体含量超标 …… 158
第三节　新型耐热钢的运行失效案例 …… 160
一、P92 焊缝开裂 …… 160
二、新型钢 Super304H、HR3C 爆管 …… 161
三、联箱厂家焊缝裂纹缺陷 …… 162
第四节　新型耐热钢 T23 早期失效 …… 164
第五节　异种钢焊缝早期失效 …… 164
一、过热器 T22/TP347H 焊缝开裂 …… 164
二、再热器 T92/HR3C 焊缝开裂 …… 165
三、联箱下连接管焊缝开裂 …… 165

第六章　高温高压管道、锅炉管在线监测与寿命管理 …… 166
第一节　高温高压管道的在线监测与寿命管理 …… 166
第二节　模型简介 …… 167
一、应力计算 …… 167
二、剩余寿命计算 …… 169
第三节　系统架构 …… 170
一、数据转换服务程序 …… 171
二、数据库 …… 171
三、实时性能分析服务程序 …… 171
四、Web 发布 …… 171
第四节　高温管道寿命管理系统功能 …… 171
一、状态在线监测及评估 …… 171
二、设备信息管理 …… 171
三、运行历史查询 …… 173
四、测点超温超压统计 …… 173
五、高温管道在线监测与寿命管理工作实施 …… 175
第五节　锅炉管在线监测与寿命管理 …… 176
一、基本概念 …… 176
二、模型简介 …… 177
三、应力计算 …… 178
四、寿命评估 …… 178
五、氧化皮生长模型 …… 178

六、系统架构 …… 179
七、锅炉管寿命管理系统功能 …… 179
八、锅炉管在线监测与寿命管理工作实施 …… 189
第七章　超超临界机组氧化皮控制与预防措施 …… 191
第一节　超超临界氧化皮的剥落 …… 191
一、氧化膜生长速度的一般规律 …… 192
二、氧化皮测量和数据处理方法 …… 192
三、蒸汽氧化速率突变的原因分析 …… 193
四、蒸汽氧化临界温度的影响因素 …… 196
第二节　氧化皮的形成影响因素 …… 196
一、氧化皮剥落物的宏观形貌特征 …… 196
二、氧化皮的微观结构和形貌特征 …… 197
三、氧化皮的成分、含量和合金元素分布规律 …… 197
四、原生氧化皮剥落后的残留氧化物生长规律 …… 198
五、高温蒸汽氧化机理 …… 199
六、合金元素 Cr 对高温蒸汽氧化层的影响 …… 199
七、喷丸对氧化皮形成的影响 …… 200
第三节　氧化皮的防治措施 …… 202
一、选材优化 …… 202
二、机组运行控制措施 …… 203
三、氧化皮清理措施 …… 203
四、检修改造措施 …… 204
五、检查检验措施 …… 204
六、其他措施 …… 204
第四节　氧化皮的检测方法 …… 204
一、氧化物在钢管内剥离堆积堵塞的形式及风险 …… 204
二、检测原理、方法、部位及数量 …… 205
三、检测结果分析 …… 206
四、结论及建议 …… 209
参考文献 …… 212

第一章

超超临界机组新型耐热钢介绍

第一节　超超临界机组选材分析

由于市场竞争的加剧，火力发电行业目前面临两个方面的压力：一是需要降低发电成本；二是需要降低SO_x、NO_x、CO_2的排放，满足严格的环保要求，发展洁净煤发电技术是解决这些问题的关键。洁净煤发电技术主要包括超超临界（Ultra-Supercritical Steam Project，USC）发电技术、循环流化床（CFBC）发电技术、增压流化床联合循环（PFBC-CC）发电技术和整体煤气化联合循环（IGCC）发电技术。超超临界发电技术具有机组热效率高、可靠性好、环保指标先进、调峰性能好等优点，而循环流化床发电技术、增压流化床联合循环发电技术和整体煤气化联合循环发电技术目前存在运行可靠性差、经济性不高、容量低、技术不成熟等问题，因此，在众多的洁净煤发电技术中，超超临界发电技术具有较高的效率和较低的建设成本，技术成熟，其继承性和可行性最高，是洁净煤发电技术的主流。

由于超超临界机组具有优越的经济性指标和节能减排的极大潜力，美国、俄罗斯、德国率先设计制造了超高参数的超超临界机组，但是因为所选择的蒸汽参数超越了同时期耐热材料及其制造工艺的发展水平，最后不得不降参数运行。例如，美国在1958年曾经建造了蒸汽参数为34.4MPa、649℃的超超临界发电机组，但是最后降至24.1～25.4MPa、538℃/566℃或566℃/566℃的超临界参数运行。到了20世纪90年代后期，耐热材料及其制造工艺装备和工艺水平取得了前所未有的技术进步，涌现了大量新型9Cr～12Cr系列铁素体钢和20Cr～25Cr系列奥氏体钢，新型耐热钢的研发推动了更先进和高效的超超临界机组快速发展，因此，耐热材料及其制造工艺水平决定了火力发电的技术水平。

与超临界机组相比，超超临界机组的蒸汽温度和压力更高，因而对电厂关键部件材料提出了更高和更新的要求，尤其是材料的热强性能、抗高温腐蚀和氧化能力、冷加工和热加工性能等。因此，材料和制造技术已成为发展先进火电机组的核心技术。国外已经运营或在设计、建设阶段的USC机组的蒸汽温度参数大多数为566～620℃，压力则有25、27MPa和30～31MPa共3个级别。从20世纪90年代末开始，欧洲、日本、美国等国家和地区陆续启动了700℃超超临界发电技术研究计划，如欧洲的AD-700计划、美国的USC计划、日本的A-USC计划等，我国也在2010年7月启动了700℃超超临界燃煤发电技术创新联盟。

高的蒸汽参数对电厂用钢提出了更苛刻的要求，对锅炉来说具体要求如下。

(1) 较高的高温强度。对于主蒸汽管道、过热器/再热器管、联箱和水冷壁管材料都必须有与高的蒸汽参数相适应的高温持久强度。管道设计时，通常是以材料在工作温度下

10^5h 的持久强度为强度设计的主要依据，然后再以蠕变极限进行校核。因此，要求钢管材料必须有足够高的持久强度和蠕变极限；此外，还要求具有高的持久塑性，以便在破裂前能产生一定的塑性变形，从而有利于通过监测管径的蠕胀程度，及时采取必要的预防措施，以免发生脆断事故。

（2）良好的耐烟气侧高温腐蚀。烟气侧的腐蚀是影响过热器管、再热器管、水冷壁管寿命的一个重要因素。若金属温度提高，则烟气的腐蚀速度将会明显加快。因此，USC 机组中的腐蚀问题更加突出，所用的材料必须耐高温腐蚀。

（3）较高的抗蒸汽氧化性能。运行温度的提高，加剧了过热器管、再热器管甚至包括联箱和管道等蒸汽通流部件的蒸汽侧氧化倾向。这将导致 3 种后果：氧化层的导热性能差引起金属超温；氧化层剥落堆积在弯头等处，导致通流面积减小甚至堵塞而引起超温爆管、阀门卡涩泄漏；剥落的氧化物颗粒对汽轮机前级叶片产生冲蚀。因此，在过热器管屏、再热器管屏等高温受热面管屏材料的选择中，应充分考虑到抗蒸汽氧化性能及氧化层剥落的风险。

（4）良好的抗热疲劳性能。材料的抗热疲劳性能是与高温强度同等重要的指标，由于机组的启停、变负荷和煤质波动等会引起热应力，所以对于主蒸汽管道、联箱、阀门等厚壁部件，应在保证强度的前提下尽可能选择热导率高和热膨胀系数小的铁素体耐热钢。

对汽轮机而言，转子、叶片以及其他旋转部件在运行中，要承受巨大的离心力和自重引起的弯曲应力。当电力系统突然故障时，还要承受很大的扭矩和冲击负荷。汽轮机主轴或转子，因蒸汽通过各级叶片蒸汽温度逐级降低，还承受由温度梯度造成的热应力；调峰机组因启停频繁，启停时转子表面和心部金属温差大，还承受交变热应力作用。因此，对汽轮机材料的要求主要有：具有规定的化学成分和高淬透性，以保证足够的强度、冲击韧性和塑性储备；纵向和沿整个截面的力学性能应保持最大可能的均匀性；对于高、中压转子以及工作温度超过 400℃的叶轮，应有足够高的蠕变和持久强度；对于参与调峰机组的转子材料，还应有高的低周疲劳强度。此外，为防止发生低应力脆断事故，还应有尽可能低的脆性转变温度，特别是低压焊接转子更是如此。发电机转子是磁场回路的一部分，还应有良好的导磁性能。

超超临界机组运行参数的提高对耐热钢的热强性能提出了更高的要求；汽缸、阀门等部件也会由于运行温度和压力的提高而需要更好的热强性能；同样，高温紧固件也需要有更高的拉伸屈服强度和蠕变松弛强度、在蒸汽环境下的抗应力腐蚀能力以及足够的韧性、塑性等以避免蠕变裂纹的形成。因此，机组的启停、变负荷与煤质的波动要求厚壁部件如转子、缸体、阀门等的材料有低的热疲劳和蠕变疲劳敏感性。对再热蒸汽温度高于 593 ℃的低压转子还必须考虑材料在该温度范围内的回火脆性。

一、高温受热面选材分析

在超超临界机组中，关键的部件包括水冷壁、高温过热器/再热器等受热面，这些受热面工作环境苛刻，选材是否合理对机组的可用率影响很大，国外已投运的超超临界机组中这些部件出现的材料问题相对较多。

（一）水冷壁

通常超临界以上参数的机组都采用膜式水冷壁，焊接条件是重要的因素。考虑膜式水冷壁安装和检修的操作条件，制造材料需要采用焊后不需热处理的钢材，为了保证使用的安全性，对焊后热影响区的维氏硬度有限制，例如，TRD201 规定热影响区、焊缝维氏硬度 HV 在载荷为 10kg 时分别不得超过 350、400。受此限制，尽管水冷壁的温度与其他高温部件相比不是太高，材料的选择范围也非常有限，水冷壁也是机组向高参数过渡的关键部件之一。

超超临界机组主蒸汽压力和炉膛热负荷的升高会提高水冷壁的温度，例如，在 32.5MPa/ 620℃的蒸汽参数下，出口端的汽水温度达到 475℃左右，投运初期的管壁中央温度为 497℃，垢层增厚后可提高到 513℃左右，热负荷最高区域的管子外壁温度可达到 524℃，最高的瞬时温度可达到 539℃。此时，需要合金含量更高、耐热性能更好的材料。丹麦的 Konvoj 1、2 号机组（29MPa/582℃/580℃/580℃，1997、1998 年投运）选用了熟悉的 13CrMo44 作为水冷壁材料，该材料焊后不需热处理。按照外径 38mm、壁厚 6.3mm 计算其最大允许蒸汽温度为 435℃，即使增加壁厚也仅为 450℃。13CrMo44 是当时成熟的水冷壁材料中最好的，尽管当时已有新钢种，但业主不愿承担采用未经考验的材料的风险。

为了降低 NO_x 的排放，现代的锅炉还采用分段燃烧技术，这对水冷壁是一个严峻的考验，因为考虑到成本和焊接性能，水冷壁材料的合金含量尤其是 Cr 含量并不太高，其抗腐蚀能力有限，在炉膛下部的还原性气氛将会导致严重的水冷壁管减薄（1～3mm/a），在使用高硫煤时必须考虑到这一点，可采用 Cr 含量稍高的钢种、表面喷涂处理，甚至可采用共挤复合管子。

华能玉环电厂水冷壁系统材质和规格见表 1-1。炉膛上、下部水冷壁均采用内螺纹垂直管，上、下部水冷壁之间设有混合联箱，渣斗底部有足够的加强型厚壁管，允许的磨蚀厚度不小于 1mm。垂直管膜式水冷壁由 ϕ28.6×5.9mm（4 头内螺纹管、螺旋导角为 30℃）加扁钢焊成，节距为 44.5mm。在由各水冷壁下联箱引出的水冷壁入口管段上，按不同的回路装有不同孔径的节流孔圈，以控制各回路水冷壁管的流量，保证合理的质量流速和水冷壁出口温度的均匀性。

表 1-1　　华能玉环电厂水冷壁系统材质和规格　　mm

名　称	规　格	材　料
出口管接头	ϕ28.6×5.9	SA-213T12
上部水冷壁	ϕ28.6×5.9	SA-213T12
中部水冷壁	ϕ28.6×5.9	SA-213T12
下部水冷壁	ϕ28.6×5.9	SA-213T12
进口管接头	ϕ42.7×6	SA-106C

（二）过热器/再热器

过热器/再热器管是锅炉中服役条件最复杂、最恶劣的部件，需要同时满足蠕变强度、烟气侧抗腐蚀和飞灰冲蚀性能、蒸汽侧抗氧化性能等，同时还需有较好的加工性能和经济性。受到烟气侧腐蚀的限制，除非燃煤的 S 含量极低，一般蒸汽温度在 566℃以上的过热器/再热器管需要采用奥氏体耐热钢。常规的奥氏体不锈钢 TP304H 、TP321H、TP316H 和 TP347H 等在蒸汽温度在 620℃以下的超超临界机组中，作为高温过热器/ 再热器（SH/RH），抗烟气腐蚀性也足够，蠕变强度偏低但通过增加壁厚可以满足要求。欧洲早期一些蒸汽参数为 580℃的超超临界机组就选用了 TP321 等常规不锈钢。但在 USC 机组的 SH/RH 选材中，蒸汽侧的氧化性能是一个至关重要的指标，常规的奥氏体不锈钢难以满足要求，上述欧洲早期的机组在运行一段时间后即因氧化皮剥落造成机组停机，最后降低参数运行。

过热器/再热器管等高温受热面材料抗蒸汽侧的氧化成为一个主要矛盾，管内壁镀 Cr 是一种有效的控制蒸汽氧化方法，对 300 系列不锈钢进行内表面喷涂处理也很有效，但工程上没有得到大量应用，新开发的 Super304H、TP347HFG、HR3C 是目前主要的 USC 机组末级过热器/再热器材料。

Super304 H 是在 TP304H 的基础上添加了 3.0%Cu 并以 Nb、N 合金化，通过析出富 Cu 相对基体进行强化。Super304H 的 600～700℃ 的持久强度比 TP347H 至少提高了 20%。在保证晶粒细小的前提下，抗蒸汽氧化性能得到提高，焊接性能优于 TP347H。

TP347HFG 是对 TP347H 的热加工工艺进行调整，使晶粒度由 ASTM 4～5 号提高到 8 号以上，这种细晶粒的材料可以有效促进 Cr 的扩散，在蒸汽环境下形成保护性的 Cr_2O_3，使蒸汽氧化速率降低一个数量级以上。600℃ 的蠕变强度比粗晶粒 TP347H 高 20%～30%，焊接性能优于 TP347H。

HR3C 是在 25%Cr 的 TP310 基础上添加了 Nb、N，运行过程中析出 Z 相（NbCrN），使强度得到大幅度提高。由于 Cr 含量的增加，抗蒸汽氧化性能也较好。但这种钢最初是作为垃圾焚烧电厂用抗腐蚀材料开发的，在超超临界机组中的运行时间偏短，在近年运行中发现，HR3C 运行脆化很明显。

Super304H、TP347HFG、HR3C 都能满足蒸汽温度 620℃以下的超超临界锅炉中过热器/再热器管的强度要求，但订货时需要对微观组织提出要求，以保证良好的氧化性能。3 种钢均已开发出相应的焊接材料，基于成本费用，目前普遍采用镍基合金 617 的焊材焊接。

华能玉环电厂过热器、再热器系统管子主要材质和规格见表 1-2 和表 1-3。

表 1-2　　华能玉环电厂过热器系统管子主要材质和规格

项　目	单位	水平 低温过热器	立式 低温过热器	分隔屏 过热器	屏式过热器	末级过热器
管子规格 （外径×最小壁厚）	mm	φ50.8×8.2 φ50.8×8.1	φ50.8×8.1 φ50.8×8.5	φ60.3×12.8 φ60.3×8.3 φ54.0×12.7 φ54.0×8.4	φ50.8×8.2 φ63.5×9.45 φ50.8×7.25 φ50.8×9.8	φ48.6×12 φ57.1×10.9 φ48.6×7 φ48.6×7.3
节距 （横向/纵向）	mm/mm	133.5/90	267/110	2670/63.5	534/60.3	333.8/58.1
材质	—	SA213T12	SA213T12	SA213T22 SA213TP347H SA213T22 SA213T12	SA213T91 SA213TP310HCbN CodeCase2328 SA213T22	SA213T91 SA213TP310HCbN CodeCase 2328 SA213T91

表 1-3 华能玉环电厂再热器系统管子主要材质和规格

项 目	单位	水平 低温再热器	立式 低温再热器	末级再热器
管子规格 (外径×最小壁厚)	mm	ϕ63.5×4.1 ϕ63.5×3.5 ϕ63.5×3.5 ϕ63.5×3.5	ϕ63.5×4.3 ϕ63.5×3.5	ϕ60.3×4.2 ϕ60.3×3.5 ϕ60.3×3.5 ϕ60.3×4.3 ϕ60.3×4.3
节距 (横向/纵向)	mm/mm	133.5/100	267/110	267/110
材质	—	SA213T22 SA213T12 SA209T1 SA210C	SA213T12 SA213T91	SA213T91 SA213TP310HCbN CodeCase2328 SA213T22 SA213T22

二、四大管道选材分析

末级过热器、再热器出口联箱与主蒸汽、再热蒸汽管道位于炉膛外，不需要考虑烟气腐蚀问题，由于没有烟气加热，可以认为其蒸汽温度即为金属温度。两者对材料的要求基本一致，主要是高温蠕变强度和热疲劳性能、抗蒸汽氧化能力等。不同之处是联箱材料的选择需要考虑与过热器、再热器管屏之间的焊接性问题。联箱与管道的首选材料是铁素体耐热钢，低的热膨胀系数和高的热导率允许有较高的启停速率而不会导致严重的热疲劳损伤。超超临界机组的蒸汽温度通常高于 566℃，目前采用的联箱和管道用钢主要有 P91、P92、P122 和 E911。

P91 在国内已经有十余年的使用经验，在日本，P91 钢最高使用温度超过了 600℃；但在欧洲，根据欧洲蠕变合作委员会（ECCC）的建议，P91 的设计许用应力比美国和日本的钢低 10%，认为 P91 只能用于 25MPa/ 593℃或 30MPa/580℃以下的蒸汽参数。建议在我国的机组中使用温度不超过 580℃。早期建设的华能玉环电厂 4×1000MW、华电邹县电厂 2×1000MW，高温再热蒸汽管道（出口段）、高温再热蒸汽联箱（出口段）采用了 P91 材质，后续建设的超超临界百万千瓦机组上述部件不再采用 P91 材质，而是代之以 P92。

P92 和 E911 是在 P91 的基础上添加 1.8%和 1.0%的 W 并适当降低 Mo 开发出来的，P122 的 W 含量与 P92 相近，但 Cr 含量由 9%提高到了 12%，同时添加了 1.0% Cu 以抑制 δ 铁素体的析出。这 3 种钢可用 34MPa/620℃以下的蒸汽参数机组。

在早期的 ASME 标准的数据中，P122 和 P92 在 600℃的许用应力比 P91 高出 30%左右，E911 只比 P91 高 10%，但欧洲的测试结果表明，P92 和 P122 的长期蠕变性能实际并没有那么大的优势，已经降低了 P122 和 P92 的许用应力和许用温度。P122 在我国的使用业绩较少，仅限于华能玉环电厂，由于 Cr 含量较高，组织中往往存在一定数量的 δ 铁素体，影响了其蠕变性能，目前国内电力行业已经不推荐使用这种材料。

由于 W 含量较高，P92 和 P122 在高温下运行的组织稳定性低于 P91，脆化倾向较大，高温强度降低明显，而E911介于其中。P122由于Cr含量高，抗蒸汽氧化能力更好。所有这些钢作为厚壁件时焊接接头有Ⅳ型断裂的倾向，即在邻近母材的HAZ细晶区发生的蠕变强度低于母材的断裂，在强度设计时必须考虑到这点。

对580℃的蒸汽温度，P91可以满足强度要求，且在国内已经有较多的使用和加工经验；对600℃左右的蒸汽温度，P92和E911有一定优势，如果蒸汽温度进一步提高到620℃左右，则需要采用12%Cr的P122等材料，因为600℃以上9%Cr钢的蒸汽氧化性能略显不足。

新近开发的NF12和SAVE12以及最近Fuijita报道的NF12改良型期望能用于650℃，但这些材料尚不成熟，缺乏足够的性能数据。欧洲的COST计划也在寻求开发620℃以上蠕变强度和抗蒸汽氧化能力更高的12%Cr钢。

尽管奥氏体钢有热膨胀系数高、导热性差、价格昂贵等不足，选择奥氏体钢作为联箱、管道材料仍然在人们的考虑当中，因为这些缺点在一定程度上可以通过某些方式得到补偿，当温度进一步升高时，不得不选择奥氏体钢作为联箱和管道材料。蒸汽管道、联箱的温度对奥氏体钢来说不太高，可以选择合金含量低一些的钢种，如X3CrNiMoN 17 13，成本可以降低。同时奥氏体钢的高强度可以使壁厚降低从而提高允许温升速率，如600℃、30MPa下P91钢的联箱允许温升速率仅为X3CrNiMoN 17 13联箱的1/2。此外，还可以采取结构设计措施来避免奥氏体钢的不足，如增加平行的小尺寸蒸汽通道的数量、设置末级前的中间联箱等都可以减薄壁厚。通过这些措施X3CrNIMoN 17 13可以用到35MPa/620℃或25MPa/650℃以下的场合。德国已有4家电厂决定大量采用该钢种，其中包括Lippendorf 2台800MW的机组和Boxberg 4号机组（440MW）。

三、汽轮机高温高速转动部件用材

汽轮机关键部件包括高压/中压转子、高温动叶、紧固件、内缸，这些部件承受的温度最高，工作环境苛刻，因此，汽轮机用材料的研发主要围绕这些部件进行。

表1-4为用于先进的超临界电厂汽轮机的候选材料。

表1-4　　用于先进的超临界电厂汽轮机的候选材料

部件	31MPa 565/565/565℃	31MPa 593/593/593℃	31MPa 620/620/620℃	34.5MPa 650/650/650℃
高压/中压转子	CrMoV AISI 422 SS TOS 101 11Cr1MoVNbN （GE原型）	TR1100 X12CrMoVWNbN101-1 TOS 107 （GE改良型）	X18CrMoVWNbB91 TOS 110 EPDC alloy B TR 1200 HR 1200	HR 1200
叶片	AISI 422 SS 12Cr1Mo1WV （美国西屋公司） 11Cr1MoVNbN （GE原型）	TOS 202 （GE改良型）	TOS 203 候选钢D	M252 Refractailoy 26 Nimonir 90 Inco 718

续表

部件	31MPa 565/565/565℃	31MPa 593/593/593℃	31MPa 620/620/620℃	34.5MPa 650/650/650℃
螺栓	CrMoV AISI 422 SS Refractalloy 26	M252 Refractalloy 26	候选钢 D Nimonic 80 Inco X750 Refractalloy 26	Nimonic 80 Refractalloy 26
内缸	CrMo 钢（铸件）	9%Cr 钢（铸件）	类似于 P92、P122、 E911 的先进 9%～12%Cr（铸件） GX12CrMoWNiV NbN10-1-1	316 奥氏体不锈钢
喷嘴	CrMo 钢（铸件）	9%Cr 钢（铸件）	类似于 P92、P122、 E911 的先进 9%～12%Cr（铸件） GX12CrMoWNiV NbN10-1-1	316 奥氏体不锈钢

（一）高/中压转子

高/中压转子是支承动叶的大型锻件，位于高压或中压再热汽轮机中，主要承受高温运行时的离心力、低温下的超速试验载荷和启停时的热应力。其最重要的性能包括蠕变强度、低周疲劳强度和断裂韧性。高的蠕变强度可以防止中心孔及叶根处的变形与开裂，低周疲劳强度用以抵抗负荷变化时的热应力引起的开裂，高的断裂韧性可以避免瞬态运行条件如启停时出现脆断事故。采用铁素体钢要比奥氏体钢的热疲劳风险小。

表 1-5 是高温转子候选材料的化学成分。在 545℃以下运行的常规发电厂转子材料是低合金 CrMoV 钢，而在更高的温度下则需要采用 12%Cr 钢来保证蠕变性能以及抗腐蚀性能，转子钢的发展思路如图 1-1 所示。最早的 12%Cr 转子钢是 12CrMoV 系列的 X21CRMOV121，最高可用于 560℃。第二代在其中加入 Nb+N、Ta+N 或 W 合金化，开发出了三种 12%Cr 新钢种。日本主要采用 Ta+N 合金化开发出了 11CrMoVTaN 钢，GE 公司主要采用 Nb+N 合金化开发出了 11CrMoVNbN，而美国西屋公司主要采用含 W 合金化开发了 12CrMoVW 钢。这一级别的钢种比常规的低合金 CrMoV 钢的使用温度可以提高 15℃，但实际上只应用到了 565℃。Nb 和 Ta 可通过形成碳氮化物产生析出强化作用。

表 1-5　　高温转子候选材料的化学成分　　%

牌　号	C	Mn	Si	Ni	Cr	Mo	V	Nb	Ta	N	W	B	Co	最高使用温度（℃）
X21CrMoV 121	0.23	0.55		0.55	11.7	1.0	0.30							560
11CrMoVTaN（TOS 101）	0.17	0.60		0.35	10.6	1.0	0.22		0.07	0.05				575

续表

牌　号	C	Mn	Si	Ni	Cr	Mo	V	Nb	Ta	N	W	B	Co	最高使用温度（℃）
GE 原型	0.19	0.50	0.30	0.50	10.5	1.0	0.20	0.085		0.06				
11CrMoV NbN	0.16	0.62		0.38	11.1	1.0	0.22	0.57		0.05				
Westinghouse（AISI 422）	0.23	0.80	0.40	0.75	13.0	1.0	0.25				1.0			
10CrMoV NbN［TMKI，TR（1100）］	0.14	0.50	0.05	0.60	10.2	1.5	0.17	0.06		0.04				593
TOS 107	0.14			0.7	10.0	1.0	0.2	0.05		0.05	1.0			
X12CrMoWVNbN 10-10-1（COST E）	0.12	0.4	0.01	0.75	10.5	1.0	0.19	0.05		0.06	1.0			
TMK2（TR1150）	0.13	0.50	0.05	0.70	10.2	0.4	0.17	0.06		0.05	1.8			
X18CrMoVNbB91（COST B）	0.18	0.07	0.06	0.12	9.0	1.5	0.25	0.05		0.02		0.10		620
TR1200	0.12	0.50	0.05	0.8	11.2	0.3	0.20	0.08		0.06	1.8			
TOS 110（EPDC B）	0.11	0.08	0.1	0.20	10.0	0.7	0.20	0.05		0.02	1.8	0.01	3.0	630
HR1200（同 FN5）	0.10	0.55	0.06	0.50	11.0	0.23	0.22	0.07		0.02	2.7	0.02	2.7	650

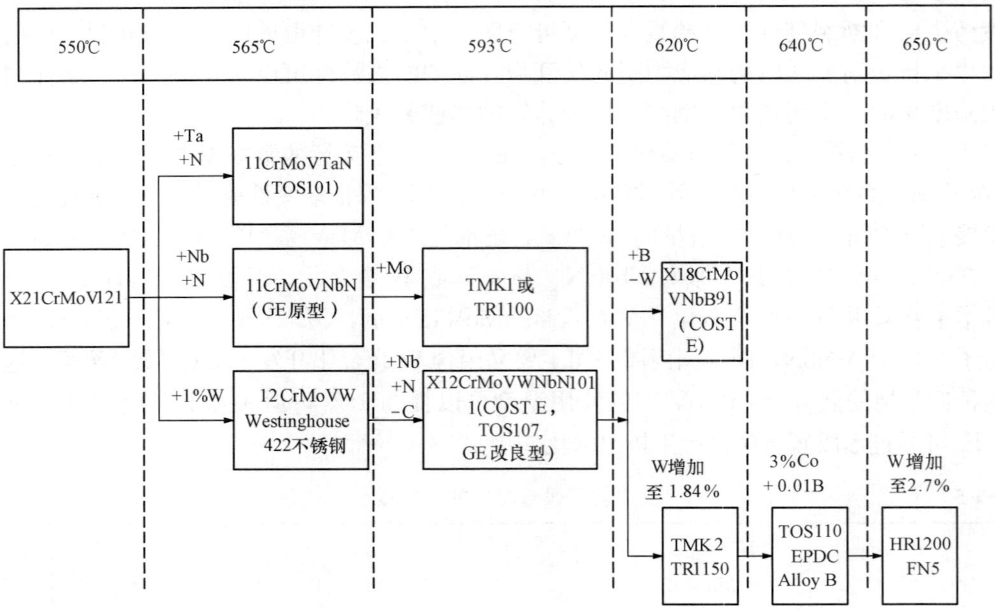

图 1-1　高/中压汽轮机转子钢的发展思路

20 世纪 80 年代进行的开发主要是在 Nb-N 或 Ta-N 钢中添加 W 来提高固溶强化作用，日本开发了 TOS107（有时称为 GE 改良型），欧洲 COST 501 开发了 X21CrMoVWNbN101-

1（E型）。这些钢种把允许的运行温度提高到593℃。还可以将Mo由1%提高到1.5%并降低C含量，由于Mo的固溶强化作用以及对M_6C和$M_{23}C_6$的稳定作用，可以在593℃获得相近的性能。这种高Mo合金TMK1或TR1100的性能与TOS107和X21CrMoVWNbN101-1类似，但其所称的性能还没有得到完全的证实。

X12CrMoVWNbN钢的进一步改良有两种途径。在欧洲COST 501计划中发现即使在没有W的情况下添加B可以得到非常高的蠕变强度，满足620℃的要求，这种合金称为X18CrMoVNbB91。另外，日本的研究人员将W含量由1.0%进一步提高到1.8%，得到了TMK2（TR1150），也获得了更高的蠕变强度。

再下一步的合金开发包括将W含量由1.8%增加到2.7%，并添加3.0%Co和1.0%B，开发出了HR1200和FN5。这两种钢可望用于650℃。包括HR1200在内的上述钢种都制造了试验转子并进行了性能评定。许用温度是基于断裂时间为10^5h下的持久强度为125MPa。某人报道了一种HR1200的改良型，其Al含量低于0.002%、Ni低于0.1%，性能比HR1200有显著提高。

X18CrMoNbB91、X12CrMoVWNb101-1、TOS110和HR1200都制造了试验转子。根据Larson-Miller参数法外推的结果，这些钢分别可以用于620、630℃和650℃，但是这些钢的长期蠕变数据的可用程度还不清楚，其原因是没有长时蠕变数据或者由于商业上的原因未被公开，使得以各种参数法外推的有效性无法进行验证。另外，有关蠕变断裂韧性的报道极少，对缺口敏感性还不清楚。

各种转子钢的断裂韧性没有详细的报道，通常认为新钢种的断裂韧性与CrMoV相当或者更好。

在常规电厂中，低压汽轮机蒸汽入口温度范围为360～370℃，主要是担心高温下的长期回火脆性。含有极低As、P、Sb、Sn、Mn、Si和S的超纯净NiCrMoV转子钢的开发使这一温度可以提高到427℃。超纯净钢不仅有超常的抗脆断性能，同时也减小了应力腐蚀开裂的敏感性。

（二）叶片材料

采用先进蒸汽参数的汽轮机要求其叶片调节级以及再热段的第一级采用先进材料。过去550℃级别的叶片成功采用了422合金，但是在更高的温度下需要强度更高的合金。

9%～12%Cr铁素体钢的主要优势是其热膨胀系数与9%～12%Cr转子匹配性好，因此，不需对调整设计来满足不同部件的热膨胀，但在采用高温合金时会出现由于热膨胀系数不匹配而需要调整设计的情况。表1-6中所列的许多转子材料能够满足600℃级别超超临界蒸汽参数要求，但将它们用作叶片材料进行评估的公开数据很少，建议采用合金C和D两种铁素体钢作为630℃的叶片材料。合金C与表1-6中的HR1200（FN5）非常相像。含有0.2%Re的合金D与TOS 203几乎雷同。

表1-6　　叶片候选合金的名义化学成分

牌号	Fe	Ni	Co	Cr	Al	Ti	Mo	W	Nb	B	Zr	C	Mn	Si	其他
M-252		基体	10.0	20.0	1.0	2.6	10.0			0.005		0.15	0.5	0.5	
Inconel 718	18.5	基体		18.6	0.4	0.9	3.1		5.0			0.04	0.2	0.3	
Refractalloy 26	16.0	基体	20.0	18.0	0.2	2.6	3.2					0.03	0.8	1.0	

续表

牌号	Fe	Ni	Co	Cr	Al	Ti	Mo	W	Nb	B	Zr	C	Mn	Si	其他
Nimonic 90		基体	16.6	19.5	1.45	2.45				0.003	0.06	0.07	0.3	0.3	
HR 1200（FN5）	基体	0.5	2.7	11.0			0.23	2.7	0.07	0.02		0.10	0.55	0.06	V0.2
C 型 D 型 （TOS203）		0.6	1.0	10.5			0.10	2.5	0.10	0.01		0.11	0.5	0.05	V0.2 N0.03 Re0.2

高温合金用作调节级和再热第一级叶片的先进 12%Cr 钢的替代材料。尽管高温合金在燃气轮机中应用非常广泛，这些合金在汽轮机上应用的合理性还有待评估。

大多数镍基高温合金的蠕变强度高于 12%Cr 合金。最理想的情况是叶片合金的热膨胀系数与 12%Cr 转子一样，然而高温合金的热膨胀系数通常都大于 12%Cr 钢。因此，候选材料仅限于那些热膨胀系数与 12%Cr 接近的高温合金，其标准是平均热膨胀系数小于 15×10^{-6}/℃，这样叶片与转子的热膨胀系数比小于 1.2。

总共有 16 种合金被确定为候选材料。这些合金根据其抗拉强度、蠕变强度、缺口试样蠕变强度、热膨胀系数、焊接性能进行比较和分级。根据比较，最后的选择缩小到 4 种材料。这 4 种合金可能适合用于叶片，即 M252、Refractalloy 26、Nimonic90 和 Inconel 718。表 1-6 给出了这些合金的成分。

（1）M252 在燃气轮机中有丰富的制造和使用经验，大量的叶片圆满地服役了 10^5h 或更长时间。这种合金热膨胀系数低，强度、延性和高温蠕变强度等综合力学性能良好。在燃气轮机中结构上不需要榫接，因此，M252 没有榫接的经验。

（2）Refractalloy 26 有较好强度和韧性匹配。初期试验的结果也表明该合金有较佳的榫接性能。另外，在日本的先进汽轮机研发过程中，该材料作为叶片候选材料表现良好。

（3）Nimonic 90 表现出较好的物理性能、力学性能匹配，其制造和焊接性能还不清楚，但是 Nimonic 90 在室温下的延性比 Nimic 80A 高，因此，估计 Nimonic 90 的焊接也能成功进行。

（4）Inconel 718 室温抗拉强度和屈服强度很高，但是其焊接性能还很不确定。但是由于这种合金在燃气轮机中作为各种用途得到了广泛应用，因此，也是比较有潜力的一种候选材料。

M252 和 Refractalloy 26 尤其适合用于叶片，因此，分别被列为首选和备选材料。把 M252 当作首选材料的主要原因是在燃气轮机中大量的使用经验，然而其焊接性能远低于 Refractalloy 26。选择 Refractalloy 26 作为备选材料是因为 Refractalloy 26 含有合金元素 Fe，是 Ni 基合金的一种替代选择；具有良好的材料性能匹配，焊接性能良好；尽管没有长期运行历史，但在日本研发的先进汽轮机中在 649℃作为叶片材料表现很好。

第二节　新 型 耐 热 钢

一、新型耐热钢简介

（一）低合金 1%～3%Cr 钢

低合金钢在火力发电厂的锅炉中作为承压部件得到了大量应用，特别是用于水冷壁以及过热器、再热器的低温区域，在联箱和管道中应用也比较普遍。其关键的性能要求主要如下：

（1）450℃以下具有良好的抗拉强度（120MPa）。

（2）550℃以下具有良好的持久强度。

（3）具有优异的焊接性能，焊后无须进行热处理。

（4）良好的抗蒸汽氧化性能。

（5）通过堆焊或喷涂即可获得优异的抗烟气腐蚀性能。

长期以来，这类钢中的主力钢种包括锅炉用 T11/P11、T22/P22 以及 12Cr1MoV 钢等和汽轮机用 1CrMoV 钢。住友金属开发了 T23/P23 钢（HCM2S），该钢是在 T22 的基础上以 W 取代部分 Mo，并添加 Nb、V 等来提高蠕变强度，降低 C 以提高焊接性能，同时加入微量 B 以提高淬透性和获得完全的贝氏体组织，T23 钢的 ASME 锅炉压力容器规范编号为 Code Case 2199，并列如 SA213。与此同时，欧洲开发了 T24/P24 钢，其特点是通过 V、Ti、B 的多元微合金化提高蠕变性能。表 1-7 和表 1-8 为 T22/P22、T23/P23、T24/P24 三种钢的化学成分和主要性能比较。T23 钢在 550 ℃的许用应力接近 T91 钢，600 ℃的蠕变强度比 T22 钢高 93%；当金属温度小于 566℃时 T24 钢的高温强度比 T23 要略高一些，但是当温度超过 566℃时许用应力下降的比 T23 快。T23 和 T24 这两种钢具有优异的焊接性能，无须焊后热处理即可将接头硬度控制在 350～360HV 及以下，适合做 USC 机组的水冷壁材料，也可取代 10CrMo910、12Cr1MoV 钢等做亚临界机组的高温管道和联箱材料，并减小壁厚。由于 Cr 含量与 T22 相近，T23 具有和 T22 接近的抗蒸汽氧化和抗热腐蚀的能力。

表 1-7　T22/P23、T23/P23 和 T24/P24 三种钢的化学成分比较　%

钢号		C	Mn	P	S	Si	Cr	Mo	W
T22	最小			—	—	0.25	1.90	0.87	—
	最大	0.15	0.60	0.03	0.03	1.00	2.60	1.13	—
T23	最小	0.04	0.10	—	—	—	1.90	0.05	1.45
	最大	0.10	0.60	0.030	0.010	0.50	2.60	0.30	1.75
T24	最小	0.05	0.30	—	—	0.15	2.2	0.90	—
	最大	0.10	0.70	0.020	0.010	0.45	2.6	1.10	—
钢号		V	Nb	N	Al	B	Ni	Ti	Ti/N
T23	最小	0.20	0.02	—	—	0.005	—	0.005	3.5
	最大	0.30	0.08	0.015	0.030	0.006	0.40	0.06	—
T24	最小	0.20	—	—	—	0.015	—	0.05	
	最大	0.30	—	0.012	0.020	0.007	—	0.10	

表 1-8　T22/P22、T23/P23 和 T24/P24 三种钢的主要性能比较

钢号	抗拉强度（MPa）	屈服强度（MPa）	延伸率（%）	许用应力（ksi）					
				482℃	510℃	538℃	566℃	593℃	621℃
T22、E2001	480	275	20	13.6	10.8	8.0	5.7	3.8	2.4
T23、CC 2199-5	510	400	20	18.9	17.8	14.3	11.2	8.4	5.5
T24、ASTM、A213-01	585	415	20	17.5	16.7	16.1	11.2	6.7	—

注　1ksi=1000bf/in^2（磅力/平方英寸），1bf/in^2=6.89kPa。

由于Cr含量与T22相近，所以T23具有和T22相同的抗蒸汽氧化和抗热腐蚀的能力。

但是近年来，T23钢在国内用于超超临界水冷壁以及高温受热面时，在使用过程中出现了大量问题，最主要原因是焊缝再热裂纹和高温受热面氧化皮剥落问题，目前，国内对T23的使用有一些争议。为了防止T23出现焊缝再热裂纹，除了要严格控制焊接工艺参数以外，如果对其进行焊后热处理可以显著降低焊缝开裂的风险。T23用于高温受热面出现严重的氧化皮剥落问题主要原因是T23具有比较高的高温强度，但是其Cr含量只有2.25%左右，抗蒸汽氧化性能相对较差，因此，抗氧化性能成为制约其使用温度范围的主要因素，不建议将T23用于超临界机组的末级过热器或再热器。

（二）9%～12%Cr马氏体钢

9%～12%Cr马氏体钢是火力发电厂中重要的一类材料，具有很高的蠕变断裂强度和良好的抗热腐蚀的能力，填补了介于低合金钢和奥氏体不锈钢之间的空白，用于锅炉和汽轮机的许多部件，包括锅炉管、联箱、管道、转子、汽缸等。对于锅炉用9%～12%Cr钢，主要的要求包括蠕变强度和运行温度下的组织稳定性、高的A_{c1}点、良好的焊接性能和低的Ⅳ型裂纹敏感性、抗蒸汽氧化能力、抗疲劳性能等。典型材料包括T91/91、T92/P92和E911（T/P911）、T122/P122。表1-9为T91、T92、T122钢和T911钢的化学成分比较。

T91/P91钢是美国在20世纪80年代开发的一种综合性能优异的9%Cr钢，目前，在我国的亚临界和超临界机组中得到了广泛的应用。在T91/P91钢的基础上，通过以W取代部分Mo获得了T92/P92和E911（T911/P911）两种新型钢种。在12%Cr钢中通过相同的合金化思路开发出P122钢。为了避免T122/P122钢中出现δ铁素体，其中还加入了1%Cu。上述3种钢的高温强度比T91/P91钢都有不同程度的提高，见表1-10。它们是目前USC机组（蒸汽温度>620℃）的联箱和高温蒸汽管道的主要材料。下一代的9%～12%Cr马氏体钢是在这3种钢的基础上进一步增加W含量并添加Co，即NF12和SAVE12等，预计使用温度可以达到650℃。

表1-9　T91、T92、T122钢和T911钢的化学成分比较（ASME SA213）　%

钢号		C	Mn	P	S	Si	Cr	Mo	W	Cu
T91	最小	0.07	0.30	—	—	0.20	8.0	0.85	—	—
	最大	0.14	0.60	0.020	0.010	0.50	9.5	1.05	—	—
T92	最小	0.07	0.30	—	—	—	8.5	0.30	1.50	—
	最大	0.13	0.60	0.020	0.010	0.50	9.5	0.60	2.00	—
T122	最小	0.07	—	—	—	—	10.0	0.25	—	0.30
	最大	0.14	0.70	0.020	0.010	0.50	11.5	0.60	—	1.70
T911	最小	0.09	0.30	—	—	0.10	8.5	0.90	0.90	—
	最大	0.13	0.60	0.020	0.010	0.50	9.5	1.10	1.10	—

钢号		V	Nb	N	Al	B	Ni	Ti	Zr	
T91	最小	0.18	0.06	0.030	—	—	—	—	—	
	最大	0.25	0.10	0.070	0.02	—	0.40	0.01	0.01	
T92	最小	0.15	0.04	0.030	—	0.001	—	—	—	
	最大	0.25	0.09	0.070	0.02	0.006	0.40	0.01	0.01	
T122	最小	0.15	0.04	0.040	—	0.0005	—	—	—	
	最大	0.30	0.10	0.100	0.02	0.005	0.50	0.01	0.01	
T911	最小	0.18	0.06	0.040	—	0.0003	—	—	—	
	最大	0.25	0.10	0.090	0.02	0.006	0.40	0.01	0.01	

表 1-10　　T91、T92、T122 钢和 T911 钢的主要性能比较

钢号	抗拉强度（MPa）	屈服强度（MPa）	延伸率（%）	许用应力（ksi）					
				510℃	538℃	566℃	593℃	621℃	649℃
T91、E2001	585	415	20	17.8	16.3	14.0	10.3	7.0	4.3
T92、CC2179	620	440	20	19.2	18.3	16.6	13.0	9.6	—
T122、CC2180	620	400	20	19.5	18.5	16.8	12.9	9.3	6.2
T911、CC2327	620	440	20	19.0	17.7	14.9	11.4	6.7	—

注　1ksi＝1000bf/in^2，1bf/in^2＝6.89kPa。

汽轮机的转子、叶片、汽缸和阀体对材料的性能要求包括低周疲劳性能、蠕变强度、低的应力腐蚀敏感性、铸造性能等。

普通的 12%Cr 钢作为 565℃以下汽轮机转子锻件具有足够的持久强度和抗热疲劳性能以及韧性等。9%～12%Cr 汽轮机用钢的合金强化趋势与锅炉用钢是类似的。英国的 12Cr0.5MoVNbN（H46）是这类钢发展的基础。20 世纪 50～60 年代美国在 H46 的基础上通过降低 Nb 的含量来降低固溶处理温度和保证韧性，并通过减少 Cr 的含量来抑制 δ 铁素体，由此得到 10.5Cr1MoVNbN（GE）以及 GE 调整型钢，同时，还在 12CrMoV 钢的基础上开发出含 W 的 12%Cr 转子用钢 AISI 422。这些钢与 1.0CrMoV 钢相比具有更好的性能，其中 GE 钢在 565℃的 SC 机组成功应用了 25 年。日本在 H46 基础上添加 B，开发出用于燃气轮机涡轮盘和小型汽轮机转子的 10.5Cr1.5MoVNbB 钢（TAF）。但在 595℃和 650℃的 USC 机组中运行时，上述钢种的蠕变强度还不足。日本在 20 世纪 70 年代开发了 12Cr-MoVNb 系列 593℃级别的 TR1100（TMK1）、TOS101 和 12Cr-MoVNbWN 系列钢；620℃级别的 TR1150（TMK2）和 TOS107 钢；更高合金含量的 12Cr -MoVNbW 系列钢 TR1200 和 12Cr -MoVNbWCoB 系列钢。TOS110 则用于入口温度高于 630℃的转子，其中 TMK1 和 TMK2 已被用于日本 593℃以上的 SC 机组。

欧洲也在 COST 501 计划下开发出 9.5Cr-MoVNbB（COST “B”）、0.5Cr-MoVNbWN（COST “E”）和 10.2Cr-MoVNbN（COST “F”）等一系列转子用钢，这些钢的原型锻件已被用于理化分析及瞬时和持久力学性能测试，其中 COST “F” 和 COST “E” 已应用于欧洲的 USC 机组。

除了转子用钢外，日本还开发了在 593℃使用的汽缸材料 9.5Cr1Mo-VNbN（TOS 301）钢以及在更高温度条件下使用的 9.5Cr0.5Mo2WVNbN（TOS 302）钢和 9.5Cr0.5Mo2-WVNbNB3.0Co（TOS 303）钢，欧洲也相应开发出 G-X12CrMoWVNbN91 和 G-X12CrMoWVNbN1011 两种铸钢材料。

（三）奥氏体耐热钢

奥氏体耐热钢主要用于过热器管、再热器管。所有奥氏体耐热钢可以看作是在 18Cr8Ni（AISI 302）基础上发展起来的，分为 15%Cr、18%Cr、20%～25%Cr 和高 Cr-高 Ni 四类钢，其发展思路如图 1-2 所示。15%Cr 系列奥氏体耐热钢尽管强度很高但抗腐蚀性能差，应用较少。目前，在普通蒸汽条件下使用的 18%Cr 钢有 TP304H、TP321H、TP316H 和 TP347H 等，其中 TP347H 钢的强度较高。通过热处理可使其晶粒细化到 8 级以上即得到 TP347HFG 细晶钢，由此提高了钢的蠕变强度和抗蒸汽氧化能力，对于提高过热器管的稳

定性起着重要的作用，已在国内外许多USC机组中得到了应用。在TP304H钢的基础上通过Cu、Ni、N合金化而得到的18Cr10NiNbTi（TempaloyA-1）和18Cr9NiCuNbN（Super304H）钢，其强度有所提高，经济性很好，Super 304H在国内超超临界机组高温受热面已经得到广泛应用，内表面喷丸处理可以进一步提高Super 304H的抗蒸汽氧化性能。20%～25%Cr钢和高Cr-高Ni钢抗腐蚀及抗蒸汽氧化的性能很好，新近开发的20%～25%Cr钢具有优异的高温强度和相对低廉的成本，包括25Cr20NiNbN（TP310NbN、HR3C）、20Cr25NiMoNbTi（NF709）、22Cr-15NiNbN（Tempaloy A-3）和更高强度级别的22.5Cr-18.5NiWCuNbN（SAVE 25）钢，这些钢通过奥氏体稳定元素N、Cu取代Ni来降低成本，HR3C在我国多用于超超临界机组高温受热面的温度最高的区域，其余20%～25%Cr钢种在我国尚无应用案例。

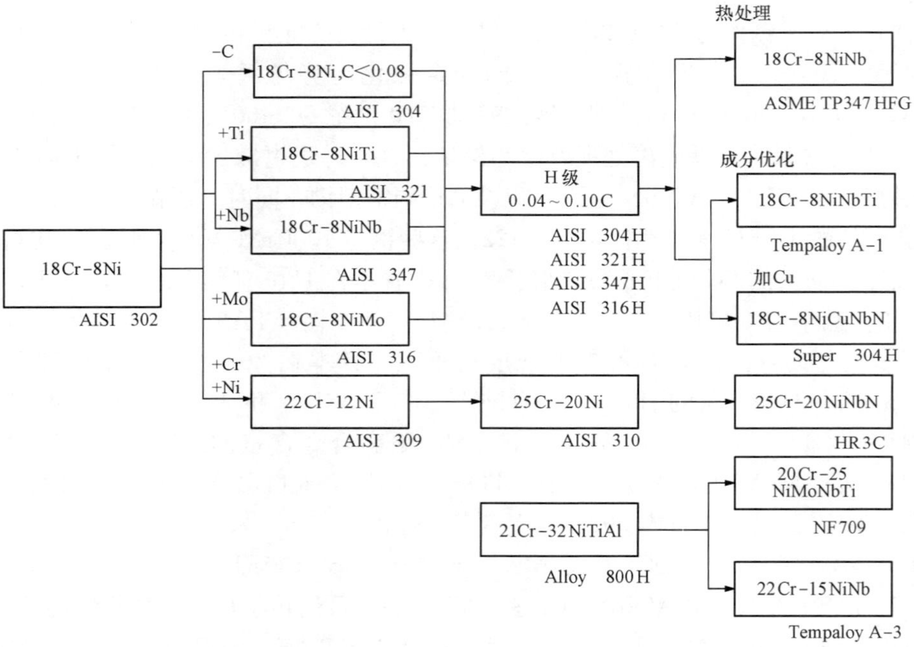

图1-2 锅炉用奥氏体钢的发展思路

二、新型耐热钢国产化

国内开始开发超临界和超超临界机组时，关键材料或部件几乎完全依赖进口，但是近几年国内对新型耐热钢国产化投入了很大力量，目前，大口径管道P91、P92、WB36以及受热面材料T92、TP347HFG、Super 304H、HR3C、T23等均已经完成国产化，并在国内多台机组上使用，国产材料基本可以满足要求，但是在组织性能的控制上还需要进一步优化。

（一）受热面材料的国产化和应用情况

1. T92

宝钢股份公司、常州常宝精特钢管公司、常熟华新特殊钢公司已成功开发并向锅炉厂供货。

2. S30432（SUPER304H）

宝钢股份公司、常熟华新特殊钢有限公司、江苏武进不锈钢管厂集团有限公司、浙江久立特材股份有限公司、江苏宜兴银环精密钢管股份有限公司、攀长钢有限责任公司已成功开发。

3. TP310HCbN（HR3C）

浙江久立特材股份有限公司、太原钢铁公司已成功开发，常熟华新特殊钢有限公司、宝钢股份公司、常熟华新特殊钢有限公司、江苏武进不锈钢管集团有限公司正在积极开发中，其中部分厂家接近成功。由于电力行业需求方面的原因，国产 TP310HCbN 钢管未实现供货与应用。目前，超超临界锅炉上所用的全为进口管。

4. T23

宝钢股份公司、常州常宝精特钢管公司、江西大洪人公司已成功国产化。T23 国产化较早，因此使用较多。但与进口管相比，国产管在工程实际应用中出现了比较明显的焊接再热裂倾向，需要进一步完善或在制造中采取特殊措施加以控制。目前，这影响了其进一步应用，新建机组均不再采用其作为水冷壁和过热器选用材料。

（二）大口径管道材料的国产化和应用情况

1. P91 钢管

目前，国内能够生产 P91 钢管的企业主要有 6 家，分别是北方重工集团有限公司（简称北方重工）、武汉重工铸锻有限责任公司（简称武汉重工）、攀钢集团成都钢铁有限责任公司（简称攀成钢）、江苏诚德钢管有限公司（简称江苏诚德）、衡阳华菱钢管有限公司（简称衡阳华菱）和四川三洲特种钢管有限公司。北方重工 P91 钢管已向华能平凉、营口、济宁、白杨河等电厂供货。武汉重工的钢管生产线于 1995 年底建成，并正式开始规模生产，设计生产能力为 20 000t /a，制管工艺采用穿孔拉伸法，与日本住友、德国 VM 公司工艺相近。武汉重工可以生产口径较大、壁厚较薄的 P91 无缝钢管，管径最大为 ID914mm×38mm。攀钢集团成都钢铁有限责任公司是国内最早开展 P91 国产化工作的企业，采用皮尔格周期式轧制工艺生产钢管，其产品已向华能营口、白杨河电厂供货。

2. P92 钢管

P92 是日本新日铁在 P91 钢基础上，采用复合多元强化手段，对成分做了进一步调整，适当降低 Mo 含量至 0.30%～0.60%，加入 1.50%～2.00%的 W 并形成以 W 为主 W-Mo 复合固溶强化，加入 N 形成间隙固溶强化，加入 V、Nb 和 N 形成碳氮化物弥散沉淀强化以加入微量 B（0.001%～0.006%）形成 B 的晶界强化。其合金元素复杂，对元素的控制要求严，对冶炼工艺控制要求高，特别是 B、N 等微量元素的添加和含量控制比较困难。此外，电厂用钢管的产品质量要求十分苛刻，主要表现在对钢的纯净度、钢管表面质量、钢管尺寸精度、组织均匀性以及性能的稳定性等方面。因此，P92 钢的生产对冶炼、成型、热处理等工艺过程都提出了很高的要求。

P92 钢的主要生产工艺流程有熔炼（包括初级熔炼、二次熔炼）、铸锭、锻造、锻轧（热轧或锻制）或热挤压、热处理等。

P92 钢的熔炼采用电炉冶炼＋炉外精炼＋真空脱气的工艺，部分工厂采用电渣重熔的二次冶炼工艺。一般情况下采用铸锭的工艺，但一些钢厂也在尝试采用连铸的工艺进行浇铸。

国内具备电厂用钢冶炼能力的工厂包括东北特殊钢集团有限责任公司、宝钢特殊钢事业部、内蒙古北方重工集团有限公司、武汉重工集团股份有限公司、华菱衡阳钢管集团股份有限公司等。

P92 钢用到火力发电厂，由于尺寸和质量大，有些甚至要求达到 10t 以上，所以对其成型的工艺和装备提出了更高的要求。需要足够吨位的锻造、挤压和轧制设备。

受到成型设备条件的限制，我国电厂用大口径耐热钢管一直依赖进口。国内近些年建立了一批大口径厚壁无缝钢管的生产装备，装备能力已处于国际先进水平，具备了生产 P92 等大口径无缝钢管的设备条件。北方重工、武汉重工、江苏诚德、衡阳华菱等企业相继开展了 P92 钢管的研制工作，其中北方重工、江苏诚德已经通过 P92 钢管的产品鉴定和技术评审，获得了国家质量监督检验检疫总局颁发的生产许可，并开始向锅炉厂供货。

2007 年上海发电设备成套设计研究院受全国锅炉压力容器标准化技术委员会委托，对北方重工生产的 SA-335M P92 大口径无缝钢管进行评审，评审结果显示满足 ASME SA335M《高温用无缝铁素体合金钢管》、ASME Code Case 2179 规范对 P92 钢管以及 GB 5310—2008《高压锅炉用无缝钢管》对 10Cr9MoW2VNbBN 钢管的要求。鉴定报告显示：北方重工生产的 P92 产品金相组织为均质回火马氏体，部分性能指标胜过进口产品。

江苏诚德试制造的 P92 钢管采用与东北特殊钢集团有限责任公司联合开发的 $\phi600$ 圆锻坯，于 2008 年底试制出钢管，评定结果为钢管的表面质量、几何尺寸精度、无损检测、化学成分、常规性能、高温拉伸、金相组织、晶粒度、低倍和非金属夹杂物均符合 ASME SA335M、GB 5310—2008 标准的要求，20～20℃的系列冲击值均保持在较高的水平。

2010 年 10 月，衡钢成功轧制出规格为 $\phi508\times85$mm、材质为 P92 的大口径高压锅炉管，经过检验，钢管的几何尺寸、内外表面质量完全满足标准要求，但没有见到后续的测试数据。

3. WB36 钢管

WB36 钢是在碳锰钢的基础上添加 Ni、Cu、Mo 等合金元素形成的，使用温度为 350 ～400℃，是超临界机组主给水管道的首选材料。石洞口二期工程 600MW 超临界机组首次引进了 WB36 管道，用作水冷壁联箱、对流管等部件，使用温度为 465℃，最高压力为 31.2MPa。上述国内钢管生产企业都可生产 WB36 钢管，其中攀成钢于 1993 年开始研制 WB36 无缝钢管，采用工艺为电弧炉冶炼＋ERS 精炼＋周期轧制＋正火回火，其产品已应用于华能平凉、营口、济宁、白杨河电厂；武汉重工的产品已应用于华能平凉电厂。

第三节　高效超超临界机组选材分析

目前，超临界和 600℃/600℃等级超超临界发电技术已基本成熟，到 2012 年 12 月我国已有 52 台 1000MW 的 600℃/600℃等级超超临界机组投入运行，成为国际上投运该等级机组最多的国家。此外，还有一批机组正在建设之中。在国内 600℃等级超超临界机组已经得到大量发展的情况下，在现有成熟材料技术的基础上，充分发挥材料的潜能，进一步适当提高机组的参数，并结合优化设计，建设蒸汽温度超过 600℃的机组，在目前 600℃等级超超临界机组基础上进一步提高热效率、降低煤耗、减少温室气体和污染物排放，成为近几年国际上新建火电机组的一个重要发展方向。

一、610℃/620℃再热发电技术

充分发掘现有材料的潜力，进一步提高机组的参数来改善热效率是国际上火力发电技术的主流发展方向之一。在日本，共有 3 台再热蒸汽温度为 610℃的机组投运，1 台再热蒸汽温度为 620℃的机组投运。其中橘湾 1 号机组投运时间在 2000 年，是国际上第一台再热蒸

汽参数为610℃的机组，新矶子2号投运时间为2009年7月，是国际上第一台再热蒸汽温度达到620℃机组。在欧洲，新建机组参数基本上都是600℃/610℃或600℃/620℃，其中参数为600℃/620℃的Datteln 4号机组投运时间为2011年。截至2016年年底，已投产百万机组101台。

锅炉出口蒸汽温度由目前的603～605℃进一步提高。一方面导致受热面高温段材料的持久强度降低，锅炉管设计壁厚增加，制造成本增加，加工难度增大；另一方面金属温度的提高，导致材料的氧化腐蚀特别是汽侧的高温蒸汽氧化加速，氧化皮剥落引发爆管的风险增加。当这种影响达到一定程度，就需要考虑更换材料。

按照目前国内超超临界锅炉选材的实践，根据金属温度从低到高，过热器、再热器管依次可选用T91、T92、TP347H、TP347HFG、Super304H、HR3C。主要考虑蒸汽氧化和强度问题，再热温度从600℃提高至610℃/620℃可以通过调整高温受热面的HR3C和Super304H用量、采用Super304H内喷丸管以及采用NF709R、TempalloyAA-1、Sanicro25等其他强度更高的25%Cr不锈钢的方式是基本可以满足要求的。

适合用于蒸汽温度600℃以上厚壁管道材料有P122、P92、P911（E911）三种新型耐热钢。三种材料性能比较接近，属于同一级别。P92具有明显的强度优势；P122在高温蒸汽氧化性能方面占优势，但控制组织困难，强度低于P92，应用前景不明确，国内除已经投产的珠海电厂和华能玉环电厂外均未再采用；P911的组织稳定性（特别是运行前期）和工艺性能略好，但强度和抗氧化能力均不占优势。对于三种材料的使用温度上限，应根据机组的容量、设计压力、管道布置等各种因素进行综合考虑。

对于汽轮机材料，日本的TMK2、TOS107等为610℃；HR1200、TOS110是为630～650℃蒸汽条件开发的，但尚无应用业绩。欧洲COST F最高使用温度为580℃（600℃），COST E为610℃（中压），COST B为620℃、FB2为625℃。

二、650℃级别超超临界发电技术

目前的超超临界机组蒸汽温度为600℃左右，如果蒸汽温度提高到640～650℃，机组效率可提高2%～3%，但材料成本并无明显增大，因此，随着电力工业的发展，今后35MPa、650℃/650℃蒸汽参数大容量火电机组与700℃的目标相比可减少昂贵的镍基合金的用量，从而降低建设成本并提高机组的灵活性，从经济性、运行性、环境问题、能源利用等方面考虑都是最优的选择。欧洲的COST 536计划目标即是开发用于640～650℃的改良钢种，下一代的9%～12%Cr马氏体钢是在这三种钢的基础上进一步增加W含量并添加Co，即NF12和SAVE12等，预计可以用到650℃。1997年起日本国立金属研究所（NRIM）启动了一项用于35MPa/650℃参数级别的超超临界机组大口径管道和联箱的高级铁素体耐热钢的研究计划。

三、700℃级别先进超超临界发电技术

欧洲于1998年1月启动“AD700”先进超超临界发电计划，其目标是建立700℃/720℃/35MPa等级的示范电厂，机组效率达到50%以上。目前已经先后完成了三个阶段的工作：

（1）可行性研究和材料基本性能（1998～2004，丹麦ELSAM电力公司组织）。

（2）材料验证和初步设计（2002～2004，丹麦ELSAM电力公司组织）。

（3）部件验证（2004～2009，德国大电厂技术协会VGB组织）。

美国考虑其国内高硫煤质特点，同时也为获得更高的效率，其研发目标是开发蒸汽参数达到 760 /760℃/38.5MPa 的火电机组，效率达到 46%～48%以上。研发计划分为锅炉材料和汽轮机材料两个研究项目。

日本于 2000 年开始“700℃级别超超临界发电技术”可行性研究，2006 年日本能源综合工程研究所又做了一个以 700℃级别 A-USC 技术来改造老厂的可行性研究，2008 年 8 月正式启动“先进的超超临界压力发电（A-USC）”项目的研究，最终使蒸汽温度达到 700℃以上，净热效率达到 46%～48%。项目总共需要 9 年完成，包括系统设计、锅炉、汽轮机、阀门技术开发、材料长时性能试验、部件的验证等，项目处于初期阶段，已确定机组参数先实现 700℃/720℃/720℃/35MPa，最终将再热蒸汽温度提高到 750℃。

目前，我国已成功掌握 600℃等级的超超临界燃煤发电机组的建设和运行技术，机组效率在 45%左右。相比而言 700℃超超临界燃煤发电机组的效率将达到 50%以上，对降低一次能源的消耗，减少 CO_2 等排放，保证我国国民经济、社会持续、稳定、健康发展具有极其重要的意义。我国成立了“国家 700℃超超临界燃煤发电技术创新联盟”，进行 700℃先进超超临界发电技术的相关研发工作。

蒸汽温度达到 700℃及以上，对机组关键部件（如过热器/再热器管等）的材料性能要求进一步提高，铁素体/马氏体耐热钢的热强性能不够，奥氏体不锈钢存在热疲劳问题，这两类钢材均不能够满足 700℃关键高温部件的使用要求，必须使用镍基高温合金，以保证机组的安全可靠性。

镍基合金在航空、石化等行业有数十年的应用经验，然而 700℃发电技术并不是一个简单技术的转移问题，从技术上来说采用镍基合金有两方面的问题：由于电厂的高温部件运行条件与航空发动机、工业燃气轮机不同，而且火力发电厂部件的设计寿命要比航空发动机至少长一个数量级；此外，大型火力发电机组的部件特别是转子尺寸要比航空发动机部件大得多，这些镍基合金的可加工性能、焊接性能，大型锻件、铸件、厚壁管道的成型性能、探伤技术均需要进行研究和验证。因此，高温材料研究和应用技术是 700℃等级先进超超临界发电技术的研发最为核心的内容。目前，锅炉的主要候选材料包括 Alloy 617B、740H、Haynes 282 等，相关的试验研究正在进行中。

第二章

P92 焊接工艺评定与焊接管理

第一节　超超临界机组用新型钢的焊接

我国能源的资源总量和构成、建设小康社会对能源的需求及当前我国的能源利用效率水平都决定了我国必须要大力推进经济增长方式的转型。当前，节约一次能源、减少有害废气排放、降低地球温室效应是各级政府和各类企业十分关注和高度重视的问题。而提高火电机组的蒸汽参数，从而提高其热效率并减少废气排放是实现节能减排的有效途径之一，因此，超（超）临界发电技术正在我国不断发展。

对于蒸汽温度更高的环境，需要采用抗烟气腐蚀和抗蒸汽氧化性能优良的奥氏体钢或镍基合金。典型的奥氏体不锈钢 TP347HFG 和 Super304H 均属于细晶材料；HR3C 钢是在 TP310 钢的基础上添加微量的铌和氮，显著提高了 650℃的蠕变强度和时效强化作用。在严重的烟气腐蚀条件下，需要采用镍基合金或用镍铬合金表面堆焊。

当前我国超（超）临界机组进入快速发展期、面临大量工程应用方面的实际问题和技术需要的现状，新型耐热钢（如 T23、T91/P91、T92/P92、SUPER304H、TP347HFG、HR3C 等）焊接、热处理及质量检验等工程应用方面的研究是电站锅炉的关键制造技术。研究锅炉新材料的焊接性能，采用先进的焊接工艺，开发相应的新型焊接材料，对于质量保障非常重要。超超临界电站锅炉材料的焊接性能主要包括焊接裂纹、焊接接头力学性能及腐蚀性能等。在此着重讨论超超临界电站锅炉材料的抗裂性以及焊接接头力学性能的研究现状和进展。

一、P92/P91 焊接中的裂纹问题

（一）冷裂纹

焊接冷裂纹受钢的淬硬倾向、氢含量以及应力状态的强烈影响，尤其是焊接接头局部区域的某些微观条件对冷裂纹的影响很大。针对 T92/P92 钢和 E911 钢等新型铁素体钢的冷裂纹敏感性，采用插销试验和斜 Y 形坡口试验进行了广泛的试验研究，并以此确定焊接预热温度。由于 T92/P92 钢、T122/P122 钢和 E911 钢等新型铁素体钢严格控制了碳含量，降低了马氏体转变温度，斜 Y 形坡口试验的焊接冷裂纹敏感性明显低于合金含量低的 P22 钢。有研究表明，采用高强度匹配焊接材料，焊缝和母材有相近的马氏体转变温度，避免焊接热影响区形成局部富氢区，可降低焊接冷裂纹敏感性。

（二）热裂纹

锅炉材料的焊接热裂纹主要发生在奥氏体不锈钢和镍基合金的焊接接头部位。奥氏体不

锈钢热导率低，线膨胀系数大，没有二次相变，凝固焊缝容易形成方向性强的粗大柱状晶，硫、磷等杂质元素形成的低熔点共晶或化合物容易偏析在晶界，导致结晶裂纹，特别是稳定型单相奥氏体钢，热裂纹的倾向更大。奥氏体钢不但容易产生焊缝结晶裂纹，也容易在近缝区产生液化裂纹。研究表明，Super304H 钢和 TP347HFG 钢的热裂纹敏感性低于常规的 TP347H 钢，而 HR3C 钢的热裂纹敏感性较高。焊接镍基合金时，热裂纹是最主要的工艺缺陷。钨是合金主要的固溶强化元素，钼可以强化晶界，提高抗裂性能。因此，抗裂性能优良的焊丝均含有较多的钨和钼。铝、铌、钛是主要的沉淀强化元素，铝和钛均有提高焊接热裂纹的倾向，尤其是高铝/钛比的合金，热裂纹倾向更大。碳和硼如含量适当，则对焊接热裂纹影响不大，甚至还能治愈热裂纹。镍基合金也有液化裂纹倾向。镍基合金晶界存在的低熔点共晶相，焊接时部分熔化形成液膜，在焊接应力作用下形成液化裂纹。对镍基合金 Inconel 740 和 Haynes230 厚板进行埋弧焊（SAW）时，热裂纹严重，当采用氦/氩混合气体保护热丝钨极氩弧焊（GTAW）时，配合匹配焊丝，焊缝的抗裂性能显著提高，但是不同炉号的 Inconel 740 对热裂纹的敏感性有差别，需要严格控制超合金的化学成分。

（三）热影响区Ⅳ型裂纹

P92 类铁素体耐热钢在高温下长期运行中，常常在焊接接头热影响区的“细晶区”发现无明显塑性变形的低应力断裂裂纹，这种裂纹即为Ⅳ型裂纹。

Ⅳ型裂纹主要发生在焊接热影响区细晶区和靠近母材的亚临界热影响区。Ⅳ型裂纹常出现在 CrMoV 铁素体耐热钢，20 世纪 80 年代就发现 P91 钢厚壁部件对Ⅳ型裂纹很敏感，并成为焊接接头的薄弱环节。电厂运行经验表明，多数 P91 钢厚壁部件运行 50 000h 就出现Ⅳ型裂纹失效，甚至 20 000h 就出现Ⅳ型裂纹。用横向焊缝拉伸焊接试件在 625℃长期试验发现，4000h 剩余强度比母材降低 35%，2500h 就出现了Ⅳ型裂纹。研究发现 P91 钢比 P22 钢更容易出现Ⅳ型裂纹。Ⅳ型裂纹的形成机制与焊接接头局部软化有关，高铬马氏体钢焊接热影响区的细晶区比其他区域更容易生成 $M_{23}C_6$ 析出相和 Laves 相，使得铬、钼、钨等强化元素由基体析出，并在随后长期高温服役过程中粗化，降低蠕变强度，形成Ⅳ型裂纹。应该指出，Ⅳ型裂纹不仅发生在细晶区及靠近母材的亚临界热影响区，也出现在厚壁多层焊的焊缝金属即后续焊道对前面焊道再加热引起的焊缝热影响区中。

二、焊接接头力学性能问题

（一）焊接力学不均匀性

通过热处理强化的铁素体钢，当热处理温度在低于临界温度或在临界温度范围内造成微观结构的变化时，HAZ 外端的硬度会下降；在对焊接接头进行高温持久强度试验时，往往在这个部位断裂，该部位即为软化带。

焊接接头存在明显的力学性能不均匀性，高温部件焊接接头的焊缝、热影响区以及母材的蠕变强度也不同，热影响区的显微组织呈梯度变化，加上接头的几何不均匀性，在载荷作用下导致应变不均匀分布。例如，管道对接的圆周焊缝，焊接接头应变的协同作用使得热影响区薄弱环节（Ⅳ型裂纹区）相对于周围的热影响区发生卸载。作用在焊缝上的轴向载荷，焊接接头各区受载均匀，这种局部卸载则不会发生，薄弱区的存在导致接头蠕变寿命降低。

对于锅炉中遇到的异种材料焊接，焊接接头冶金不均匀性更为突出。异种材料接头界面存在富碳区和贫碳区，是容易导致热疲劳开裂的部位。已经发现，采用镍基合金或不锈钢焊缝的异种材料接头，长期运行也出现Ⅳ型裂纹，并且认为产生的Ⅳ型裂纹与脱碳层无关。

设计上常采用焊接接头强度降低系数，但这没有考虑到焊接力学和几何不均匀性的影响。另外，焊接接头应力重新分布产生的多轴应力状态，也将影响蠕变寿命。虽然通过填充金属的选择可以获得韧性良好的焊缝金属，但由于热影响区显微组织的变化和多轴应力的作用，热影响区仍会出现局部的延性降低。

（二）热疲劳

在负荷变动特别是启动和停机的时候，管道壁温差剧烈波动，引起的热疲劳损伤是电站锅炉存在的普遍问题。已知蠕变应变降低疲劳寿命，疲劳应变降低蠕变寿命，但蠕变和疲劳交互作用的本质至今尚不清楚。最近发现，蠕变疲劳交互作用对 P91 钢焊接部件的影响要比 P22 钢焊接部件严重得多。

采用横向焊缝拉伸试件，565℃长期试验，断裂发生在Ⅳ型裂纹区，P91 钢焊接接头的蠕变延性为 1%～2%，远低于 P22 钢焊接接头蠕变延性的 4%。另外，600℃低周疲劳试验表明，E911 钢横向焊缝拉伸试件的持久寿命约为母材的 1/2，类似的结果也出现在 P91 钢和 P92 钢的焊接试验中。其实，Ⅳ型裂纹形成的外因就是焊接接头的热疲劳或蠕变疲劳交互作用。

三、焊接接头强度不足问题

典型高铬马氏体钢焊缝金属的力学性能要求见表 2-1。可以看出，P122 钢焊缝金属的塑性和冲击韧性要求与 P92 钢相同，区别是 P122 钢强度要求稍高。实际焊缝金属的力学性能优于其要求值，以 P92 钢焊缝金属为例，740℃/8h 焊后热处理的力学性能见表 2-2。同样的焊接材料也适用于 P122 钢。

表 2-1　典型高铬马氏体钢焊缝金属的力学性能要求

钢　种	屈服极限 σ_s（MPa）	抗拉强度 σ_b（MPa）	延伸率 δ（%）	冲击韧性 A_{kv}（J）
P92 钢	≥440	≥620	≥17	≥31
P122 钢	≥530	≥630	≥17	≥31

表 2-2　P92 钢焊缝金属力学性能

焊接方法	屈服极限 σ_s（MPa）	抗拉强度 σ_b（MPa）	延伸率 δ（%）	冲击韧性 A_{kv}（J）
钨极氩弧焊（GTAW）	686	790	23	44
焊条电弧焊（SMAW）	651	770	25	60
埋弧焊（SAW）	610	780	23	46

电站锅炉设计寿命为 20 年，实际使用可达 35～40 年，材料和焊接接头的长期服役会导致性能退化。近年来，对新型马氏体耐热钢焊接接头和模拟热影响区进行了大量蠕变试验，得到了有价值的数据和结构关系。为了得到有指导价值的性能退化数据，蠕变试验通常应持续到设计寿命的 25%。E911 钢 625℃试验表明，100 000h 焊接接头强度可能降低 50%。最近针对 P91 钢、E911 钢、P92 钢和 P122 钢焊接接头的长期试验表明，焊接接头的蠕变强度只达到母材下限的 60%。焊接热影响区是新型马氏体耐热钢焊接接头的薄弱焊接，特别是Ⅳ型裂纹区，是焊接接头的主要断裂失效部位，直接影响焊接接头的寿命。另外，不同材料

的长期对比试验表明，P91钢焊接接头的蠕变强度最低、E911钢中等、P92钢和P122钢最高。

最近发现，长期服役的P92钢和E911钢焊缝金属冲击韧性严重恶化。两种试验管道的尺寸为外径ϕ282/壁厚56mm（P92钢）；外径ϕ354/壁厚46mm（E911钢），GTAW打底，SMAW填充焊缝，750～760℃/4h焊后热处理，冷却速度为100℃/h。热处理后的E911钢和P92钢焊缝常温冲击韧性分别为70J和80J，625℃时效1000h分别降为19J和21J，3000h两种钢的焊缝冲击韧性均降到约12J，9000h时效后仍维持这一水平。硬度下降并不明显，焊后热处理态的焊缝平均硬度为HV215，625℃/9000h时效后为HV200。冲击韧性下降的原因是原奥氏体晶界和亚晶界$M_{23}C_6$及Laves相的析出长大，进一步加剧焊缝金属的不均匀性。通常$M_{23}C_6$及Laves的尺寸超过0.5nm就认为对韧性有害。P92焊缝625℃时效20h，Laves相的尺寸可达50～300nm，在原奥氏体晶界和亚晶界密集分布。镍基合金焊接接头的强度较母材有明显的降低，焊缝金属是镍基合金焊接接头最薄弱的环节，强度的降低与强化相的高温溶解有关。另外，当采用镍基合金材料焊接异种钢接头时，也能降低焊接接头蠕变强度，导致焊接接头早期失效。

四、焊接材料与工艺的影响

目前，我国的超超临界电站锅炉建设所用的焊接材料基本依赖进口或外商产品。为了研制国产焊接材料，国内一些单位正在积极探索。焊接材料除了要有良好的焊接工艺性能和常规力学性能外，全焊缝金属的蠕变强度也应与母材相当，这对保证焊接接头强度和服役性能十分重要。典型贝氏体和马氏体耐热钢全焊缝金属化学成分见表2-3。

表2-3 典型贝氏体和马氏体耐热钢全焊缝金属化学成分 %

材料	焊接方法	w(c)	w(Si)	w(Mn)	w(Cr)	w(Ni)	w(Mo)	w(V)	w(W)	其他
T/P23	GTAW(ϕ2.4)	0.08	0.27	0.54	2.14	0.04	0.08	0.21	1.58	w(Nb)=0.031，w(N)=0.011，w(B)=0.002
	SMAW(ϕ4.0)	0.06	0.22	0.46	2.28	0.12	0.02	0.28	1.72	w(Nb)=0.043，w(N)=0.017，w(B)=0.002
	SAW(ϕ4.0)	0.05	0.27	0.94	2.04	0.09	0.11	0.19	1.61	w(Nb)=0.043，w(N)=0.007，w(B)≤0.001
T/P24	GTAW(ϕ2.4)	0.06	0.23	0.49	2.29	—	1.00	0.24	—	w(Ti)=0.034，w(Nb)=0.007，w(N)=0.014，w(B)=0.002
	SMAW(ϕ4.0)	0.09	0.25	0.55	2.51	—	1.03	0.22	—	w(Nb)=0.046，w(N)=0.013，w(B)=0.001
	SAW(ϕ4.0)	0.05	0.20	0.72	2.26	—	0.98	0.22	—	w(Ti)=0.015，w(Nb)=0.007，w(N)=0.009，w(B)=0.001
E911	SMAW(ϕ4.0)	0.11	0.25	0.61	8.94	0.72	0.93	0.24	0.97	w(N)=0.060，w(Nb)=0.054
	SAW(ϕ3.2)	0.10	0.38	0.59	8.99	0.74	0.89	0.18	0.90	w(N)=0.063，w(Nb)=0.045
P92	SMAW(ϕ4.0)	0.11	0.27	0.65	8.95	0.70	0.53	0.19	1.72	w(N)=0.045，w(Nb)=0.044
	SAW(ϕ3.2)	0.09	0.36	0.60	8.45	0.73	0.41	0.17	1.59	u(N)=0.059，w(Nb)=0.034

可以看出，焊缝金属的主要化学成分应接近于母材，以保证焊接接头优良的高温性能，同时还要特别关注微量元素的控制，并考虑焊接材料的焊接工艺性能和常规力学性能。

对于 T23/P23 和 T24/P24 贝氏体钢，由于碳含量低，接头硬度 HV≤350，焊前不预热，焊后不需要热处理。对于厚壁管的焊接，多采用 GTAW 打底、SMAW 过渡、SAW 填充焊缝，为了保证焊接接头的韧性，需要焊后热处理。由于 T23/P23 钢和 T24/P24 钢的焊接再热裂纹敏感性比其他新型锅炉材料高，在结构设计和焊接工艺上必须谨慎，对于壁厚大于 10 mm 需要焊后热处理的场合，在 740℃热处理前，必须先经 550℃×1h 的中间退火，降低焊接应力。为了改善焊缝的力学性能，T23/P23 钢焊接材料中加入少量的镍。PHWT 为 740℃×2h，焊缝韧性为 260J，硬度 HV<250，横向焊缝拉伸试件断裂在母材。考虑到钛、硼在焊接过程中容易烧损，在焊接材料中用铌替代。

为了提高 9%Cr 马氏体耐热钢的蠕变强度，钢中加入了钨，并提高了碳、氮和铌的含量。但是蠕变强度的提高会降低冲击韧性。钢中加入镍能够抑制一次铁素体残留对韧性的负面影响，但马氏体钢的镍含量受到限制，P91 钢的镍含量不超过 0.4%，对 E911 钢和 P92 钢也有类似要求，即焊缝金属的镍含量不能超过 1%。过量的镍，或过量的镍、锰总量，会降低 A_{c1} 相变点，不利于采用较高的 PWHT 温度，还对焊缝的蠕变性能有不利影响。为了改善焊缝金属的韧性，焊缝中钒、铌、硼等微量元素的含量应控制在母材下限。提高氮、铝比，降低碳、氮比，有利于提高蠕变强度。应该指出，提高焊接接头韧性的措施可能会降低接头的蠕变强度。马氏体耐热钢要在 PWHT 状态下使用，焊缝与母材要有相近的 A_{c1} 相变温度。焊接时的预热及层间温度控制在 200～350℃，GTAW 预热温度可降低 50～100℃，并严格限制焊缝氢含量和热输入。热处理前，焊接接头一定要冷却到马氏体转变终止温度以下，因为 E911 钢和 P92 钢焊缝的转变终止温度为 120～150℃，所以焊缝至少要冷却到 100℃以下才能进行热处理。经 760℃×2h 的焊后热处理，马氏体硬度降到 HV=250，韧性得到改善。P122 钢、E911 钢和 P92 钢的焊后热处理，不但降低了焊接及热弯成型的应力腐蚀风险，还消除了产生延迟裂纹的可能性。特别是对于厚壁构件，如不能在焊后立即进行热处理，可采用 200～300℃/2～3h 的后热，避免氢致裂纹。超超临界锅炉管道的现场安装施工条件难度大、要求高，更要执行严格的焊接质量控制措施。

9%Cr 马氏体钢薄壁管（6～8mm）GTAW 焊后也最好进行短时热处理。试验表明，E911 钢 SMAW 焊后进行 760℃×2h 热处理，可以满足 41J（20℃）的焊缝韧性最低要求值，如果仅仅采用低温热处理，韧性则不能满足要求。SAW 时需采用 760℃×4h 的焊后热处理，才能满足韧性要求，而采用 760℃×2h 则韧性较低。对于外径为 ϕ300mm、壁厚 40mm 的 P92 钢，采用 SAW，焊丝 ϕ3.2mm，预热 250℃，层间温度为 300～330℃，焊后热处理 760℃×4h，20℃冲击功为 89J。

新型奥氏体耐热钢焊接时，除了采用奥氏体焊接材料外，还要严格控制焊缝的铬/镍当量及焊接热输入。对于稳定奥氏体钢，为了防止热裂纹，应严格控制填充材料的杂质含量。奥氏体钢除了焊缝存在热裂纹倾向外，由于其本身的热物理性能特性，导致有较大的焊接残余应力，在随后热处理及高温服役运行时，再热裂纹倾向明显。TP321H 钢、TP347H 钢以及 TP316H 钢厚壁焊接接头都因存在强碳化物元素出现过再热裂纹。对于 321H 和 347H 不锈钢，采用 AWS ER347Si 高硅含量（0.75%）铌稳定填充金属，同时较高含量的钼有利于提高不锈钢的蠕变性能。为了减小焊接热裂纹和再热裂纹的危险，蒸发器、过热器厚壁管道的焊接可用 AWS 改进型 ER16.8.2 填充金属替代 AWS ER347。改进型 ER16.8.2 碳含量降低至 0.04%，最高钼含量为 1.3%，一次铁素体含量为 1%～6%。另外，奥氏体耐热钢焊接接头在服役过程还可能发生晶间腐蚀或应力腐蚀。研究表明，Super304H 钢与 TP304H 钢的应力腐蚀敏感性相当，TP347HFG 钢和 HR3C 钢的应力腐蚀敏感性稍低。为了避免锅炉运行出现应力腐蚀，需要 PWHT 消除焊接应力。

埋弧焊虽然熔敷率高，但并不适合镍基合金厚壁结构的焊接，目前正尝试先进的波控熔化极惰性气体保护电弧焊。同时，正在测试 230、In740 等镍基合金的焊接性，包括焊接及 PHWT 对热影响区液化裂纹、多边化裂纹、再热裂纹的敏感性。

从以上分析可以看出：

1）虽然对焊接接头的力学不均匀性进行了广泛研究，在结构安全评定方面也取得了有价值的研究成果；并且还研究了焊缝强度组配对焊接冷裂纹的影响，发现镍基合金或不锈钢焊缝的异种材料接头在长期运行过程中也出现了Ⅳ型裂纹，但在焊接力学不均匀性对焊接接头蠕变疲劳和Ⅳ型裂纹的影响方面仍缺乏认识，需要进一步研究。

2）焊条和焊丝主要为国外进口材料，一些单位正积极进行国产化探索。熔敷金属的主要合金成分与相应母材相当，注意微量元素的控制和配合，常规力学性能也能满足要求，但缺乏长期性能数据。

3）由于新型马氏体钢焊接接头的蠕变强度只有母材的 50%，制约着超超临界电站锅炉的寿命，研究和提高焊接接头薄弱环节的蠕变强度具有重要价值。同时，关注锅炉新材料焊接接头在超超临界运行条件下的性能变化，监控高温管道及其焊接接头的蠕变和疲劳性能、氧化及蒸汽腐蚀，认真开展失效分析。

4）新型铁素体/马氏体耐热钢已成功地用于超超临界电站锅炉临界部件制造，包括水冷壁、再热器、过热器及主蒸汽管道。现有的焊接工艺及匹配的焊接材料基本能够满足锅炉制造的要求。但是，目前采用的主流焊接工艺，即 GTAW 打底、SMAW 过渡、SAW 填充焊缝，生产率低，容易产生夹杂及裂纹等焊接缺陷。热丝 GTAW 虽然能够获得优质的焊接接头，但生产效率较低。一台 600MW 的锅炉约有 6 万个焊口，应积极开展窄间隙气体保护焊的适用性研究，包括窄间隙热丝（GTAW-NG），特别是新发展的熔化极气体保护波控焊接、高效双丝焊接以及激光/熔化极气体保护焊等先进焊接技术，提高焊接生产率。先进焊接技术的采用将影响焊接接头的热作用，进而影响焊接接头的显微组织及接头的力学性能。

第二节　新型耐热钢 T92/P92 焊接工艺

一、P92 钢化学成分及性能特点

T92/P92 钢是在 T91/P91 钢的基础上加 1.5%～2.0%的 W，降低了 Mo 含量，大大增强了固溶强化效果，ASTM A335 规定其含碳量为 0.07%～0.13%，Cr 含量为 8.5%～9.5%，Mn、Si、V、Nb、N、B、Al、N 有一定的范围要求，另外，严格控制 S、P 含量；600℃许用应力比 T91 高 34%，达到 TP347 的水平，是可以替代奥氏体钢的候选材料之一。在 600℃，该钢种 10^5h 下的持久强度达到 130MPa。T92/P92 钢完全可取代超临界和超超临界锅炉中的奥氏体过热器、再热器用钢，并可用于壁温小于或等于 620℃时的主蒸汽管道。T92/P92 钢的标准化学成分和力学性能见表 2-4 和表 2-5。

表 2-4 **T92/P92 钢的化学成分** 质量分数，%

项 目	C	Mn	W	Nb	Si	Cr
T92/P92	0.07～0.13	0.30～0.30	1.5～2.0	0.04～0.09	≤0.50	8.50～9.50
项 目	Mo	V	Ni	N	B	
T92/P92	0.30～0.30	0.15～0.25	≤0.40	0.03～0.07	0.001～0.006	

表 2-5 **T92/P92 钢的力学性能**

项 目	屈服极限 $\sigma_{0.2}$ (MPa)	抗拉强度 σ_b (MPa)	延伸率 δ_5 (%)	ASME335 A_{kV} (J)	EN10216-2 A_{kV} (J)
T92/P92	450	620	20	27	41

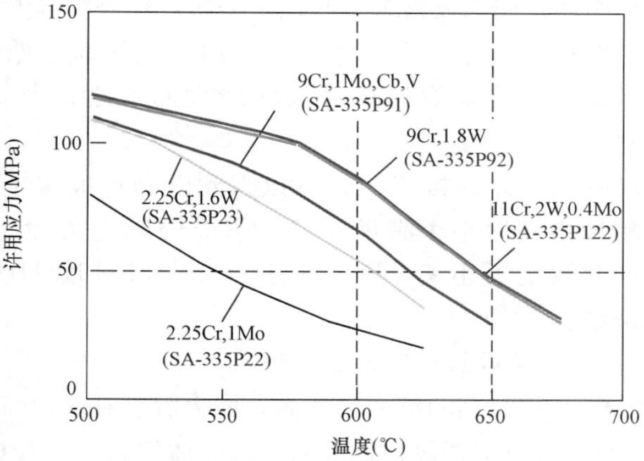

图 2-1 耐热钢材料许用应力与温度的关系

从图 2-1 可知，P122 钢含 Cr 量较高，但材料的焊接性较差，长时高温运行的组织稳定性稍差；P92 钢高温持久强度高，焊接性与 A335-P92 接近。因此，在同等参数条件下，选用 P92 材料可大大减少管材厚度和质量，不仅能较好地解决构件的承载问题，也可有效降低安装及焊接施工工艺操作的难度。

从 A335-P92 钢的化学成分可知，C、S 和 P 的含量低、纯净度高，具有晶粒细、韧性高的优点，相比较焊接冷裂纹倾向大为降低。但 P92 钢作为马氏体耐热钢，且 P92 钢材料通常作为主蒸汽管道，其壁厚很大，因此，焊接残余应力较大，焊接热循环条件下冷却速度控制不当易导致淬硬的马氏体组织的形成，焊接接头刚度过大或氢含量没得到严格控制。以上一种或几种因素作用有可能产生冷裂纹，总体来讲 P92 钢仍具有一定的冷裂倾向。另外，作为新型铁素体钢的 P92，其热裂与再热裂纹倾向还是很低的。

对 SA335-P92 钢化学成分的严格控制和均匀化使其淬火后可获得几乎不含残余 δ 铁素体的全马氏体组织。经淬火＋回火处理后，P92 钢的显微组织为 Mo 和 W 固溶强化的回火马氏体，其基体含有回火析出的 $M_{23}C_6$ 类金属碳化物（Fe、Cr 或 Mo 的碳化物）及以 MX 形式存在的 V 和 Nb 的碳/氮化物，从而使 P92 合金的高温蠕变强度在 P91 合金的基础上得到进一步的提高。

二、P92 钢焊接的重点及难点

（一）预热及层间温度的控制

P92 钢合金含量在 10%以上，属高合金钢，虽然该钢的合金成分中 C、S、P 含量较低，但仍存在一定的冷裂纹倾向，因此，P92 钢焊接时必须采取预热措施。但从接头质量来看，预热温度过高，则会在接头中引起晶界碳化物沉淀和形成铁素体，对韧性很不利，而一旦碳化物沉淀＋铁素体组织形成后，必须进行调质处理才能得到有效解决。实践证明，SA335-P92 钢在焊接前进行 150～200℃的预热，层间温度应控制在 150～250℃，即可有效防止焊接冷裂纹的产生。

（二）焊接接头冲击韧性的保证

P92 钢与 P91 钢相比由于 W 的加入提高了高温蠕变性能，但组织稳定性不如 P91 钢。P92 钢在 500～650℃范围内有较明显的时效倾向，在时效过程中，Cr、W、Mo 等合金元素与 Fe、Mn、Si 形成金属间化合物 Laves 相，导致冲击韧性恶化，而且 W 是 δ 铁素体形成元素，也会影响到焊缝的冲击韧性值。因此，焊接施工时应严格控制焊接及热处理工艺，确保焊缝有足够的冲击韧性裕量，使机组移交后能长期安全可靠运行。

由于焊缝熔敷金属没有控轧和形变热处理，晶粒不可能由此获得细化；另外，熔敷金属中的 Nb、V 在凝固冷却过程中难以呈微细的 C、N 化合物析出，焊缝的韧性会远不如母材。因此，焊接时必须采取多层多道、选用小规范参数等焊接操作工艺措施，并充分利用层道间的热循环作用来改善组织和细化晶粒，提高焊缝的韧性。

供货状态优良的母材性能受到焊接的高温循环，母材热影响区性能会明显劣化，而且劣化程度将随焊接热输入的增大而加剧，因此，在焊接过程中应特别注意热输入的控制。

遵照上述焊接工艺，可以得到欧洲标准规定的冲击韧性大于 41J 的焊接接头。为了判断冲击韧性是否满足要求，华能国际电力股份公司率先组织开展了 P92 焊接工艺评定，并制定了相关导则，要求 P91/P92 硬度 HB 为 180～250，并被后续修订的有关规程采纳。

（三）焊后热处理工艺的控制

由于 P92 钢的抗回火性高，回火温度在 750～770℃时可得到析出物和碳化物如 $M_{23}C_6$ 及 MX 型钒/铌碳氮化物的回火马氏体组织，这些析出物通过沉淀强化改善了材料蠕变断裂强度，需要较高的焊后热处理温度；但其焊接熔敷金属的相变转变温度 A_{c1} 值为 800～835℃，如超过 A_{c1} 值将再次奥氏体化而得到部分未回火的马氏体组织，造成接头的性能及冲击韧性极差。因此，对 P92 钢焊后热处理温度的控制要求有较高的精度。通常回火热处理恒温时间的计算为 4～7min/mm，且不少于 4h。

此外，焊口焊接完成后应缓冷至 100℃以下，待焊缝金属组织全部转变为马氏体后，立即进行焊后热处理。由于焊后热处理的温度控制范围较窄，且要保证整个管段内外壁、上下区温差在规定范围之内，所以热处理加热器的布置以及热电偶监控点的设置等非常重要，可以说热处理工艺措施恰当与否是 P92 焊口焊接成败的关键所在。

（四）热处理加热方式的选择

传统的中频感应加热方法由于存在明显的集肤效应，所以近年来在电力建设施工中应用越来越少。所谓集肤效应是指当交流的感应电流流过导体时，导体表面的电流密度大于深层电流密度的一种现象。工程上规定从导体表面到电流密度减小到表面电流密度的 1/e（e 为自然底数，e=2.718 281 83）的径向距离称为集肤深度。频率越高，集肤效越严重，造成焊后热处理时，内、外壁温差可达到几十度，不能保证内壁焊接应力降低及得到良好的综合力学性能。

此外，DL/T 819—2010《火力发电厂焊接热处理技术规程》第 5.1.2 条的规定：中频感应加热宜用于对厚度小于或等于 30mm 的焊件进行加热。

基于上述理由，在进行 P92 钢工艺评定时，选用现行电力规范推荐的远红外加热的方式对焊件进行预热及焊后热处理。国内一些电力建设单位也倡导采用新型的中频感应加热系统——ProHeatTM35 预热和去应力系统来完成 P92 钢的预热和焊后热处理。

三、焊接工艺评定策划及组织

华能玉环电厂主蒸汽管道材料选定后，由于 P92 钢在我国火电建设引用还是第一次，2005 年 1 月，玉环工程正式启动 P92 钢焊接工艺评定工作，由业主组织各承包商开展 P92 钢管道的工厂化配管和现场安装的焊接工艺评定工作，并邀请国电电力建设研究所进行工艺试验过程监督。

选择一种焊接工艺性能良好、焊缝金属性能优异的焊接材料是保证焊接接头质量的前提。玉环工程选择了三种国外成熟的 P92 钢焊条进行了熔敷金属试验对比及热处理试验、力学性能及下临界转变温度 A_{c1} 的测试、金相组织分析以及工艺性能对比，最终选取了钢芯过渡方式的 MTS 616 焊材，其熔敷金属的 A_{c1} 相变温度为 802℃，图 2-2 所示是热处理温度对熔敷金属硬度的影响，A_{c1} 高的焊缝金属抗回火能力更强。P92 钢焊接与热处理曲线如图 2-3 所示。

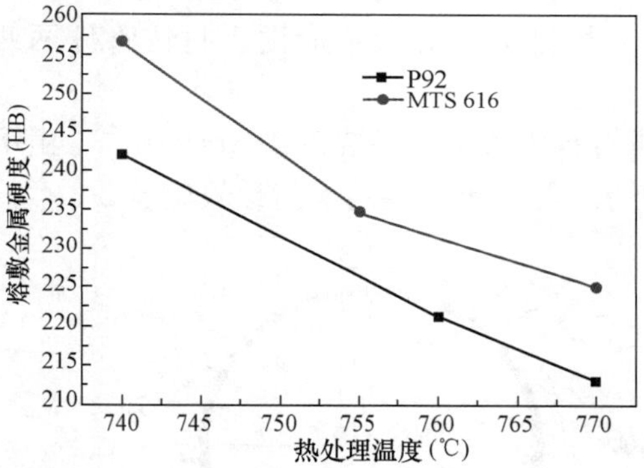

图 2-2　热处理温度对熔敷金属硬度的影响

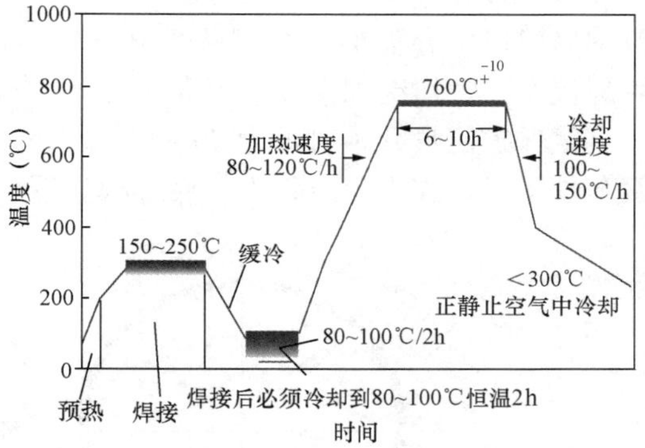

图 2-3　P92 钢焊接与热处理曲线

P92 钢焊接材料选定后，与合作单位共同对 P92 钢埋弧焊丝、手工焊条、氩弧焊丝进行了更全面的熔敷金属试验，并最终确定了 SMAW、SAW、TIG 等焊接方法及其组合的合理工艺参数并通过了工艺评定，其中关键指标热处理温度确定为（760±10）℃，焊缝热处理后硬度 HB 为 180～250，以确保冲击功达到 41J 的最低要求。由于现场无法对厚壁管道的焊缝取样进行冲击功测试，在焊接材料和焊接工艺确定后，冲击功只取决于焊后热处理温度和时间（如图 2-3 所示），焊缝硬度一定程度上能反映焊后热处理是否充分。

（一）P92 焊接工艺评定基本情况

（1）母材材质：SA335-P92。

（2）规格：ϕ354×53mm。

（3）焊接位置：6G。

（4）焊接方法：钨极氩弧焊＋焊条电弧焊。

（5）焊丝：9CrWV（ϕ2.4）。

（6）焊条：CHROMET 92（ϕ2.5×3.2mm）。

（7）坡口形式：双 V 形坡口，坡口尺寸如图 2-4 所示。

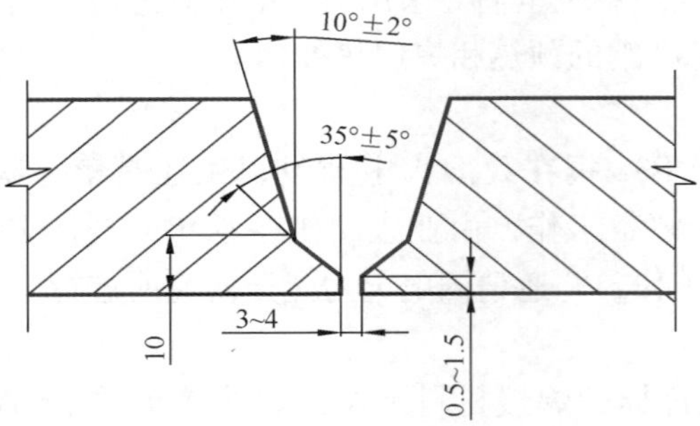

图 2-4 P92 工艺评定坡口示意图

(8) 对口装配及点固焊：试件对口错边量小于或等于 1.0mm，对口间隙如图 2-4 所示。点固焊采用坡口内定位块进行，坡口内定位块选用 P91 材质，定位块固定情况如图 2-5 所示（见文后插页）。

(二) 焊接工艺及注意事项

在正式开始焊接操作前，为了熟悉和掌握 P92 钢焊接材料的工艺性能，验证拟订的焊接工艺的可行性，进行了焊接模拟试验。模拟试验采用 P92 钢焊接材料，母材选用规格为 ϕ219×40mm 的 P91 钢管口，工艺条件参照拟订的正式焊接工艺评定进行，并针对模拟试验的结果对正式的工艺评定方案进行了必要的调整。模拟试验为最终一次性顺利完成工艺评定奠定了坚实的基础。

氩弧焊打底焊接的前二层和焊条电弧焊时的第一、二层焊道背面进行充氩保护。充氩保护范围以坡口中心为准，每侧各 300～400mm 处，用已加工好的圆形钢板封住管件两侧，打底焊接及充气情况如图 2-6 所示（见文后插页）。

充氩保护流量开始时可为 20～30L/min，施焊过程中流量应保持在 8～15L/min。由甲、乙两名焊工对称施焊，氩弧焊打底过程如图 2-7 所示。P92 钢焊接的工艺参数见表 2-6。

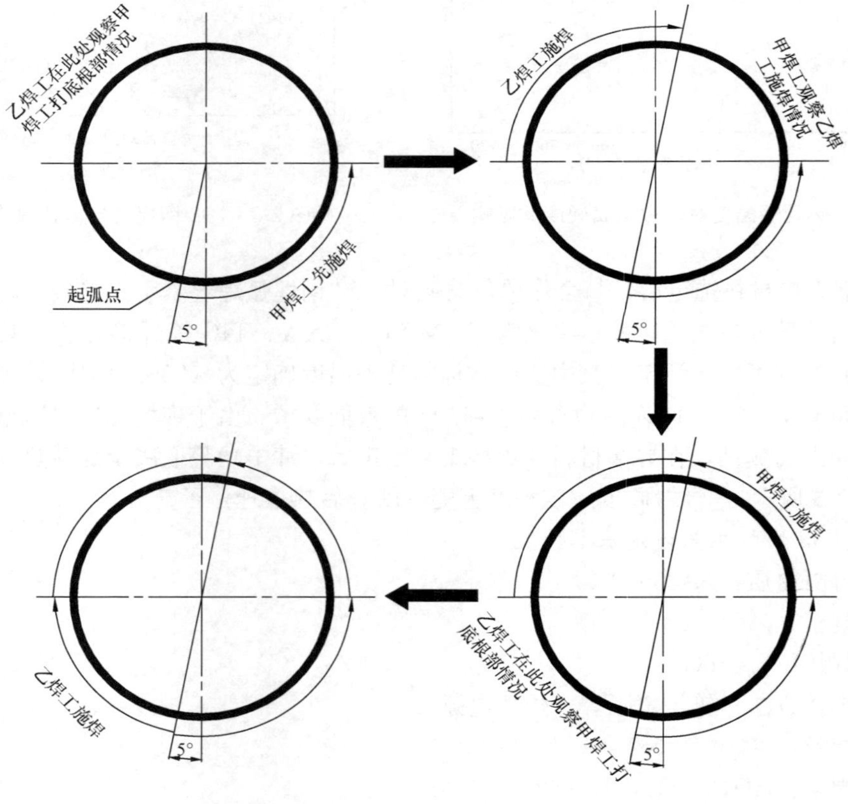

图 2-7 氩弧焊打底顺序

表 2-6　　P92 钢焊接的工艺参数

焊层焊道	焊接方法	焊条（丝）		电流范围		电压范围（V）	焊接速度范围（mm/min）	焊层厚度（mm）
		型（牌）号	规格（mm）	极性	电流（A）			
1	GTAW	9CrWV	ϕ2.4	正接	90～110	11～12	28～35	2.0～2.5
1～2/2	GTAW	9CrWV	ϕ2.4	正接	120～125	11～12	50～55	2.0～2.5
1～2/3	SMAW	CHROMET 92	ϕ2.5	反接	85～90	22～24	120～140	2.5～3.0
1～2/4	SMAW	CHROMET 92	ϕ3.2	反接	115～120	22～24	140～150	2.5～3.0
5 层以上	SMAW	CHROMET 92	ϕ3.2	反接	125～130	22～24	130～160	2.5～3.0

氩弧焊打底时，焊接电弧电压为 11～12V，焊接电流为 95～110A，焊接速度应控制在 28～35mm/min；打底焊层厚度不小于 3mm。自第三层起采取焊条电弧焊方法（SMAW）进行填充及盖面焊接；SMAW 焊接时注意每层焊接接头应错开布置，具体如图 2-8 所示。

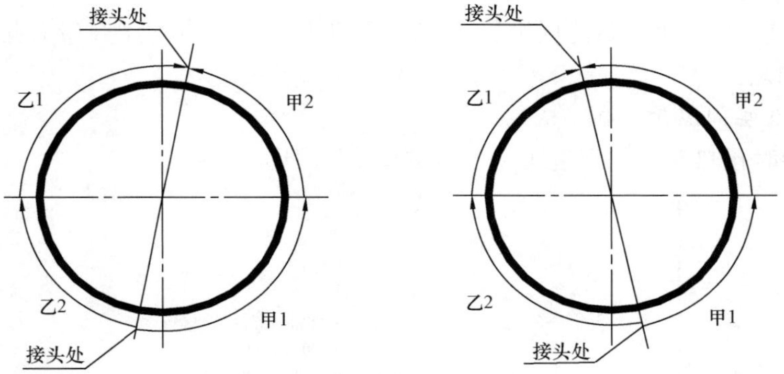

图 2-8　焊条电弧焊时两名焊工对称施焊

施焊过程中为多层多道焊，焊接时每层焊道的厚度不大于所用焊条直径，焊条摆动的宽度最宽不超过所用焊条直径的3倍，焊层焊道布置如图2-9所示；焊缝整体焊接完毕，应将

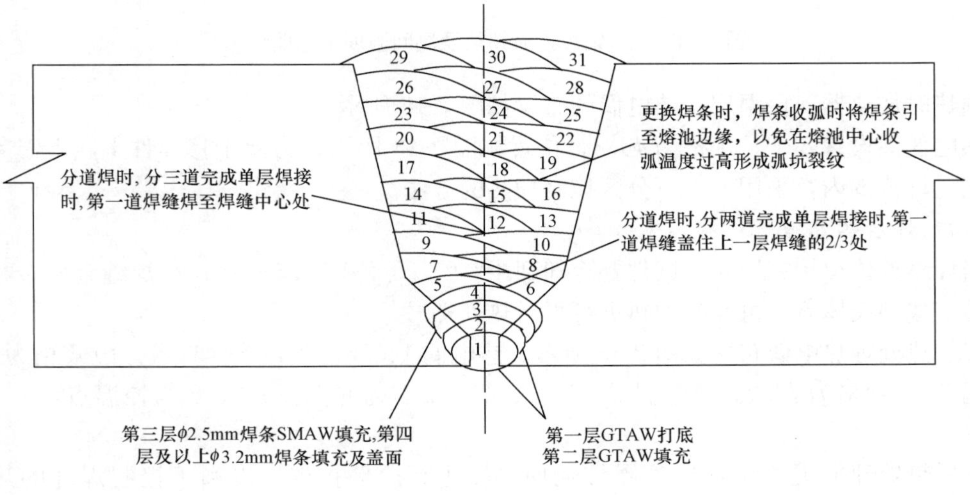

图 2-9　多层多道焊示意图

焊缝表面焊渣、飞溅清理干净，自检合格后，按工艺规定及时进行焊后热处理；为得到细小的焊缝组织，在焊接过程中应严格控制线能量。根据模拟试验所选定的焊接参数进行焊接，最终共分 21 层填充 89 道，每道的焊接线能量控制在 9.3～19.8kJ/cm，保证了焊接接头的质量，按工艺要求圆满完成了焊件的焊接工作。

四、热处理工艺

（一）热处理加热方式的选择

为了确保热处理时内壁焊缝同样达到规定的热处理温度和恒温时间，必须将内外壁温差控制在规定范围内（工艺评定规定应将内、外壁温差控制±10℃范围以内），为此特进行了热处理专项模拟试验，通过采取分区加热及控制升温速度等措施，总结了远红外加热时焊口内外壁温差大小与加热速度变化的一般性规律，为正式工艺评定及今后工程施工热处理工艺参数的选择提供了有力的依据。预热时加热器布置情况如图 2-10 所示（见文后插页）。

（二）加热设备

选用 ZWK-II-60 型智能温控仪进行加热，管口上下、左右均用履带式远红外加热器进行分区控制和加热。

（三）预热及层间温度控制

P92 钢焊接时预热及层间温度工艺曲线如图 2-11 所示。

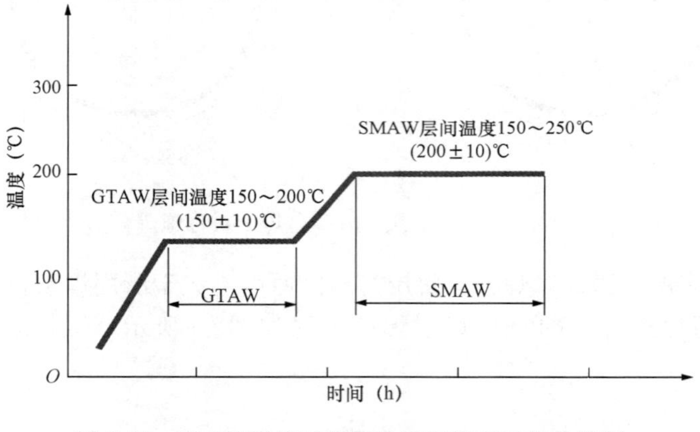

图 2-11 P92 钢焊接时预热及层间温度工艺曲线图

预热时加热器、保温层及热电偶的布置如图 2-12 所示。

热电偶共设置 6 个，规格为 $\phi0.8$，位置如图 2-13 所示；为便于将焊件上、下温差控制在工艺允许范围内，采用上、下分区控制加热的方法。

（四）焊后热处理

当焊缝整体焊接完毕时，试件要冷却到 100℃以下停留 0.5～1h；待焊缝金属金相组织全部转变成马氏体后，再及时加热进行焊后热处理。

焊后热处理热电偶布置如图 2-13 所示。热电偶 1、2、3、4、5、6、9、10 规格为 $\phi0.8$，热电偶 7、8 规格为 $\phi3.2$。热电偶 1、2、3、4、5、6 为测温点，7、8 为控温点，9、10 为参考点。

焊后热处理采用 4 块远红外履带式加热器进行分区控温，以利于控制焊件的热处理温差。

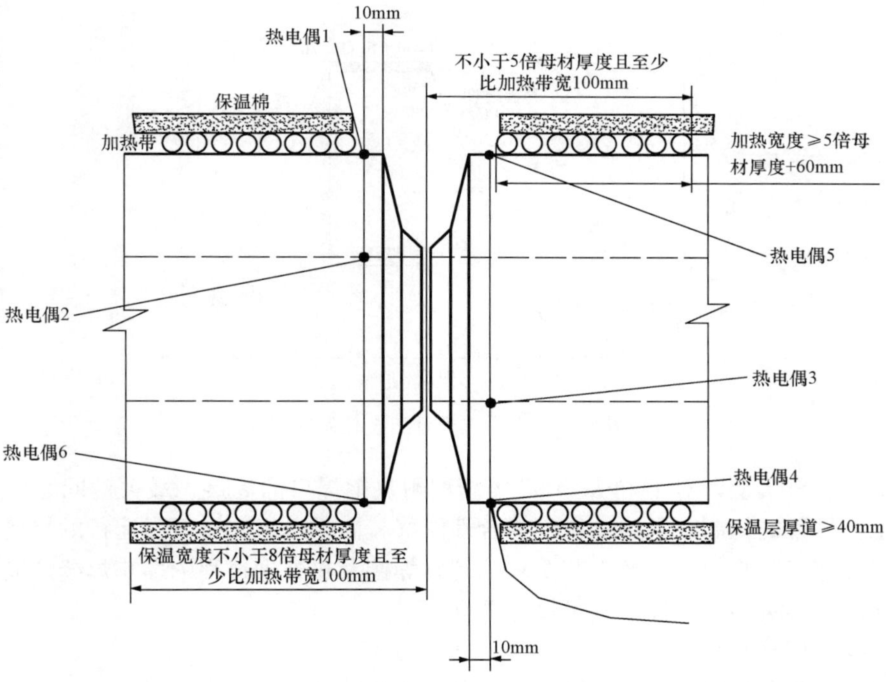

图 2-12 预热时加热器、保温层及热电偶布置图

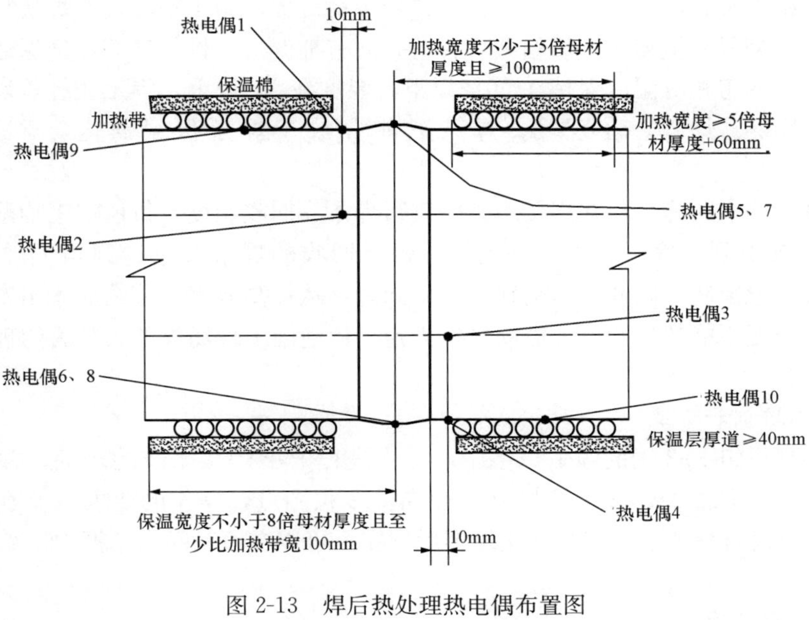

图 2-13 焊后热处理热电偶布置图

焊后热处理工艺曲线如图 2-14 所示。

实际焊后热处理温度记录曲线如图 2-15～图 2-17（见文后插页）所示。

五、P92 钢现场安装焊接

作为高温高压部件的合金钢焊口，对其焊接质量的追求不能仅停留在满足焊后无损检验

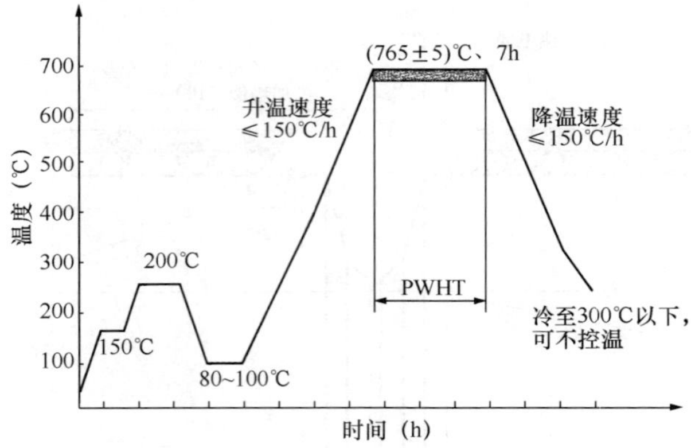

图 2-14　焊后热处理工艺控制曲线

合格的层次上。事实上，对于P91、P92等新型耐热钢焊口的焊接，最关键问题应是通过严格的焊接工艺过程的控制，最终能得到综合性能好、满足机组安全可靠运行的焊接接头。因此，现场安装施工时必须严格按工艺要求控制好焊接及热处理过程中影响焊缝性能的每一个环节，确保焊接接头的综合性能满足设计要求。

（一）焊接材料管理

焊接材料正确合理的使用是焊接质量保证中重要的一环，工程开工前编制《焊接材料管理制度》以明确焊接材料验收、储存、烘干、标识、发放、使用及回收处理等职责要求，确保各个环节严格把关，控制焊材质量，杜绝错用焊材现象，施工现场设有焊接材料仓库和焊条房，配备各种型号的恒温箱、烘箱共4台，并配有抽湿机、排气扇等以确保通风、干爽并使用温湿计控制库房相对湿度保持在60%以下，温度在5℃以上。焊工凭经签发批准的焊接工作单领取焊条、焊丝，在现场，焊条只能存放于焊条保温筒内，并通电恒温为100～120℃。

为加强现场的文明施工，在焊接施工中实行焊条头回收制度，每位焊工均配有专用焊条头回收盒并要求做到工完、料尽、场地清。每天回收的焊条头应达到当天焊接焊条量的98%以上，并登记留底，以此作为奖罚依据，同时，从提高效率、节约成本出发，要求每根焊条头的预留长度不能超过6cm，借助这些措施，杜绝施工现场焊条头乱丢的现象，达到文明施工的目的。

（二）焊工培训和考试

在超超临界机组P92钢的施工焊接中，择优进行P92焊接工艺的培训，并考取相应的焊工合格证。由于P92的焊接工艺与P91存在很多相同点，操作的要求也差别不大，具备P91焊接经验的优秀焊工，在进行强化培训后，完全可以在短时间内掌握P92钢的焊接操作技能。

（三）焊接质量管理

严格实行焊接质量三级检查验收制度，由焊工进行焊后外观自检并在焊口自检表上签认，然后由焊接质检员进行专检并填写焊口外观质量检查评定表，最后由焊接质检工程师进行抽查并在移交资料上签字，确认合格，这样层层把关，确保焊口质量。

同时，为做好对焊接前、焊接过程及焊接结束后三个阶段的质量控制，由质检工程师在分项工程开工前编制该项目的现场焊接质量计划，在质量计划中确定了各工序间的见证点、检查点和停工待检点，工序移交时由相关人员进行验收签证，这样各级岗位人员各尽其职、各负其责，有效控制现场焊接质量。

针对 P92 管口的焊接，实行旁站监督制度。即在每台机组第一个 P92 焊口焊接时，将派专人参与 P92 焊接的技术交底及各项焊接准备工作的监督检查，以及参与第一个 P92 焊口焊接过程中的旁站监督；每个 P92 焊口焊接时，工地焊接质检员、监理将全过程进行旁站监督。通过开展旁站活动，确保 P92 焊口焊接质量。

焊口的无损探伤，由焊接工程师根据每天焊口的完成情况，填写“焊口无损检测（NDE）委托单”及焊口定/焊缝布置图交质检工程师检查确认抽样后转送 NDE 工程师。NDE 人员依据检验规范要求的抽查比例对每个焊工按批进行无损探伤。

由 NDE 工程师填写“NDE 日报表”及不合格焊口的“焊口返修单”，返回焊接部门，以便对返修焊口进行及时处理，直到焊口合格为止，同时按标准规定进行加倍检验。焊口返修次数按焊接篇进行。如果有 P92 焊口需要返修，应组织召开质量分析会，研究缺陷产生的原因和返修方案等，确保返修一次成功。

在 P92 钢焊接过程中，组建“P92 焊接 QC 小组”，开展 QC 活动，分析 P92 施工中遇到的困难和质量问题，总结积累经验技术数据，研究改进方案，为确保 P92 钢焊口的质量服务。

（四）焊接过程的控制

焊接过程的控制主要是对在部件开工、焊接、检查、验收到工序完成的过程中，通过设置和检查过程的见证点、检查点和停工待检点等方式，从而对材料、工艺参数、规范要求进行控制，使焊口的质量达到验收标准的要求。焊接施工管理流程如图 2-18 所示。

（五）P92 钢现场焊接的工艺要点

焊接操作中应注意“三小一多、薄而快”的要领，即采用小规格焊条、小电流、小摆动、多层多道焊工艺，关键因素是通过控制线能量降低热输入量，避免层间温度过高、焊层过厚，导致焊缝晶粒粗大，影响焊接接头力学性能。

为保证根部质量，焊口背面应采取充氩气保护的措施。充气方法与 P91 焊口相同。

打底焊时，采用氩弧焊打底并填充一层，即用氩弧焊焊两层，防止出现根部裂纹；手工焊条填充焊接时，最好选用 $\phi3.2$ 的焊条进行焊接，建议不选用 $\phi4$ 的焊条。

应严格控制预热温度及层间温度，在防止裂纹产生的同时，确保得到晶粒细小的焊后组织；除合理布置热电偶位置进行监测外，焊接过程中用手持式测温仪再次进行温度监控，确保层间温度不超过 250℃。

焊后热处理采用分区控温、合理布置热电偶监测温度，严格控制焊后热处理温度以满足工艺要求；焊后热处理采用分区控温法严格控制整个试件的温度，使温差在 10℃以内，保证焊接接头最终成为细小的回火马氏体组织。

由于主蒸汽管道壁厚为 84mm，施焊及热处理时间长，为了避免因施工的临时停电引起的焊接及热处理过程的突然中断而引发质量问题，在施工现场应配备必要的备用电源以作应急之用，确保 P92 焊口的焊接及热处理的一次性成功，以保证焊缝质量。

试验证明，采用远红外的加热方式进行 P92 焊口的预热及焊后热处理加热，只要控制好升温速度，对管口分区进行控制加热，管口的内、外壁及上、下区域的温差完全可以控制在工艺要求范围内，热处理效果非常理想。

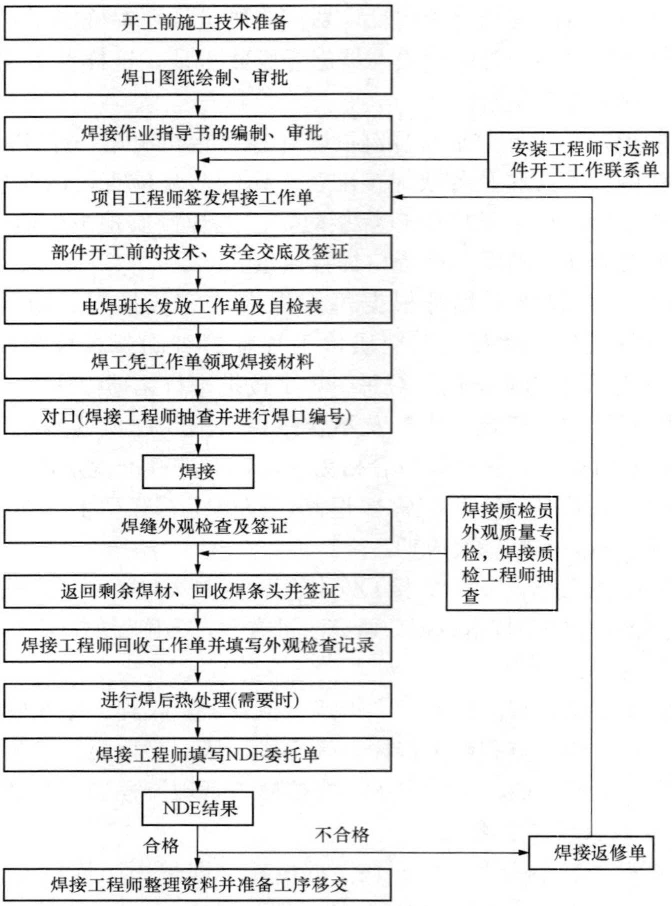

图 2-18 焊接施工管理流程图

现场 P92 焊口的焊接，只要严格按工艺评定的要求进行全过程的质量控制，则每一焊口的焊接将仅是同一工艺的重复，可以确保焊缝的质量及综合性能达到设计要求。国内第一道 P92 现场焊接焊口如图 2-19 所示（见文后插页）。

六、P92 钢安装过程质量控制重点

（一）焊后热处理温度的精确控制

P92 钢虽然与 P91 成分和组织接近，但在工艺评定及安装过程中发现，P92 钢焊缝的性能对工艺的敏感性比 P91 高，尤其是对热处理温度准确控制程度要求很高，而目前国内各施工单位的热处理设备和操作上存在较大问题。

1. 温控系统

目前使用的多数温控柜源于 20 世纪 80 年代的技术，设计上有缺陷，根据抽查结果发现较多温控柜控温系统误差大；控温系统无参考端补偿装置或采取 20℃固定参考端补偿方式，导致实际热处理温度随室温波动严重，带来极大的测温误差。

2. 热电偶安装

现场焊接热处理的热电偶普遍采用绑扎的安装方式，无法保证仪表显示温度能真实反映

热处理金属部件的实际温度；热电偶与加热器之间不能有效绝热，显示的温度受到加热片的影响，而导致管道实际温度比仪器显示的测量温度低。

3. 加热、保温宽度

现行规程推荐的升降温速率、加热带宽度、保温宽度等计算方法不合理，只考虑了管道的壁厚，没有考虑管径的影响，如加热宽度为焊缝每侧不小于 3 倍壁厚，保温宽度为每侧不小于 5 倍壁厚。对于大口径管道就往往显得偏小，容易造成内外壁温差过大，焊缝根部热处理温度偏低。

4. 仪表计量

多数的计量检定是针对温度显示（记录）仪表进行的，对于热电偶、补偿导线等的准确性以及现场系统误差测定不重视，也不能正确应用检定结果加以有效补偿。

5. 其他问题

加热器及其布置、热电偶的稳定性、连线的可靠性、补偿导线的布置和变形、热处理人员素质、偷工减料等。

这些原因导致热处理温度处于随机的失控状态，温度控制精度很差。通过对全国多处工程的热处理质量进行抽查，上述情况非常普遍，最大的误差甚至达到 30～50℃，所调查工程的 P91 钢焊缝硬度往往较高。由于检验标准中对硬度的要求过于宽松，直接导致这一问题难以暴露。

针对上述问题，华能玉环电厂先后制订并执行《P92 钢焊接工艺实施细则》《P91、P92 焊后热处理工艺导则》及《P91P92 焊接质量检验导则》，规范 P92 钢的焊接和热处理。焊接过程中严格控制根部焊接质量、层间温度及焊接线能量，采用多层多道摆动焊接以及通过精细控制热处理温度等方法，焊缝各项试验数值满足设计要求，完成的安装焊口焊缝表面成形良好，焊道均匀，经超声波探伤合格，硬度及金相试验结果均符合工艺要求，确保了机组关键部件的安装质量。

（二）中间探伤的取消

在 DL/T 869—2012《火力发电厂焊接技术规程》规定，焊接壁厚大于 70mm 的管道时要进行中间探伤。这一规定对及时消除焊缝根部缺陷曾起过很好的作用。但是，随着焊接技术的进步及焊工操作水平的提高，焊缝根部存在需要返修的缺陷的可能性很小。同时，由于进行中间探伤需要中断焊接、后热处理、室温放置，对 P92 等马氏体钢如果焊后热处理不能及时进行，即使采取了后热（消氢）处理，如果不采取特殊保护措施，焊缝表面仍会产生微裂纹。按照目前的表面打磨方式，磁粉探伤发现不了这种表面微裂纹的存在，只有对焊缝表面进行粗抛光，裂纹才能有效检出。经过大量试验分析，该类裂纹既非常见的焊接热裂纹，也不是延迟裂纹（氢致裂纹），可能是 P91、P92 钢焊缝的高应力马氏体在潮湿环境作用下产生的应力腐蚀裂纹。应力腐蚀开裂在奥氏体不锈钢中常见，但在马氏体耐热钢中很少出现，而在 P91、P92 钢焊缝中产生应力腐蚀现象，与焊缝金属的较高的残余应力有关，其主要是在消氢处理后室温存放过程中产生。因此华能玉环电厂工程综合多方面的考虑，在国内率先提出并实施了取消 P92 厚壁管的中间探伤。

七、T122/P122 焊接工艺评定

华能玉环电厂一期 2×1000MW 超超临界机组是目前国内单机容量最大、运行参数最高的燃煤发电机组。其主蒸汽压力高达 27.56MPa，温度为 605℃，为了满足高温高压蒸汽的

要求，锅炉末级过热器出口联箱及与主蒸汽管道之间的导汽管选用了美国材料试验标准P122的钢。这种钢具有较高的热稳定性，但是可焊性差，如不采取正确的焊接工艺，很容易产生裂纹，特别是当机组运行10万h以后很容易产生微裂纹。为了保证接头的“使用性能合格”，避免在运行中提前失效，在现场焊接全过程中，应严谨管理，加强过程控制，旁站监督检查。通过对焊接工艺、焊后热处理工艺和操作手法上进行严格的控制，不仅保证了焊缝无损检验一次合格率100%，而且焊缝的化学成分和金相组织都符合要求。

（一）P122钢简介

P122钢是住友金属在德国X20CrMoV121（HT91）钢的基础上开发出的第三代新型铁素体耐热钢，通过减Mo的同时加W提高了高温强度得到的新钢种，即“钨强化钢”。P122钢通过添加2%的W、0.07%Nb和1%Cu，增强了固溶强化、弥散强化和析出强化的效果。综合性能有了相当大的改进：许用应力在590～650℃温度范围内与TP347H奥氏体钢相当；耐腐蚀性能明显高于9%Cr的铁素体钢；高温蠕变断裂强度比P91钢高25%～30%；另外，加入Cu元素抑制了δ铁素体的形成，使δ铁素体的含量不超过5%，同时铬当量不大于9%，从而使材料具有良好的韧性。P122钢经过了正火及回火处理，其显微组织为δ铁素体和回火马氏体（主要是Fe/Cr/Mo的碳化物及V/Nb的氮化物）组成的双相结构，是国内火力发电厂首次应用的一种新钢种。

超超临界机组用材P122钢，是国际合作开发项目的重要成果，与P92和E911相比，具有更高的抗蒸汽氧化性能、抗高温腐蚀性能以及较稳定的高温强度。主蒸汽延伸段和末级过热器联箱使用P122钢可以减薄结构的设计壁厚，降低结构的整体重量；降低成本，减小施工难度；减小管子内壁发生应力腐蚀或晶间腐蚀。

P122钢除了固溶强化和沉淀强化外，主要通过了微合金化、控制形变热处理及空冷获得了高密度位错和高度细化的晶粒，从而使这类钢种在进一步强化的同时其韧性也获得了显著提高。由于焊接过程的冷却速度、晶粒及组织的变化无法与钢材加工的精细程度相比，致使焊缝的性能比母材差，常温冲击韧性低，焊接时其突出问题是焊缝性能劣化和HAZ性能的劣化。如不采取正确合理的工艺很容易产生焊接冷裂纹、焊缝韧性低、热影响区软化及Ⅳ型裂纹、热裂纹和再热裂纹。P122钢对焊焊接接头性能要求见表2-7。

表2-7　　P122钢对焊焊接接头性能要求

材料牌号	常温力学性能				使用温度下的许用应力（MPa）	硬度HB
P122	抗拉强度 σ_b（MPa）	屈服强度 σ_s（MPa）	延伸率 δ（%）	冲击功 A_{kV}（J）	620℃	≥225
	630	530	17	31	64	

（二）焊接工艺控制

1. 焊接材料选用

在对三种不同厂家（日本神钢、英国曼切特、日本威尔）的焊材进行综合对比（焊材的可操作性及各项试验性能），试验结果见表2-8，最终选用了日本神钢TGS-12CRS/ϕ2.4及CR-12S /ϕ3.2，成分见表2-9和表2-10。神钢焊材在焊接时熔池有些发黏（相对），熔池较P92焊材浅，但其焊条的性能与P92相近，操作性比较好，其各个试验性能值均符合要求。

英国曼切特焊材焊条在焊接过程中有些发黏，使焊条的流动性略差。

日本 WEL 焊条熔池前端容易形成夹渣，打磨清理工作量大，且其弯曲性能不符合要求。

表 2-8　　CR-12S φ3.2 熔敷金属试验

试样状态	试验项目	试验结果	备注
焊态	热分析	如图 2-20 所示	
740℃×10h	室温冲击	冲击功 A_{kV}=180J	
750℃×10h		冲击功 A_{kV}=184J	
760℃×10h		冲击功	
740℃×10h	金相	如图 2-21～图 2-25 所示	
	显微硬度	维氏硬度 HV=228.4、234.9、230.7	靠近断口细晶区（98N）
		维氏硬度 HV=221.4、232.6	靠近断口粗晶区（98N）
		131.4（焊肉中）、121.3（近断口处）	δ铁素体（98N）
740℃×10h	室温冲击	冲击功 A_{kV}=162J	
		冲击功 A_{kV}=116J	
		冲击功 A_{kV}=134J	
740℃×10h	室温拉伸	抗拉强度 R_m=730MPa 规定非比例延伸强度 $R_{p0.2}$=590MPa 断后伸长率 A=22.5% 断面收缩率 Z=70.0%	
		抗拉强度 R_m=730MPa 规定非比例延伸强度 $R_{p0.2}$=595MPa 断后伸长率 A=23.5% 断面收缩率 Z=70.0%	

表 2-9　　日本神钢 P122 焊材化学成分　　%

牌号	C	Si	Mn	P	S	Cu	Ni	Cr	Mo	W	V	Nb	N
TGS-12CRS	0.09	0.32	0.49	0.010	0.002	1.44	1.13	10.16	0.29	1.65	0.21	0.05	0.05
CR-125	0.09	0.22	0.79	0.006	0.002	1.49	0.93	10.13	0.19	1.41	0.19	0.03	0.054

细晶一般形貌如图 2-20 所示，P122 焊缝粗晶一般形貌如图 2-21 所示，焊缝中白色和灰色条带形貌如图 2-22 所示，焊缝内粗晶条带和细晶条带形貌如图 2-23 所示，焊缝内晶粒大小粗细不均匀形貌如图 2-24 所示。

图 2-20　细晶一般形貌

图 2-21　P122 焊缝粗晶一般形貌

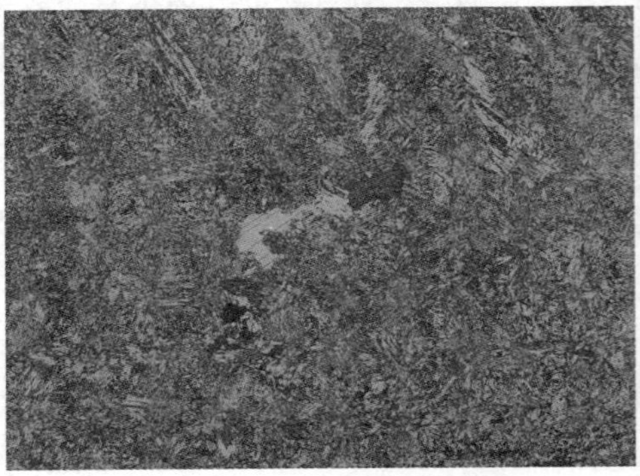

图 2-22 焊缝中白色和灰色条带形貌

图 2-23 焊缝内粗晶条带和细晶条带形貌

图 2-24 焊缝内晶粒大小粗细不均匀形貌

表 2-10 **日本神钢 P122 焊材熔敷金属化学成分分析** %

牌 号	C	Si	Mn	P	S	Cr	Mo	V	Ni	Nb	Cu	N	Ti	W	Co
CR-12S	0.05	0.31	1.00	0.010	0.006	9.97	0.17	0.29	0.49	0.035	0.014	0.02	0.004	1.68	1.53
TGS-12S	0.032	0.38	0.76	0.013	0.037	10.18	0.35	0.26	0.55	0.0074	<0.021	—	—	0.12	0.85

2. 焊接工艺参数

华能玉环电厂 P122 焊接工艺评定，采用规格为 Di350×50mm 管段进行。焊接位置为 6G，双 V 形坡口，采用 GTAW +SMAW 工艺（2 层 GTAW），焊丝为 TGS-12CRϕ2.4，焊条为 CR-12Sϕ3.2，焊接参数见表 2-11，焊接线能量小于或等于 25kJ/cm。实际施工中由于实际测量焊接线能量困难，可以通过焊层厚度及宽度，P122 焊接与 P91、P92 要求相似，要求单层厚度小于或等于所用焊条直径，单道焊缝摆动宽度小于或等于所用焊条直径的 3 倍。

表 2-11 **工艺评定焊接参数**

焊层（道）	焊接方法	焊 材		焊接电流		电压范围（V）	焊接速度（mm/min）
		型（牌）号	直径（mm）	极性	范围（A）		
1～2	GTAW	TGS-12CRS	ϕ2.4	正接	100～125	10～14	50～80
3～N	SMAW	CR-12S	ϕ3.2	反接	100～110	22～25	80～150

焊前采用电加热方式进行预热，预热温度：GTAW 为 150～200℃，SMAW 为 200～300℃。

P122 与 P91、P92 同属新型马氏体钢，其马氏体转变开始温度 M_s 在 400℃左右，转变完成温度 M_f 为 120～150℃。为了获得完全的回火马氏体焊接接头，焊后不能立即进行热处理，必须冷却到 M_f 点以下的 80～100℃并保持一定时间，待马氏体转变完全后，再及时升温进行焊后热处理。因此，在焊后热处理之前首先进行冷却至 80～100℃，恒温 2h，进行马氏体转变。

为了尽可能模拟施工现场的时间情况，在马氏体转变后，进行了 300～350℃，恒温 2h 的消氢处理，然后冷却到室温，尽可能地模拟实际施工现场的状况。最后进行焊后热处理，热处理温度为（750±10)℃，恒温时间为 8h。整个焊接过程变化曲线如图 2-25 所示。

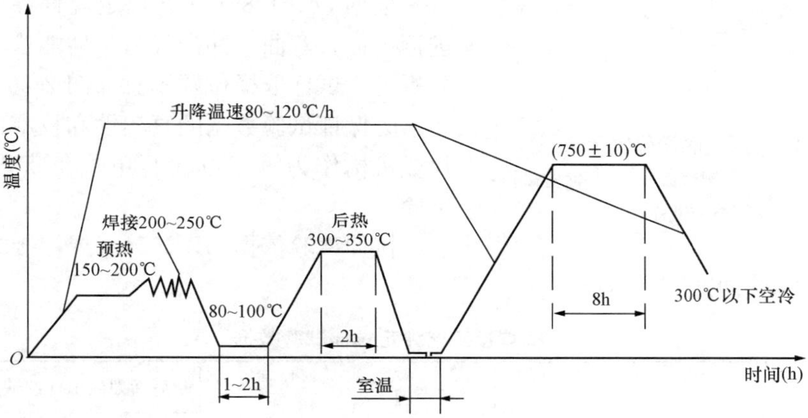

图 2-25　P122 工艺评定焊接过程变化曲线

（三）P122 安装焊接注意事项

1. 改善焊接操作手法

焊工是焊接质量控制的第一环节，焊缝质量直接依赖焊工的技艺水平和责任心。为此，焊前先对已取证的焊工进行了焊前练习和技术交底，以改善其操作手法、加强焊工责任心。

P122 焊工是从最优秀的 P92 熟练焊工中进行挑选培训取证，该批焊工有丰富的 P91、P92 特种钢焊接经验和高超的操作技艺，这在人员素质方面保证了 P122 钢的焊接质量。

为了改善焊缝和 HAZ 性能，P122 钢的工艺要求高，操作手法要求细。因此，在正式施焊前先进行焊接练习以改善焊工操作手法，主要练习薄层多道焊的码放、控制焊层厚度和宽度，以便后一层产生“回火效应”。练习时焊接工程师给焊工讲解 P122 钢的理论知识和焊接操作对焊缝金属组织状态及晶粒度大小的影响；讲解超超临界机组的特点和主蒸汽管道焊接的重要性。不断地灌输焊工并使其理解执行焊接工艺的必要性和重要性，加强其责任感，使之从思想上改变过去大电流、单道厚层的旧观念，树立“小线能量、快速连弧、小摆幅、薄焊层、多层多道”的新观念。

2. 现场热处理参数的选择

考虑到新型马氏体耐热钢的性能对组织异常敏感，其焊后热处理温度的范围很窄。当采用 TGS-12S/CR-12S 焊接材料时，综合考虑 P122 钢焊后热处理温度的上、下限，厚壁管道的内、外壁温差，SMAW、TIG工艺及其组合，现场热处理实际情况等因素，确定P92钢的焊后热处理温度为740～755℃，升温80～120℃/h，降温60～100℃/h；恒温时间为8h。

八、焊后检验

1. 试样外观及无损检验

（1）外观检查：表面无缺陷，外观检查符合DL/T 868《焊接工艺评定规程》标准要求。

（2）超声波探伤：未发现应记录缺陷。

（3）RT检验：底片显示$\phi2.5\times1$mm圆形缺陷1个，质量等级为Ⅰ级片。

2. 各项力学性能试验

根据DL/T 868工艺评定规程要求，需对试件进行拉伸、弯曲、冲击等力学性能检验，以及金相分析等。试样取样位置示意如图2-26所示。

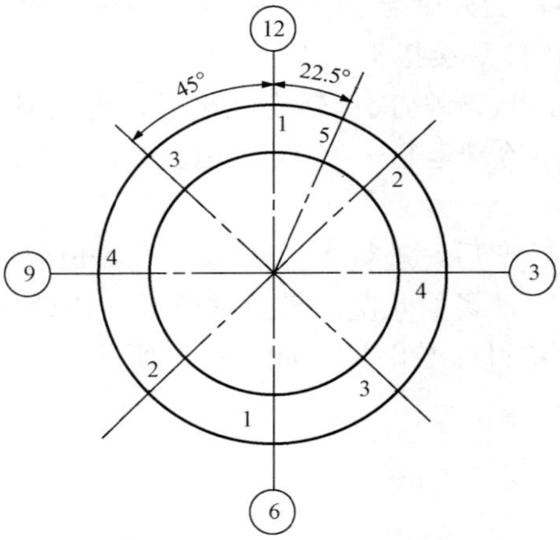

图2-26 试样取样位置示意

1—拉伸试样；2、3—侧弯试样；4—冲击试样；5—金相试样

为保证试验数据的真实性和权威性，委托国内权威机构作为第三方检验单位负责进行各项理化试验。

拉伸试验依据GB 2651《焊接接头拉伸试验方法》进行，试验结果见表2-12。

表2-12 **P92焊接工艺评定拉伸试验数据**

试样编号	截取位置	负荷值（kN）	抗拉强度 σ_b（MPa）	断后断裂处出现的缺陷		断裂位置
				种类	数量	
85/157-3545-6G-1A（外弧面）	6点处	375.505	650	无	0	断母材
85/157-3545-6G-1A（根层）	6点处	380.937	635	无	0	断母材
85/157-3545-6G-1A（平均值）	—	—	642.5	—	—	—
85/157-3545-6G-1B（外弧面）	12点处	373.599	685	无	0	断母材
85/157-3545-6G-1B（根层）	12点处	429.178	720	无	0	断母材
85/157-3545-6G-1B（平均值）	—	—	702.5	—	—	—

根据GB 2653《焊接接头弯曲试验方法》进行侧弯试验，试验结果见表2-13。

表2-13 **P92焊接工艺评定侧弯试验数据**

试样编号	截取位置	侧弯试验结果（$d=4t$、$\alpha=180°$）	拉伸面出现的裂纹或缺陷	
			种类	数量
85/157-3545-6G-7A	12点至3点中间	无裂纹	无	0
85/157-3545-6G-7B	3点至6点中间	无裂纹	无	0
85/157-3545-6G-7C	6点至9点中间	无裂纹	无	0
85/157-3545-6G-7D	9点至12点中间	无裂纹	无	0

注 d为压头直径；t为试样厚度；α为弯曲角度。

根据GB 2650《焊接接头冲击试验方法》进行冲击试验，冲击韧性值最低为76J、最高达 130J，具有较好的韧性裕量，完全符合有关规定要求，试验结果见表 2-14。

表 2-14　　P92 焊接工艺评定冲击韧性试验数据

试样编号	截取位置	缺口方位	冲击功 A_{kV}（J）	断口上发现的缺陷种类
85/157-3545-6G-4A-1（外弧面）	4 点	焊缝	86	无
85/157-3545-6G-4A-2（根层）	4 点	焊缝	104	无
85/157-3545-6G-4B-1（外弧面）	4 点	焊缝	100	无
85/157-3545-6G-4B-2（根层）	4 点	焊缝	84	无
85/157-3545-6G-4C-1（外弧面）	4 点	焊缝	76	无
85/157-3545-6G-4C-2（根层）	4 点	焊缝	88	无
85/157-3545-6G-4D-1（外弧面）	4 点	热影响区	112	无
85/157-3545-6G-4D-2（根层）	4 点	热影响区	124	无
85/157-3545-6G-4E-1（外弧面）	4 点	热影响区	130	无
85/157-3545-6G-4E-2（根层）	4 点	热影响区	114	无
85/157-3545-6G-4F-1（外弧面）	4 点	热影响区	124	无
85/157-3545-6G-4F-2（根层）	4 点	热影响区	124	无

根据 GB 2654《焊接接头硬度试验方法》进行布氏硬度（HBS）试验，硬度取样部位如图 2-27 所示，试验结果见表 2-15 及图 2-28。

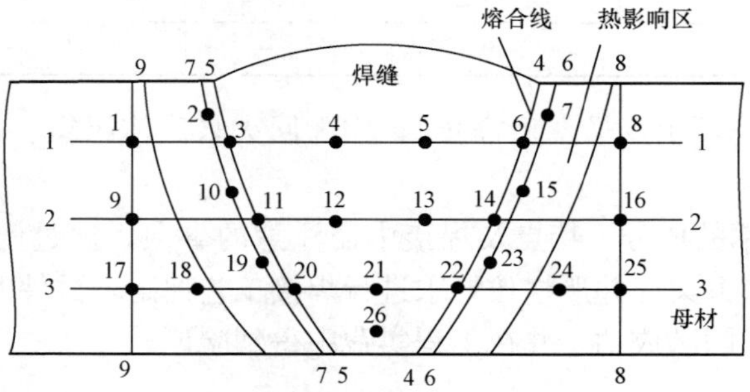

图 2-27　布氏硬度检验部位示意图

表 2-15　　布氏硬度试验测定值一览表

测点编号	测点硬度	测点编号	测点硬度	测点编号	测点硬度	测点编号	测点硬度
1	197	8	197	15	197	22	213
2	197	9	202	16	202	23	198
3	215	10	193	17	202	24	195
4	224	11	217	18	197	25	195
5	215	12	224	19	195	26	241
6	215	13	224	20	202	—	—
7	198	14	211	21	219		

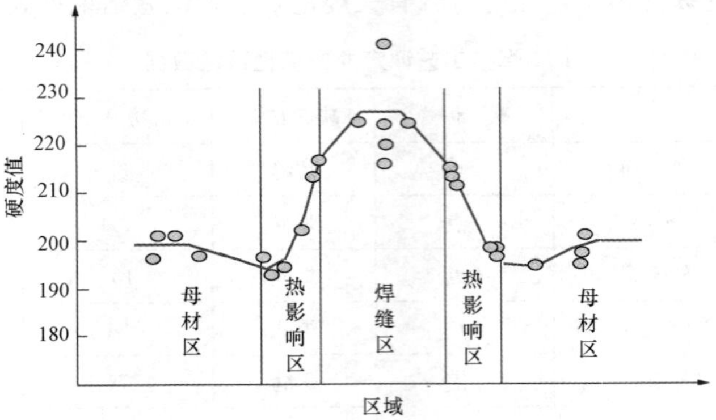

图 2-28 接头硬度分布示意图

工艺评定试件的力学性能试验结果均合格，试验达到预期效果。

3. 金相试验

根据 DL/T 868、DL/T 884《火电厂金相检验与评定技术导则》标准进行宏观金相检验，宏观金相照片如图 2-29 所示（见文后插页），检验结果见表 2-16。

表 2-16 宏观检验结果情况一览表

检查项目		裂纹	未熔合	气孔	未焊透	夹渣	咬边	根部突出	内凹
结果		无	无	有	无	无	无	无	无
若有	数量	—	—	个别（见图 2-29）	—	—	—	—	—
	位置	—	—	焊缝	—	—	—	—	—
	图号	—	—	图 2-29（黑点）	—	—	—	—	—

微观金相如图 2-30 所示（见文后插页），均为回火马氏体组织、400×，微观金相符合要求。

针对 SA335-P92 钢的成分、特点及焊接中需注意的事项，通过模拟试验制定焊接工艺操作方案、热处理操作方案，并严格按要求进行焊接工艺评定，试件的所有试验结果均符合要求，工艺评定获得了圆满成功，并在工程实践中得到验证。

第三节 新型耐热钢 HR3C、Super304H 钢焊接工艺

由于超超临界机组蒸汽温度和压力参数较先前的亚临界、超临界机组大幅提高，蒸汽参数的提高给关键部件材料带来了更高、更新的要求，尤其是材料的热强性能、抗高温腐蚀和氧化能力及焊接接头的稳定可靠运行。目前，我国超超临界机组锅炉高温过热器、再热器管等工况恶劣的部位都普遍采用了新型奥氏体耐热钢 Super304H（ASTM A213-S30432）、HR3C（ASTM A213-TP310HCbN）等，此类奥氏体耐热钢的主要特点在于较高的高温持久强度，另外还保持了传统奥氏体耐热钢良好的抗高温腐蚀和高温氧化能力。

一、Super304H、HR3C 钢及其焊接情况

1. 新型奥氏体耐热钢的发展历程

奥氏体耐热钢是在奥氏体不锈钢的基础上，同时考虑耐腐蚀性和热强性而发展成的，基

体为奥氏体组织的耐热合金，其高温的强度保持主要源于固溶强化、沉淀强化和晶界强化。在火力发电机组锅炉中，奥氏体耐热钢一般用于过热器、再热器的末几级，这些部位的运行工况恶劣，不仅要求材料具有良好的高温持久强度，而且要求材料的耐高温氧化能力和耐高温腐蚀能力较好。目前，奥氏体耐热钢按 Cr、Ni 元素含量大致分为四类：15Cr-15Ni、18Cr-8Ni、20-25Cr 和高 Cr、Ni 合金，其 Cr、Ni 元素含量的合金化目的在于使材料室温下的组织为奥氏体，如图 2-31 所示。

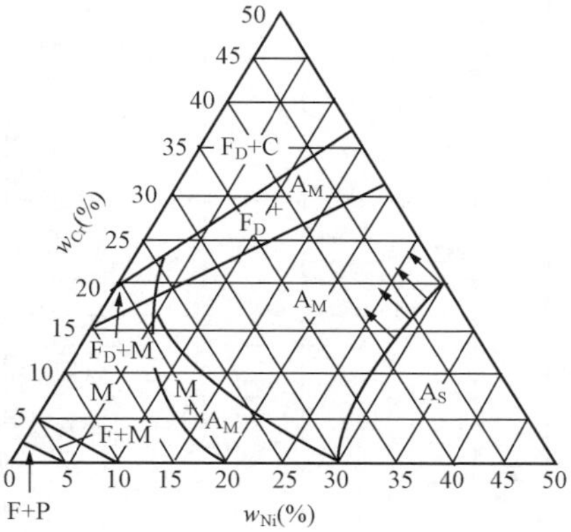

图 2-31 Fe-Cr-Ni（0.1%C）系合金的室温组织

A_M—亚稳态奥氏体；A_S—稳定奥氏体；F—铁素体；F_D—δ 铁素体；M—针状马氏体；C—碳化物；P—珠光体

新型耐热钢的开发往往要全面考虑材料的成分、高温性能、腐蚀性能、运行状态、运行环境等，并且需要大量的实验室试验和实际考核试验，周期长、见效慢，而在现有钢种的基础上进行改进，既可以保证原有材料的抗高温氧化能力、高温腐蚀能力，又可以通过调整化学成分和热处理状态来提高材料的高温性能。

图 2-32 所示为在原有奥氏体耐热钢基础上通过合金化来提高高温持久强度的设计理念，新型奥氏体耐热钢钢种的演化过程如图 2-33 所示，各钢种所对应的化学成分见表 2-17。

因为 18%Cr-8Ni 系列体耐热钢是在 304 型不锈钢的基础上发展而来的，316 型奥氏体耐热钢通过添加 Mo 实现了固溶强化，而 321 型、347 型则分别通过添加 Ti、Nb 等元素实现了沉淀强化，所以使 304 型不锈钢的高温强度提高。15%Cr-15%Ni、21%Cr-30%Ni 奥氏体耐热钢具有较高的高温强度，当 Cr 含量高于 20%后，抗高温氧化能力显著增强，但要使 Ni 含量提高到 30%以上才能获得全奥氏体组织，导致其成本过高。

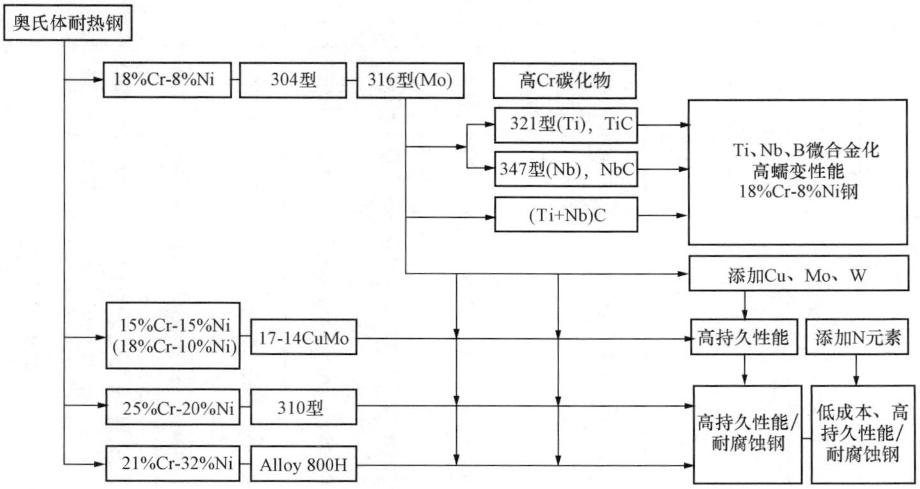

图 2-32 奥氏体耐热钢提高高温持久强度的设计理念

表 2-17 目前常用奥氏体耐热钢的牌号及其化学成分

类别	钢号		化学成分（%，质量分数）											
			C	Si	Mn	Ni	Cr	Mo	W	V	Nb	Ti	B	其他
18%Cr-8%Ni	18Cr8Ni	TP304H	0.08	0.6	1.6	8.0	18.0	—	—	—	—	—	—	—
18%Cr-8%Ni	18Cr9NiCuNbN	TP304CuNbN (Super304H)	0.10	0.2	0.8	9.0	18.0	—	—	—	0.40	—	—	3.0Cu，0.10N
18%Cr-8%Ni	18Cr10NiTi	TP321H	0.08	0.6	1.6	10.0	18.0	—	—	—		0.5	—	—
18%Cr-8%Ni	18Cr10NiNbTi	Tempaloy A-1	0.12	0.6	1.6	10.0	18.0	—	—	—	0.10	0.08	—	—
18%Cr-8%Ni	16Cr12NiMo	TP316H	0.08	0.6	1.6	12.0	16.0	2.5	—	—		—	—	—
18%Cr-8%Ni	18Cr10NiNb	TP347H	0.08	0.6	1.6	10.0	18.0	—	—	—	0.8	—	—	—
18%Cr-8%Ni	18Cr10NiNb(FG)	TP347HFG	0.08	0.6	1.6	10.0	18.0	—	—	—	0.8	—	—	—
15%Cr-15%Ni	17Cr14NiCuMoNbTi	17-14CuMo	0.12	0.5	0.7	14.0	16.0	2.0	—	—	0.4	0.3	0.006	3.0Cu
15%Cr-15%Ni	15Cr10Ni6MnVNbTi	Essshete 1250	0.12	0.5	6.0	10.0	15.0	1.0	—	0.2	1.0	0.06	—	—
15%Cr-15%Ni	18Cr14NiMoNbTi	TempaloyA-2	0.12	0.6	1.6	14.0	18.0	1.6	—	—	0.24	0.10	—	—
15%Cr-15%Ni	18Cr10NiCuNbTi	TempaloyAA-1 TP321HCuNb	0.10	0.3	1.5	10.0	18.0	—	—	—	0.3	0.2	0.02	3.0
15%Cr-15%Ni	18Cr9NiWVNb	XA704	0.03	0.3	1.5	9.0	18.0	—	2.5	0.3	0.3	—	—	0.2N
15%Cr-15%Ni	15Cr15NiMoWNbN	15-15N	0.12	0.7	1.5	15.0	15.0	1.5	1.5		1.0	—	—	0.1N

续表

类别	钢号		化学成分（%，质量分数）											
			C	Si	Mn	Ni	Cr	Mo	W	V	Nb	Ti	B	其他
15%Cr-15%Ni	15Cr13NiMoVNbN	AN31	0.10	0.5	1.5	14.0	16.0	1.5		0.5	1.0	—	—	0.1N
20%～25%Cr	25Cr20Ni	TP310	0.08	0.6	1.6	20.0	25.0	—	—	—		—	—	—
	25Cr20NiNbN	TP310HNbN（HR3C）	0.08	0.4	1.2	20.0	25.0	—	—	—	0.45	—	—	0.20N
	21Cr32NiTiAl	Alloy 800H	0.08	0.5	1.2	32.0	21.0	—	—	—		0.50		0.40Al
	22Cr15NiNbN	Tempaloy A-3	0.05	0.4	1.5	15.0	22.0	—	—	—	0.70		0.002	0.15N
	20Cr25NiMoNbTi	NF709	0.15	0.5	1.0	25.0	20.0	1.5	—	—	0.20	0.10	—	—
	22.5Cr18.5NiWCuNbN	SAVE25	0.10	0.1	1.0	18.0	23.0	—	1.5	—	0.45	—	—	3.0Cu，0.2N
	22Cr25NiWCuNbN	Sanicro 25	0.08	0.2	0.5	25.0	22.0	—	3.0	—	0.3	—	—	3.0Cu，0.2N
高 Cr、Ni	30Cr50NiMoTiZr	CR30A	0.06	0.3	0.2	50.0	30.0	2.0	—	—	—	0.20	—	0.03Zr
	23Cr43NiWNbTi	HR6W	0.08	0.4	1.2	43.0	23.0	—	6.0		0.18	0.003	—	—
	—	Inconel 617	0.40	0.4	54.0	22.0	8.5	—	—	—	—	—	—	12.5Co，1.2Al
	—	Inconel 671	—	—	51.5	48.0	—	—	—	—	—	—	—	—

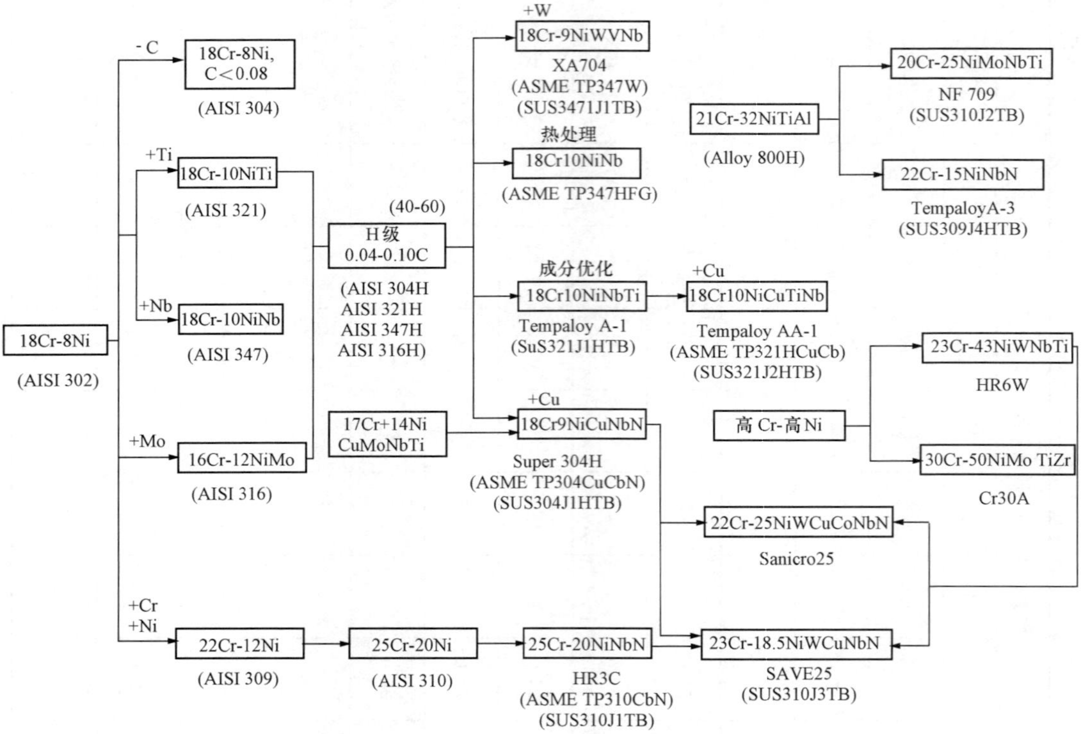

图 2-33 奥氏体耐热钢钢种的演化过程

18%Cr-8%Ni 型奥氏体耐热钢目前仍然广泛用于传统火力发电机组中，如 TP304H、TP316H、TP321H 及 TP347H，其中 TP347H 钢在传统奥氏体耐热钢中的许用应力最高。目前，18%Cr-8%Ni 型奥氏体耐热钢的强化途径分为两条，一是通过优化合金成分设计，如通过降低（Ti+Nb）/C 值、添加 Cu 元素，如目前我国超超临界锅炉中广泛采用的 Super304H 钢；二是通过加工工艺强化，如通过细化 TP347H 钢的晶粒度，开发出了细晶 TP347H 钢，从而大幅提高了 TP347H 钢的持久性能，ASME 将其命名为 TP347HFG，热机加工过程中的固溶温度和晶粒度对该钢的影响如图 2-34 所示。该钢可以用于超超临界锅炉中 600℃ 的运行工况。

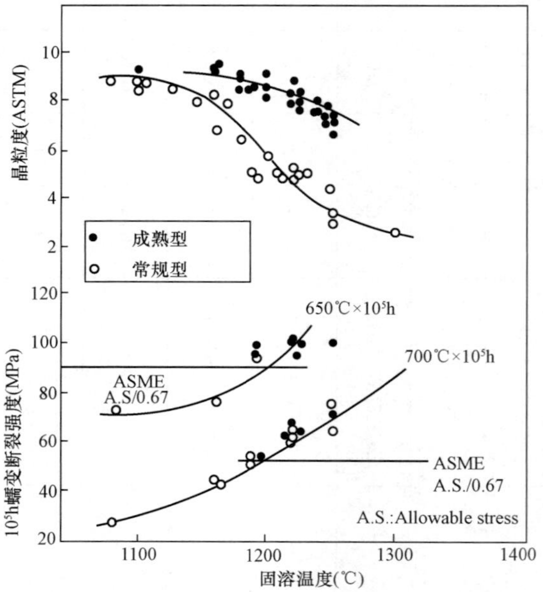

图 2-34 晶粒度对 TP347H 钢持久性能的影响曲线

15%Cr-15%Ni 系耐热钢可以得到高蠕变强度的稳定奥氏体组织，具有较高的许用应力。此类耐热钢的强化机理源于 Mo、W 元素的强烈固溶强化和 MC、M23C6 等金属间化合物的沉淀强化作用。

15%Cr-15%Ni 系统耐热钢中典型的

17-14CuMo 和 Esshete 1250 钢作为代表与 18%Cr-8%Ni 系统耐热钢的持久性能进行了对比，如图 2-35 所示。图 2-35 的对比结果表明，Super304H 钢的持久强度高于 17-14CuMo 钢，该钢的使用温度可以达到 670℃，被认为是传统材料中持久强度最高的钢种之一。

TP347HFG 和 TempaloyA-1 的高温持久强度也高于传统奥氏体耐热钢。因为上述钢种是在传统 TP304H 和 TP321 钢基础上开发成功的，性价比较高；从耐高温氧化角度来说，由于上述钢种均为细晶钢，所以其在耐高温氧化能力和高温腐蚀能力方面也有较大优势。

相对于其他奥氏体耐热钢而言，新开发的 20%～25%Cr 奥氏体耐热钢及高 Cr、Ni 型耐热钢如 CR30A 和 HR6W，均有优异的耐高温腐蚀和蒸汽氧化能力，但是此类钢的缺点在于其成本太高。出于耐高温腐蚀角度考虑时，此类钢可以应用。HR3C、NF709 和 TempaloyA-3 的许用应力远高于 Alloy 800H，如图 2-36 所示，此类钢可以用于高温蒸汽氧化和腐蚀环境内。

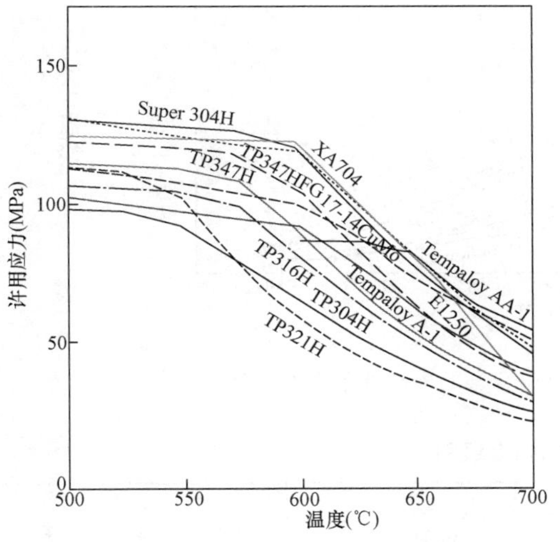

图 2-35 18%Cr-8%Ni 与 15%Cr-10%Ni 奥氏体耐热钢的许用应力对比曲线

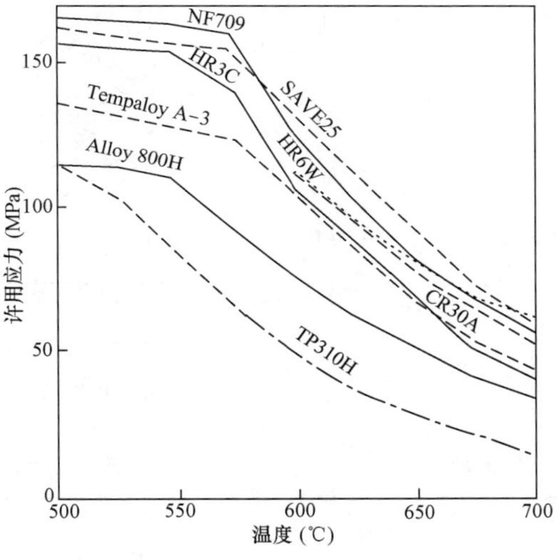

图 2-36 20-25Cr 与高 Cr-Ni 奥氏体耐热钢的许用应力对比曲线

虽然超超临界锅炉的过热器和再热器只能选择奥氏体耐热钢，但一些材料还是满足 650℃等级过热器、再热器的工况要求的。从 20 世纪 90 年代中期到现在，材料的成本效率也一直很受重视。SAVE25 和 Sanicro 25 与 HR3C 相似，都是添加 0.25%N 来稳定奥氏体组织，此外还添加了少量的 Nb，目的在于采用“欠稳定化”的方法形成沉淀强化。受 Super304H 钢中添加 Cu、HR6W 中添加 W 元素设计理念的影响，多种强化机理的综合运用使材料的使用范围扩大。通过使用 N、Cu 元素进行奥氏体稳定化，从而使 Ni 含量降低到 18%，同时使 Cr 含量降低到略低于 HR3C 钢，开发成功了 SAVE25 钢。

在 700℃超超临界锅炉中，材料 700℃、10 万 h 的高温持久性能要达到 100MPa（许用应力 70MPa），而 18%Cr-8%Ni 钢和 20%～25%Cr 钢在 35MPa 的压力下，使用温度分别为 660、680℃，如图 2-37 所示。在图 2-37 的组合图中，目前常用的各种新型耐热钢和 Ni 基合金的许用应力都一并列出。但是由于 Ni 基合金由于数据较少，所以还没有确定许用应力，因此，10^5h 的持久强度也不能准确预测。回顾目前的新型奥氏体钢，可用于 700℃的材料见表 2-18。奥氏体耐热钢可以分为五类，除了 80、85MPa 以外，都是 5MPa 一个等级。表 2-19 为奥氏体耐热钢和 Ni 基合金的最高使用温度，可以划分为 620～660℃、620～680℃和 680～770℃，表中一并列出了 ASME 的案例号。

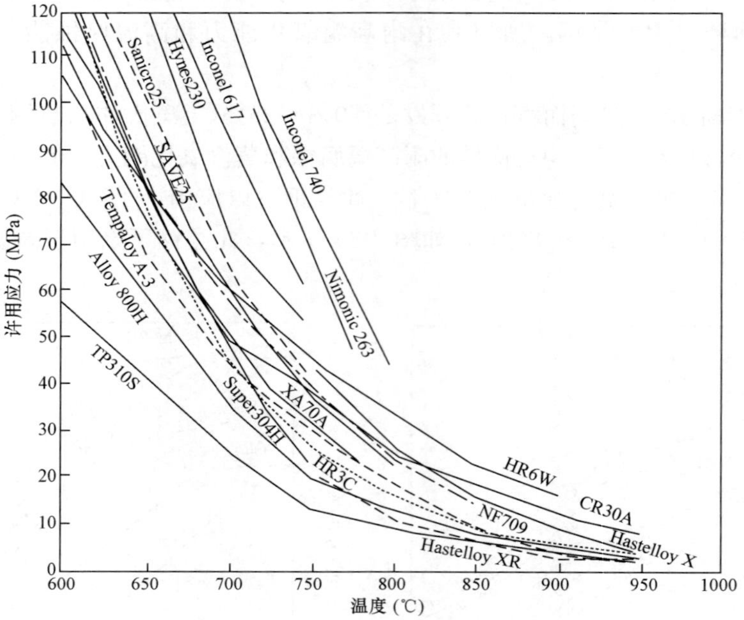

图 2-37　奥氏体耐热钢和 Ni 基高温合金的最高许用应力汇总

表 2-18　　奥氏体耐热钢的强度级别

700℃、10^5h 的蠕变断裂强度（MPa）	许用应力（MPa）	钢种	类别
60	40	TP347HFG	18Cr
		Tempaloy A-1	18Cr
		HR3C	20/25Cr
		NF709	20/25Cr
		Tempaloy A-3	20/25Cr
70	50	Super304H	18Cr
		XA 704	18Cr
		Tempaloy AA-1	18Cr
75	53	CR30A	高 Cr
90	60	HR6W	高 Cr
		SAVE 25	20/25Cr
		Sanicro 25	20/25Cr

表 2-19　　奥氏体耐热钢和 Ni 基合金的使用温度范围

钢　种		名义成分	ASME 标准	使用温度（℃）
奥氏体耐热钢 18%Cr	347HFG	18Cr-10Ni-Nb	2159	620～660
	Super304H	18Cr-8Ni-Cu-Nb-N	2328	620～660
	XA 704	18Cr-9Ni-W-V-Nb	2475	620～660
	Temp AA-1	18Cr-10Ni-Nb-Ti	2512	620～660
奥氏体耐热钢 20%～25%Cr	HR3C	25Cr-20Ni-Nb-N	2115	620～680
	NF709	20Cr-25Ni-Nb-Ti-N	2581	620～680
	Temp A-3	22Cr-15Ni-Nb-N	—	620～680
	800HT	21Cr-32Ni-Al-Ti	1325	620～680
	SAVE	23Cr-18Ni-W-Cu-Nb-N	—	620～680
	Sanicro 25	23Cr-18Ni-W-Cu-Nb-N	—	620～680
	HR120	25Cr-42Ni-N	—	620～680
	HR6W	23Cr-43Ni-6W-Nb-Ti	—	620～680
Ni 基合金	Haynes 230	22Cr-5Co-3Fe-14W-2Mo-La	2063	680～770
	Inco 617	22Cr-13Co-9Mo-Al-Ti	1956	
	Inco 625	22Cr-5Fe-9Mo-Nb-Al-Ti	1409	
	Inco 740	25Cr—20Co-Mo-Nb-Al-Ti	—	
	45TM	27Cr-23Fe-2. 75Si	2188	

2. Super304H、HR3C 钢简介

(1) Super304H、HR3C 钢的性能特点。Super304H 钢和 HR3C 钢的首要特点是持久强度高。根据欧洲蠕变委员会 2005 年发布的蠕变数据单（见表 2-20），在传统的奥氏体耐热钢中，TP347H 的蠕变断裂强度最高，其 650℃、10^5h 的蠕变断裂强度可以达到 74MPa，远高于 TP304、TP321 和 TP316（650℃、10^5h 的蠕变断裂强度分别为 52、46、70MPa），但 Super304H、HR3C 钢 650℃、10^5h 的蠕变断裂强度可分别达到 120、107MPa。

奥氏体耐热钢不仅要求其具有较高的蠕变断裂强度，还应有良好的抗蒸汽氧化能力和抗高温腐蚀能力，表 2-21 为几种新型奥氏体耐热钢与传统奥氏体耐热钢的综合经济技术指标对比，Super304H 钢的抗蒸汽氧化能力较传统的 TP304H 和 TP347H 钢明显提高，而抗烟灰腐蚀能力与 TP347H 相当，优于 TP304H 钢；因为 HR3C 钢的抗高温氧化能力和抗烟灰腐蚀能力大幅优于 Super304H 钢，所以该钢常用于超超临界机组锅炉的末级过热器等温度最高、高温腐蚀和氧化环境最恶劣的部位。材料许用应力的提高，锅炉设计中可减薄管子壁厚，降低成本，如 Super304H 钢比目前国内大量使用的 TP347H 成本约低 40%，是强度较高、成本较低的奥氏体不锈钢。

表 2-20　　新型奥氏体耐热钢不同温度下的蠕变断裂强度　　MPa

钢种	600℃			650℃			700℃			750℃		
	10^4h	10^5h	ASME [σ]	10^4h	10^5h	ASME [σ]	10^4h	10^5h	ASME [σ]	10^4h	10^5h	ASME [σ]
TP304	132	89	65.4	87	52	41.7	55	28	26.5	—	—	17.2
TP316	168	118	75.0	109	70	50.4	68	—	29.6	—	—	17.7
TP347H	166	115*	89.1	112	74*	53.9	74	—	31.8	—	—	18.8
TP321H	140	86	58.7	88	46	36.9	49*	—	22.9	—	—	14.4
TP310	137	92*	48.6	72	47*	27.3	42	28*	15.9	28	18.5*	9.92
Esshete 1250	241	199	—	184	100	—	86	54	—	51	30*	—
Alloy 800H	156	99*	—	106	66	—	73	45	—	51	30	—
Super304H	239	184*	92.3	165	120*	78.0	106	70*	46.9	62	33*	25.9
HR3C	266	179*	111.0 (593℃)	167	107*	70.0 (649℃)	105	65*	39.0 (704℃)	67	—	—
TP347HFG	215	159*	107.0	143	100*	67.0	90	58*	39.3	53	29*	21.7
Alloy 617	350	273*	—	243	179*	—	163	112*	—	106*	68*	—
NF709	259	190*	—	177	126*	—	120	84*	—	82	56*	—

* 外推数据。

表 2-21　　新型奥氏体耐热钢的经济性分析

钢号	R_m (MPa)	$R_{p0.2}$ (MPa)	ASME 许用应力 (MPa)			氧化内层厚① (μm)	烟灰腐蚀 (mg/cm²)	管子规格② $D\times\delta$ (mm)	每米管重 (kg)	管子重量比率 (%)	成品价格比 (%)	成本比
			600℃	650℃	700℃							
TP304H	520	206	65.4	41.7	26.5	35	45	Φ38×5.5	4.4	100	100	100
Super304H	588	235	92.3	78.0	46.9	18	35	Φ38×3.3	2.8	64	110	70
TP347H	549	206	89.1	53.9	31.8	27	28	Φ38×4.3	3.5	80	130	104
TP347HFG	520	206	107.0	67.0	39.3	15	28	Φ38×3.7	3.1	70	135	95
HR3C	657	294	111.0 (593℃)	70.0 (649℃)	39.0 (704℃)	3	12	Φ38×3.1	2.6	60	210	126

① 氧化 650℃×1000h，灰腐蚀 650℃×20h。

② 蒸汽压力为 22.75MPa、金属壁温为 550℃，相同外径的计算壁厚为

$$\delta = D\times p/(2[\sigma]+p)$$

式中 δ——计算管壁，mm；

p——管道设计压力；

$[\sigma]$——设计温度下材料许用应力。

(2) Super304H 及 HR3C 钢的合金化原理

1) Cu。铜是扩大铁 γ 相区的元素，在铁中的溶解度不大，和铁不能形成连续的固溶

体。铜在铁中的溶解度随着温度的降低而急剧下降，经过适当的热处理，可以产生析出强化作用。铜含量超过 2.5%时，对延长材料的高温断裂时间十分有效，铜含量约在 4.5%时作用最大，如图 2-38 所示。为了了解铜对持久强度的作用，日本学者对时效处理后的材料进行了透射电镜观察，其研究认为材料持久强度的提高是由于在奥氏体基体上析出了细小球状的富铜相造成的析出强化效应得来的，然而当时效温度为 800℃时，富铜相长大，析出强化效应降低，钢的持久强度也降低。

2）Ti 和 Nb。奥氏体耐热钢加入少量 Ti 和 Nb 后，由于细小的 TiC 和 NbC 的析出硬化效应，改善了钢的持久强度，如图 2-39 所示。通过对含 Nb 钢固溶＋时效处理后的材料进行分析的结果表明，固溶＋时效处理后，在含 0.2%～0.4%Nb 的钢中产生的碳氮化物中 Nb 的含量几乎是一样的，该研究结果认为固溶处理温度为 1150℃状态下，改善材料持久强度的最佳含 Nb 量为 0.2%，如图 2-40 所示。但是，含 Ti 和含 Nb 的钢在 650～750℃的持久塑性却大不相同，含 Cu 和 Ti 的钢的塑性与含铜钢一样很低。然而，在含 Cu 钢中添加 Nb，将使钢的持久塑性得到改善，特别是在含 3%Cu 的钢中加入 0.4%～0.8%Nb，材料具有良好的持久塑性，即使在长期时效后也如此。Sawaragi 认为这种含 Cu 和 Nb 的钢持久塑性的改善，是通过固溶处理状态中保留的未溶解的 NbC 使组织细化实现的。

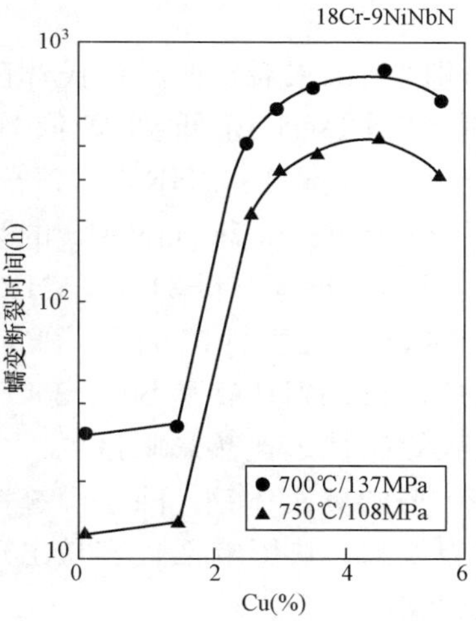

图 2-38 Cu 元素对 18%Cr-9%Ni 奥氏体耐热钢持久强度的影响

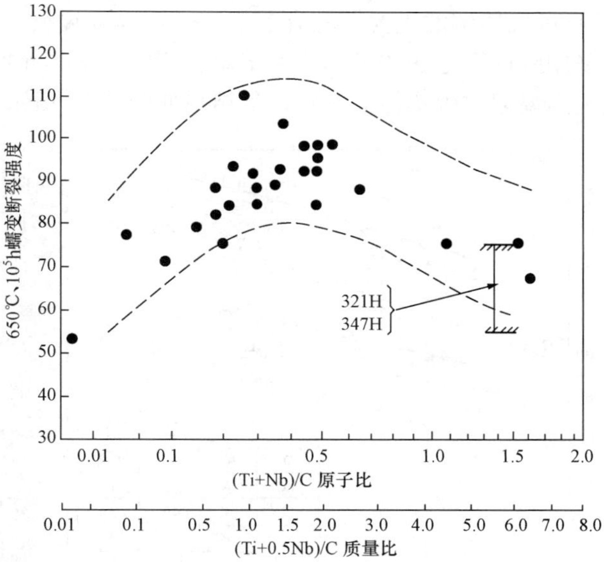

图 2-39 Nb、Ti 元素对奥氏体耐热钢高温持久强度的影响

3）N。N 元素是强奥氏体形成元素，该元素的添加可以显著提高奥氏体耐热钢的持久强度，图 2-41。其强化机理包括两方面，一方面是 N 元素可以与 Nb、Ti 等元素形成细小弥散的沉淀相，起到析出强化作用；另一方面，基体中固溶的 N 元素产生的沉淀强化作用要强于 C 元素，并且 N 元素可以降低沉淀相的长大速度，其机理还存在一些争议，部分学者认为 N 元素降低了 Cr 元素的自扩散系数，从而阻止沉淀相长大；最近的研究认为 N 提高 Cr 元素的扩散系数，但由于 N 元素不易溶于 $M_{23}C_6$，从而阻止了该类碳化物的形核。

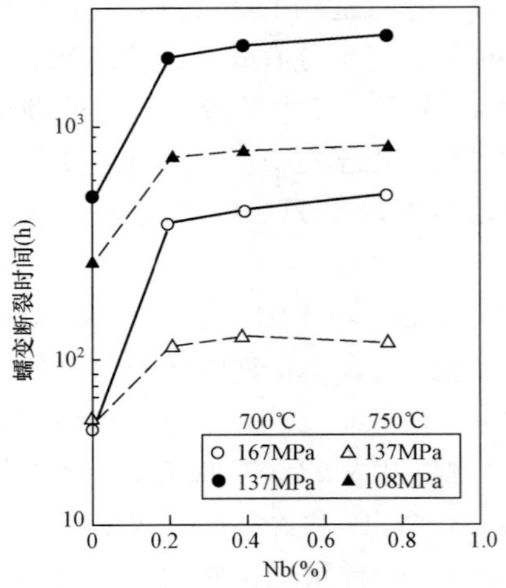

图 2-40 Nb 元素对 18%Cr-9%Ni
奥氏体耐热钢持久强度的影响

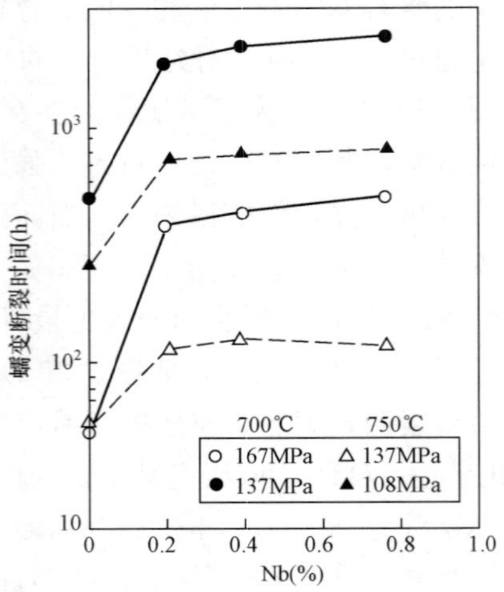

图 2-41 N 元素对 25%Cr-20%Ni
奥氏体耐热钢持久强度的影响

Super304H 和 HR3C 均为奥氏体耐热钢，其供货状态都是单一的奥氏体组织，此类 Cr、Ni 奥氏体钢的主要问题有三个：一是焊接裂纹，二是接头腐蚀，三是时效脆化。国外分别采用刚性固定法和可调拘束试验法测定了 Super304H 和 HR3C 奥氏体钢与其他奥氏体耐热钢高温裂纹敏感性的差别，其结果如图 2-42 所示。

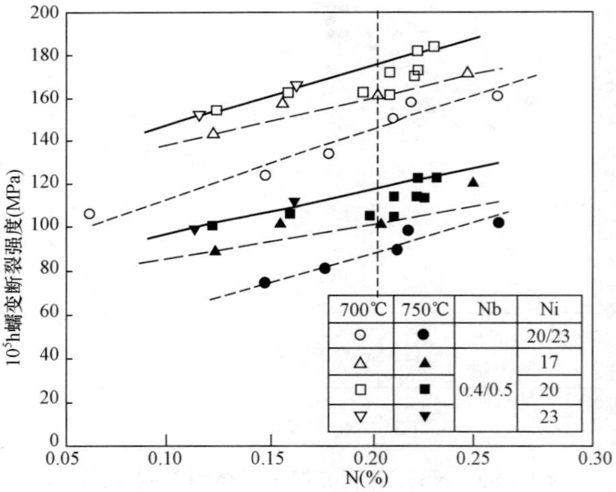

图 2-42 采用刚性固定法测量
奥氏体耐热钢的高温裂纹敏感性

从测试结果来看，四种奥氏体耐热钢的裂纹敏感性由低到高依次是 TP347HFG、Super304、HR3C、NF709。其中 TP347HFG 和 Super304H 的裂纹敏感性明显低于 TP347H，HR3C、NF709 的裂纹敏感性略高于 TP347H 钢。此外，TP347HFG 和 Super304H 焊缝的裂纹敏感性远比热影响区的高。对于 25-20 型的奥氏体钢，除了焊缝中容易出现裂纹外，热影响区也容易出现高温脆性裂纹。

从这些研究结果可以看出，TP347HFG 和 Super304H 并不比传统的 TP347H 难焊，而焊接 25-20 之类的纯奥氏体钢比传统的 TP347H 更困难些，并且这类钢不能采用 $\alpha+\gamma$ 双相组织的填充金属，以保证焊缝金属中不发生 σ 相脆化。要防止产生裂纹，只能采用提高填充金属纯净度的办法和严格限制焊接热输入的措施，因此，采用低层间温度的 TIG 焊较适宜。

二、Super304H、HR3C 焊接工艺

华能海门电厂 Super304H、HR3C 钢焊接过程使用的多为 ERNiCr-3 焊材；金陵电厂

Super304H、HR3C 钢使用的焊材也主要是 Ni 基焊材；华能玉环电厂 Super304H、HR3C 钢的使用位置与华能金陵电厂基本一致，但选用的焊材为日本生产的配套焊材 YT-304H、YT-HR3C；外高桥第三发电厂超超临界锅炉制造过程中，使用的是与 Super304H、HR3C 钢配套的同质 YT-304H、YT-HR3C 焊材。

（一）试验研究方案

试验方案主要包括母材和焊材复验、焊接工艺优化试验，焊接工艺评定和焊接接头的高温组织性能研究四方面。

1. 母材及焊材复验

对本项目试验用锅炉管母材进行的检测项目包括：

（1）化学成分分析。

（2）室温拉伸试验。

（3）高温短时拉伸试验。

（4）室温冲击试验。

（5）压扁试验。

（6）晶间腐蚀试验。

（7）金相组织分析。

对试验用焊材的检测项目主要为化学成分分析。

2. 焊接工艺优化试验

项目对 HR3C、Super304H 钢分别采用配套焊材、同质或 Ni 基代用焊材开展了焊接工艺优化试验。通过焊接接头的外观检查、无损探伤、金相组织分析，初步得到 HR3C、Super304H 钢使用不同焊材的优化焊接工艺参数范围。

3. 焊接工艺评定

工艺优化试验完成后，按照 DL/T 868—2004《焊接工艺评定规程》所要求的检测项目对不同焊材的焊接工艺进行评定。评定项目包括：

（1）外观检查。

（2）渗透探伤。

（3）射线探伤。

（4）室温拉伸试验。

（5）室温冲击试验。

（6）室温弯曲试验。

（7）硬度检验。

（8）金相组织检验等。

（二）试验方法

1. 标准和依据

（1）DL/T 868—2014《焊接工艺评定规程》。

（2）DL/T 869—2012《火力发电厂焊接工艺规程》。

（3）DL/T 884—2004《火电厂金相检验与评定技术导则》。

（4）NB/T 4730—2015《承压设备无损检测》。

（5）GB/T 2650—2008《焊接接头冲击试验方法》。

(6) GB/T 2651—2008《焊接接头拉伸试验方法》。

(7) GB/T 2653—2008《焊接接头弯曲试验方法》。

(8) GB/T 2654—2008《焊接接头硬度试验方法》。

(9) GB/T 228—2012《金属材料室温拉伸试验方法》。

(10) GB/T 229—2007《金属材料夏比摆锤冲击试验方法》。

(11) GB/T 231.1—2009《金属布氏硬度试验 第1部分：试验方法》。

(12) GB/T 232—2010《金属材料弯曲试验方法》。

(13) GB/T 4340.1—2009《金属维氏硬度试验方法》。

(14) ASME SA335《高温用无缝铁素体合金钢公称管》。

2. 外观检查

按照 DL/T 869—2012《火力发电厂焊接技术规程》中的相关技术要求进行。

3. 无损探伤

焊接接头射线探伤和渗透探伤分别按 NB/T 4730.2—2015、NB/T 4730.5—2015 标准执行。

4. 力学性能检测

(1) 拉伸试验方法。按照 DL/T 868—2014《焊接工艺评定规程》、GB/T 228—2010、GB/T 2651—2008 标准要求，在一个焊接接头上加工全厚度拉伸试样两根，按照 GB/T 228—2010 规定的试验方法进行拉伸试验。

(2) 弯曲试验方法。按照 DL/T 868—2014《焊接工艺评定规程》、GB/T 232—2010、GB/T 2653—2008 标准要求，在一个焊接接头上加工全厚度弯曲试样四根，按照 GB/T 232—2010 规定的试验方法进行弯曲试验。弯曲试验在万能电子试验机上进行。

(3) 冲击试验方法。按照 DL/T 868—2014《焊接工艺评定规程》、GB/T 229—2007、GB/T 2650—2008 标准要求，在一个焊接接头上焊缝部位取冲击试样三个、热影响区部位取冲击试样三个，按照 GB/T 229—2007 规定的试验方法进行冲击试验。冲击试验在 RKP 450 摆锤式示波冲击试验机上进行。

(4) 硬度试验方法。按照 DL/T 868—2014《焊接工艺评定规程》、GB/T 231.1—2009、GB/T 2654—2008 标准要求，在一个焊接接头上截取硬度试块一个，按照 GB/T 231.1—2009 规定的试验方法进行布氏硬度试验，每个位置检验 1 点。硬度试验在布氏硬度试验机上进行。

5. 金相组织检验

在每组待检验焊接接头纵向截取金相试样一个，按照 DL/T 884—2004《火电厂金相检验与评定技术导则》要求进行打磨、抛光，采用王水溶液进行腐蚀，金相组织观察及照相在光学金相显微镜下进行。

(三) HR3C 焊接工艺

HR3C 焊接工艺见表 2-22。

表 2-22　HR3C 焊接工艺

焊层道号	焊接方法	焊条（丝）		电流范围		电压范围（V）	焊接速度范围（mm/min）
		型（牌）号	规格（mm）	极性	电流（A）		
全部	TIG	T-HR3C	ϕ2.4	直流正接	80～100	8～12	60～90

（四）Super304H 焊接工艺

Super304H 焊接工艺见表 2-23。

表 2-23　Super304H 焊接工艺

焊层道号	焊接方法	焊条（丝）		电流范围		电压范围（V）	焊接速度范围（mm/min）
		型（牌）号	规格（mm）	极性	电流（A）		
全部	TIG	T-304H	ϕ2.4	直流正接	80～100	8～12	60～90

第四节　现场焊接与管理

一、编制依据

（1）DL/T 869—2012《火力发电厂焊接技术规程》。

（2）DL/T 5210.7《电力建设施工质量验收及评价规程　第 7 部分：焊接》。

（3）DL/T 868—2014《焊接工艺评定规程》。

（4）DL/T 679—2012《焊工技术考核规程》。

（5）TSG Z6002《特种设备焊接操作人员考核细则》。

（6）《T91/P91 钢焊接工艺导则》（电源质〔2002〕100 号）。

（7）DL/T 819—2010《焊接热处理技术规程》。

（8）供方提供的图纸资料。

二、焊接工程量及特点

华能玉环电厂 4×1000MW 超超临界机组，与常规机组相比，焊接工程量大大增加，其中每台机组锅炉受监焊口数约 76 400 余只，约是普通常规 600MW 机组的 2 倍。汽轮机含四大管道受监焊口数为 4000 余只，凝汽器钛管板密封焊接焊口数达 74 360 只。同时焊接难度大，水冷壁焊口管径小（ϕ28.5×5.8mm），再热器、过热器焊口整排焊口多，焊口集中，管排间距小，焊接空间小，管子壁厚，焊接难度大等。特别是锅炉尾部烟道及顶棚上部焊接工作量大，焊口集中，焊接空间较小，焊接、返修难度大。

与常规超临界机组相比，超超临界机组的蒸汽温度和压力参数均有很大的提高（过热蒸汽出口压力/温度为 27.56MPa/605℃），这就给电厂关键部件材料带来了更高和更新的要求，尤其是材料的热强性能、抗高温腐蚀和氧化能力、冷加工和热加工性能等，因此，材料和制造技术成为发展先进机组的技术核心。根据投标技术和经济指标，结合国际上参数相近机组的实际应用业绩，最终确定主蒸汽管道选用 P92 材料，高温再热蒸汽管道选用 P91 材料。哈尔滨锅炉厂根据技术支持方日本三菱公司的意见，锅炉范围主蒸汽管道采用 P122 材料，高温再热蒸汽管道采用 P91 材料。

现场焊接主要涉及材料如下：

（1）A类钢：SA210A1、SA210C、SA106C、15NiCuMoNb5。

（2）B类钢：SA209T1、SA213T12、SA335P12、A691Cr1-1/4CL22、SA213T22、SA335P22、

SA213T91、SA335P91、SA213T92、SA335P92、CodeCase 2180（SA213T122）、SA335P122。

（3）C 类钢：SA213TP304、SA213TP347H、SA213TP316、1Cr18Ni9Ti、CodeCase2328-1（Super304H）。

（4）其他：双相不锈钢（2205、2507）、铝母线、铜母线。

其中，在二级再热器（高温再热器）中使用了不锈钢 CodeCase 2328（SUPER 304H），四级过热器（末过）中使用了 CodeCase 2180（SA213T122），在主蒸汽管道中使用了 T92/P92、P122 和热段等用了 T91/P91。其中 SUPER 304H、T92/P92、T122/P122 在我国的电厂建设中是首次使用。

三、焊接施工组织机构

1. 焊接人员构成

华能玉环电厂施工单位项目部设一名（副）总工分管焊接，并成立焊接专业技术组，对焊接工作进行全过程控制，迅速分析和解决工程中出现的各种问题，协调有关焊接事项。确保焊接质量和工程进度。焊接专业组设立组长一名和副组长二名，组长由项目（副）总工担任，副组长由焊接技术主管及无损检验技术主管担任。

华能玉环电厂工程焊接施工技术管理示意图如图 2-43 所示。

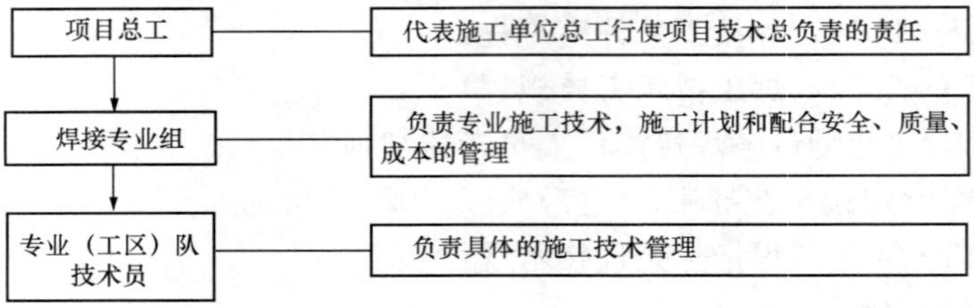

图 2-43　华能玉环电厂工程焊接技术管理示意图

焊工采用集中-分散管理模式。主要施工单位的焊工集中管理，成立焊接施工队（包括焊接及热处理），其他施工单位的零星焊工采用分散管理。

施工单位项目部的质量部门设专职焊接质量员，负责整个项目部的焊接质量的管理工作。

2. 机具材料管理机构

焊机由专业的机具部门统一管理和维护，各施工单位向机具部门租赁使用。焊接材料由项目部的物资管理部进行统一采购，各施工单位的项目部均设置焊材一级库、二级库。各施工单位所需焊材均从该项目部的二级库领用。

焊接材料的验收由各施工单位项目部的质量部门负责，物资部门、技术部门、仓库管理人员、焊接监理共同完成，验收合格后由物资部门把有关资料报监理公司备案。

3. 评定依据

华能玉环电厂工程按 DL/T 868—2014 进行焊接工艺评定工作。

4. 准备和实施

根据施工图纸资料，对于各施工单位现有工艺评定不能覆盖的项目，需加做工艺评定。华能玉环电厂项目需要做工艺评定的项目见表 2-24。

表 2-24 华能玉环电厂项目需要做工艺评定的项目

序号	材料	规格（mm）	焊接方法	焊接位置
1	CASE2328-1（Super304H）	ϕ60×3.5	GTAW	6G
2	SA213T22	ϕ51×13	GTAW+SMAW	6G
3	SA213T91	ϕ50.1×11.1	GTAW+SMAW	6G
4	SA335P92	DN261×40	GTAW+SMAW	2G、6G
5	SA213T92	ϕ76×13	GTAW+SMAW	6G
6	SA213T122	ϕ54×13.1	GTAW+SMAW	6G

四、焊接主要施工方案和重大技术措施

（一）主要施工方案

1. 焊接方法

华能玉环电厂施工的焊接作业，采用的焊接方法主要有焊条电弧焊（SMAW）、手工氩弧焊（GTAW）、管板自动钨极氩弧焊、半自动氩弧焊（MIG 焊）四种。

主体工程焊接施工中，对于根部焊缝采用手工氩弧焊焊接工艺评定合格的对接焊口的焊接，采用手工氩弧焊根部打底的焊接工艺。套接焊口也必须采用氩弧焊打底工艺，且焊接层数不少于两层。对于套接法兰焊接，必须进行内部氩弧焊封底（外部可采用 SMAW 工艺）。从焊接作业效率及成本考虑，原则上，管子壁厚为 6mm 及以下的对接焊口，采用全氩弧焊焊接工艺（对于焊接难度大的焊口，可放宽到 7mm，但必须至少进行 3 层氩弧焊）；6mm 以上的对接焊口，采用氩弧焊打底＋电弧焊填充及盖面的焊接工艺方法。

煤粉管道碳钢部分直接采用焊条电弧焊。

凝汽器钛管焊接采用管板自动钨极氩弧焊，封闭铝母线采用半自动氩弧焊（MIG）及手工氩弧焊（GTAW）相结合的工艺，铜母线采用熔化极氩弧焊工艺。

2. 焊接环境

华能玉环电厂地处浙江省东南沿海瓯江口，地势平坦，常年平均风力较大，湿度较大，冬天最低气温达零下 5.4℃。露天焊接时，除作好挡雨雪措施外，根据气候情况需做好挡风措施；锅炉安装时，要根据现场情况，对锅炉炉墙进行部分整体挡风，各施工点根据气候情况再进行局部的挡风。气温偏低时，除按工艺卡或技术交底预热之外，还应设法提高施工场地的局部环境温度，降低环境湿度。

3. 坡口形式

根据设计要求施工，无设计要求的按照规范要求，壁厚为 19mm 及以上的管子坡口，采用双 V 形或 U 形坡口；壁厚为 19mm 以下的管子坡口，采用 V 形坡口；双面焊接的焊缝，采用 X 形坡口或 V 形坡口背面清根打磨后焊接。

4. 焊接材料

华能玉环电厂工程使用的焊接材料，焊丝有 TGS-50、TGS-1CML、TGS-2CML、TGS-9cb、9CrMoV-N、TGS-308L、TGS-309L、ER347H、TIG-J50、TIG-R30、TIG-R31、TIG-R40、MTS-616、TGS-12S 等，焊条有 J422、J507、R307、R317、R407、A107、E347H、A307、CONARC70G、CMA9cb、9MV-N、MTS-616、CR-12S 等。

所有焊接材料进库及使用前由物资部门协同质量部门焊接质检人员或生产技术科焊接专

工进行质量验收，合格后方可使用。焊接材料的保管、烘干、领用、回收严格按各施工单位项目部上报并批准的《焊接材料管理规程》的制度执行。

焊接用氩气纯度应大于或等于99.95%，并提供该批次的质量保证书。

焊接时，按照焊接工艺评定使用的焊材选用焊接材料，从焊接材料方面保证焊接工程质量。

5. 焊前预热和焊后热处理

焊前是否需要预热、焊后是否热处理、采用的规范等按照焊接工艺评定执行，并编制热处理作业指导书来规范此项工作。一般情况下，焊后热处理作业应有自动记录曲线；火焰预热需有记录，并有专人监控。

6. 焊缝的无损检验

焊接工作完成后，焊工对当日完成的焊缝进行100%自检。质检人员的焊缝专检不低于规程要求。焊缝的无损检验比例，按介质的设计温度和设计压力，依据DL/T 869—2012的表6“焊接接头分类检验的项目范围及数量”来确定。

7. 使用焊接工程管理软件

使用焊接工程管理软件，相关焊接人员全面参与焊接过程管理，有效解决施工中出现的问题，保证焊接作业顺利进行。

8. 编制焊接技术措施

针对焊接难度较大的作业，编制相应的焊接技术措施，并成立相对应的QC质量攻关小组，有效保证焊接工程质量。

（二）焊接工艺

1. 焊前准备

（1）焊接接头坡口对口前应按规范要求打磨干净，焊工在施工前进行检查确认。

（2）现场自制焊接对接接头的坡口时，可用机械切削、磨制、加工或者通过热切割（火焰切割、碳弧起刨、等离子切割）来准备，可以使用一种或者多种方法来完成。通过热切割准备的焊接接头，如果是碳素钢，可用磨制、锉削、刷子刷或机械加工等方法来清理；如果是其他材料，应用磨制和机械加工的方法去掉1.5mm深的热淬硬层。

（3）焊接接头准备时发现的缺陷应消除，焊接接头的对口按图纸和焊接工艺卡执行。

2. 背部充氩保护

（1）是否需要背部充氩保护按焊接工艺卡的要求执行。

（2）背部充氩保护可以使用堵板工具、糯米纸、水溶纸和水溶胶带等来制作气室。

（3）所有堵板工具、糯米纸、水溶纸和水溶胶带应保存在干燥的地方，避免潮湿。

（4）堵板工具应作永久标记，并编上识别序号，使用时应做好记录，以免遗忘在管道内。

3. 焊前预热

（1）焊前预热采用的方法有远红外加热、中频加热、直接火焰加热。

（2）焊缝加热宽度、加热器选择及安装、热电偶的布置、保温材料选择及保温宽度的设置等应按规范要求或热处理工艺卡要求。

（3）使用热处理机预热时，预热温度应用热电偶测量；火焰预热时，预热温度应用接触式测温仪、红外线测温仪或热测试笔测量，并应测试四个不同点（火焰停止时）。

4. 焊接过程

（1）焊工必须严格按焊接工艺卡及焊接技术交底要求施焊；热处理工必须严格按热处理工艺卡及热处理技术交底要求进行预热和热处理，焊后热处理全过程必须有热处理施工记录和热处理温度手工记录或自动记录。

（2）焊接质检人员应按焊接质检计划的要求及时对焊接及热处理的过程控制进行监督和抽查，并及时做好各分项的见证点（W 点）签证记录。

（3）焊接技术人员应按根据焊接质检计划对各分项施工及时做好 W 点和停工待检点（H 点）签证记录，及时做好热处理曲线的审核及焊接、热处理施工记录。

（4）对口时的点焊焊缝不能作为永久焊缝，正常焊接时应磨去点焊焊缝；点焊焊缝采用的焊接工艺、焊接材料应和正常焊接时保持一致。

（5）焊工随身携带焊条保温桶并通电保温，随用随取。

（6）对中低压焊口采用敲钢印的方式进行永久性标记，对受热面及高压管道焊口采用记录的方式进行永久性标识。

5. 焊后热处理

（1）恒温温度、恒温时间、热处理升降温速度在热处理工艺卡与热处理交底中明确。

（2）在焊后热处理过程中两支热电偶的最大的温度差为 50℃。

（3）当热处理曲线不符合交底要求或热处理后硬度抽检不合格时，应重做热处理。

（4）焊口预热、热处理与焊接实行挂牌交接制度。

6. 焊后质量检查

（1）焊接质量检查和检验，实行三级检查验收制度，采用自检与专业检验相结合的方法，进行验评工作。

（2）焊接接头分类检查的方法、范围及数量符合 DL/T 869—2012 的要求。

（3）对于不合格的焊口，应查明造成不合格焊口的原因。对于重大不合格焊口事件应进行事故原因分析，同时提出返修措施。返修后按原检验方法重新进行检验。

7. 缺陷修补

（1）当能保证母材壁厚不低于母材设计允许最小壁厚时，表面缺陷可用打磨和机械加工等方法修补，修补至焊缝两侧圆滑过渡。

（2）不能接受的缺陷可用机械加工方法或热切割消除。

（3）当采取热切割方法消除缺陷，热切割区应打磨平整，并磨去热淬硬层（碳钢除外）。

（4）母材的缺陷可用焊接方法来修补。一般低合金钢及以下等级材料的焊口同一位置上的挖补或焊后热处理返工不超过三次，中、高合金钢的焊口同一位置上的挖补或焊后热处理返工不超过二次。

（5）焊接缺陷的修补应使用合适的工艺、合格的焊接材料和合格的焊工。

（6）缺陷修补以后，修补区域应和母材一样平整，并采用与原来焊缝相同的无损检验方法和验收标准，以确保修补质量。

（7）经过热处理的焊缝，部件焊接修补后应重新进行热处理。

（8）在母材上发现的缺陷，修补后如需进行无损探伤的按有关母材的标准执行。

（9）在焊缝上发现的缺陷，修补后如需进行无损探伤的按焊缝初始的标准执行。

（三）编制焊接施工作业指导书

焊接施工作业指导书见表 2-25。

表 2-25 焊接施工作业指导书

序号	名 称	序号	名 称
1	锅炉钢结构焊接作业指导书	15	再热蒸汽热段管道焊接作业指导书
2	水冷壁安装焊接作业指导书	16	主给水管道焊接作业指导书
3	省煤器焊接作业指导书	17	再热蒸汽冷段管道焊接作业指导书
4	再热器焊接作业指导书	18	中低压管道焊接作业指导书
5	过热器焊接作业指导书	19	凝汽器组合安装焊接作业指导书
6	锅炉中、大口径管道安装焊接作业指导书	20	凝汽器钛管板密封焊接作业指导书
7	锅炉密封焊接作业指导书	21	油系统管道焊接作业指导书
8	锅炉六道安装焊接作业指导书	22	热工仪表管道焊接作业指导书
9	主蒸汽 P92 管道焊接作业指导书	23	汽轮机、锅炉管道焊前预热及焊后热处理作业指导书
10	电除尘安装焊接作业指导书	24	电气铝母线安装焊接作业指导书
11	P91、P92 热处理作业指导书	25	T1221/P122 焊接及热处理作业指导书
12	凝汽器拼装焊接作业指导书	26	汽轮机、锅炉管道焊前预热及焊后热处理作业指导书
13	异种钢焊接	27	汽水管道焊接
14	冬（雨）季焊接作业指导书		

上述作业指导书未覆盖的施工项目，焊接技术在其他安装作业指导书中体现或针对局部焊接编制焊接施工技术措施。

五、焊接质量管理

焊接质量在火电工程中是一个相当突出也是相当重要的问题，抓好焊工的技术培训与考核管理、焊接技术管理、焊接质量管理这三大环节，是体现以人为本、坚持科技为先导的原则，是电厂建设焊接管理内容的关键之最。

1. 优质工程考核指标

（1）受监焊口无损检验一次合格率大于或等于 98%，确保锅炉水压一次成功。确保高、中、低压焊口无一泄漏。

（2）杜绝重大质量事故。

（3）杜绝管材、焊材错用事件。

2. 焊接质量管理体系文件

（1）焊接管理程序。

（2）焊接质量检验计划。

（3）金属监督管理程序。

（4）工程质量奖罚规定。

3. 计算机软件应用于焊接管理

焊接管理是将现场焊接过程控制状况、质量监督检查情况、无损检验结果情况融为一体的综合管理系统，根据这一特点，将焊接管理分成施工单位焊接管理、质量检查焊接管理、无损检验焊接管理三个方面，这三个方面相互联系，相互制约。依据这三个方面建立的计算机网络系统，将三个方面的管理联系在一起，焊接管理数据在计算机网络中相互传递，以便各单位或部门完成管理功能和相互之间的管理功能。

4. 焊接过程控制

（1）施工单位技术员与质检人员针对机组的具体情况，根据过程控制程序的要求确定对质量有直接影响的焊接过程，并制定过程质量管理策划表，按照过程质量管理策划表的要求实施焊接过程控制。

（2）施工单位质量部门编制“以往常见焊接质量问题速查表”，对焊接人员进行针对性的教育，提高焊接人员在焊接过程中预防质量事故的能力。

（3）施工单位焊接质检人员、体系办人员对焊接全过程进行监控检查，对不合格项进行记录，及时发放整改通知单，及时进行数据分析，在过程中消除质量隐患。

（4）施工单位质量部门每月进行质量趋势分析，向有关部门进行通报。

5. 焊工上岗管理

（1）进入项目的焊工必须持电力合格证或技术监督局合格证。

（2）各主要施工单位现场建造焊接培训房，由专人管理培训指导。承担承压部件或承重钢结构焊接的焊工，上岗前原则上需进行上岗考试。管件考试位置为6G，上岗考试管经焊缝外观检查合格后进行RT检验，合格后方可上岗。

（3）考虑到目前施工单位内部工程较多，高压焊工通常处于连续施工的状态，因此，对于从其他工地新调入的高压焊工可视其实际情况免于上岗考试，但在正式施焊前应进行模拟训练。

（4）热处理工应专业培训持证上岗。焊工和热处理工上岗前符合以上要求后填报“焊接人员上岗资格审核表”。

（5）对于出现焊口批量或连续不合格的焊工进行下岗培训，再上岗时要重新参加上岗考试。

六、焊接安全卫生管理

（1）安全部门根据项目“重大危险因素和控制计划清单”编制各施工项目的“危险识别、风险评估及控制对策速查表”，经过有关部门的审核和批准后生效。

（2）技术人员在编写作业指导书的同时，编制针对本作业的职业安全卫生危险控制计划（RCP）表，由施工班组每天有针对性地进行危险点及控制对策交底，并履行签字手续。

（3）安全部门根据施工单位的反馈情况及时持续的更新“重大危险因素和控制计划清单”“危险识别、风险评估及控制对策速查表”及RCP表的内容。

（4）加强焊接作业人员的个人防护，配备足够适用的个人防护用品。

（5）现场焊接电源线铺设整齐、合理，施工过程中产生的废料、废弃物如焊丝头、焊条头严禁乱丢，在施工中必须随时清理，施工结束后及时回收。做到施工过程随手清，工完料尽场地清。

（6）焊口热处理实行挂牌制度，预热时，挂“正在预热”的警示牌，预热温度达到要求，换上“已达到预热温度要求”的警示牌，热处理时则挂上“正在热处理”的警示牌。

（7）在特殊环境下进行焊接作业时如金属容器和坑井内，应有专人监护。

（8）焊接人员在焊接作业前应根据安全交底对作业环境进行检查，确认无危险后才可以施工，施工结束后，也应检查，确认没有留下安全隐患后，方可离开。

(9) 进入施工场地禁止游动吸烟，必须在指定的地点吸烟。

(10) 进入施工现场，不得损坏安全设施，不得骑越围栏。

七、焊接劳动力的准备

1. 焊工人员需求

玉环项目每台机组焊工人员需求见表2-26。

表2-26 玉环项目每台机组焊工人员需求 人

机组类别 (MW)	Ⅰ、Ⅱ类 高峰需求	Ⅰ、Ⅱ类 配备（平均）	Ⅲ 高峰需求	Ⅲ 配备（平均）
1×1000	160	110	245	225

2. 焊接人员资质

焊工必须通过DL/T 679—2012或《锅炉压力容器压力管道焊工考试与管理规则》（锅质检锅〔2002〕109号）的考试，承担合格证范围内的焊接工作。

热处理工应有从事热处理工作的有效证书。

焊工的培训和上岗考试按照工程的实际要求执行。严格焊工上岗考核，针对焊工持证项目及现场施工特点，进行模拟性上岗考试；并根据以往建立的焊工档案，选派上岗焊工；对焊工施工中的质量情况随时进行监控。

八、焊接能力供应

（一）焊接机具和热处理设备电源布置

1. 电源布置

施工电源包括焊接电源，在施工现场各区域布置有施工电源一、二次盘及三次盘，给零星布置的电焊机等小负荷用电设备供电。

由于主蒸汽、再热蒸汽热段管道材质的特殊性，配合主蒸汽、再热蒸汽热段管道的热处理设备必须配备两路不同路的施工电源，并且使用双切开关，在必要时直接切换。

2. 电焊机布置

施工区域的电焊机采用集中布置，电焊机的布置位置和数量见表2-27（特殊情况下、工作量较少时零星使用的焊机不包括在内）。

表2-27 电焊机的布置位置和数量（每台机组） 台

区域（位置）	数量	区域（位置）	数量
锅炉房	240	汽机房	100
0m层	20	0m层	35
20.5m层	30	中间层	35
33.0m层	28	运转层	30
40.8m层	34	地面组合	86
51.2m层	34	受热面组装	40
61.0m层	34	管道配管	12
71.0m层	60	灰斗组装	10
除氧间	25	烟风道制作场地	24
除氧层	25	总计	474
煤仓间	23		
给煤机层	23		

3. 热处理设备布置

热处理设备以集装箱的形式布置，布置区域和数量见表 2-28。

表 2-28　　热处理设备布置区域和数量　　台

区域（位置）	数量	区域（位置）	数量
汽机房中间层	1	锅炉房 40.8m 层	1
汽机房运转层	1	锅炉 80.0m 层	1
地面配管场	1	总计	5

4. 布置特点

电焊机布置采用焊机箱或焊机架进行分区域集中布置，地面组装场地、锅炉房及汽机房主要布置 ZX7-400 逆变焊机。体现了集中与分散布置相结合的原则，既方便使用，提高利用率，又符合文明施工管理。

电焊机使用采取挂牌制度。每个集中布置点已借出的焊机都与焊工上岗证一一对应，责任到人，直到归还为止。

热处理设备主要采用远红外温控柜，根据施工面的展开情况来调用，灵活方便，提高设备的利用率，通常 1 个机房和 1 台热处理温控柜配套。

（二）氩气的供应和布置

为保证氩气的纯度，采购进来的合格氩气进氩气库，以单瓶领用为主。现场方便更换氩气，在炉底布置现场氩气库。主蒸汽、再热蒸汽热段管道安装内部充氩时，设计一路充氩临时管路，由现场氩气库集中供气。

（三）焊材库布置

(1) 玉环工程各施工单位均设立焊材库。焊条储存和保管分两级管理，焊材一级库一般由各施工单位的物资管理部门管理，各专业施工队焊材由二级库管理。

(2) 焊材库必须配备与库房面积相配的除湿计、远红外灯、温湿度记录仪，四周墙体及地面做防水处理，焊条存放区域用木板垫高，焊丝等存放在料架上。焊材发放库配备相应数量的烘箱。

九、焊接技术、质量记录的准备

(1) 根据 DL/T 869—2012 的竣工资料整理要求，编制焊接质检计划，指导整个焊接施工。

(2) 根据设计院及厂家图纸，绘制焊口/焊缝布置图，统计焊接工作量。根据焊接质检计划要求绘制焊口/焊缝布置图的范围。

(3) 编制焊接工程一览表。并根据统计出来的工作量，申报焊接材料。

(4) 编制各个系统的焊接作业指导书，指导各个分项的工作。

(5) 在焊接管理软件中输入各类数据，生成工艺卡、技术交底单等各类记录表式。

(6) 审查、保管焊工合格证复印件，编制持证焊工合格证清单。

十、其他质量管理过程

1. 文件控制

(1) 各施工单位项目部严格执行业主单位及各施工单位的相关管理制度，充分应用计算机网络进行信息资料的传输管理，利用工程资料管理软件建立简单、快捷的资料查询方式，为工程管理提供方便的资料信息服务。

（2）文件的编码遵从业主单位的编码系统，每一份文件对应唯一的编码代表它的身份。

（3）技术文件、质量记录清单一般见表 2-29。

表 2-29　　技术文件、质量记录清单

序号	记录名称	序号	记录名称
1	焊接工艺卡	9	热处理手工记录
2	焊接技术交底记录	10	过程控制通用签证表（W 点、H 点）
3	焊接施工记录	11	分项工程综合质量评定表
4	焊口布置图	12	分项工程焊接接头表面检验质量评定表
5	热处理工艺卡	13	焊接分项工程一览表
6	热处理施工记录	14	焊工上岗资格审核表
7	热处理技术交底	15	工艺评定计划表
8	热处理曲线记录	16	工艺评定任务书

（4）受控分发的文件，不得随意复制。

（5）业主、监理等单位对质检计划及其他技术文件进行检查。

2. 不合格控制

施工单位的项目质量控制部负责过程监控和测量的归口管理部门，包括对产品质量实施监控和测量，并对金属和焊接等专业部门的监控和测量工作进行监督，焊接不合格品报告的批准由施工单位项目分管总工执行。产生不合格品时，施工单位项目每个员工都有向有关部门报告不合格品的责任。焊接产生的不合格主要有材料、对口、外观、内部质量和热处理不合格等，预防和减少不合格品非常重要，从技术措施和监督力度上来控制，加强培训教育、奖罚制度等措施的落实是控制不合格产品的有效方法。

第五节　P92 管道内壁裂纹现场焊接修复

一、概况

某电厂 2 号机组为 600MW 超超临界燃煤发电机组，锅炉最大连续蒸发量为 1795t/h，过热蒸汽出口压力和温度分别为 26.15MPa 和 605℃，再热蒸汽出口压力和温度分别为 4.59MPa 和 603℃，锅炉给水温度为 293℃。主蒸汽管道材质为 ASMESA335P92，主管规格为 ID406×100mm。安装单位在主蒸汽第 23 号焊口焊至 20mm 后的中间探伤（射线探伤）时发现在 2：30 位置的射线底片有 11mm（轴向）线性缺陷影像，进行焊后热处理（PWHT）后将焊缝割除，发现弯头母材内壁存在轴向 30mm、内壁到外壁方向约 70mm 的裂纹，如图 2-44 所示（见文后插页）。该弯头由意大利 IBF 公司生产，材质为 F92，规格为 ID406×100mm，弯曲角度为 90°。

为了不影响工程进度，经论证后某电厂决定对该弯头裂纹进行挖补处理，然后对该 23 号焊口重新进行焊接，焊接工作由安装单位承担。由于该工作技术难度和风险较大，为此业主委托研究院对此弯头的挖补处理和焊口的重新焊接全过程进行技术支持。

二、技术路线

现场修复包括主蒸汽弯头裂纹缺陷的挖补和主蒸汽 23 号焊口重新焊接两部分工作内容，研究院制订的技术路线如图 2-45 所示，列出了项目的进展顺序和各个阶段的具体工作内容。

正式挖补前，甲方就相关的技术方案与研究院、安装单位、供货商进行了沟通，对挖补和对口焊接过程中可能出现的各种问题进行了深入分析，并提出了应对措施。

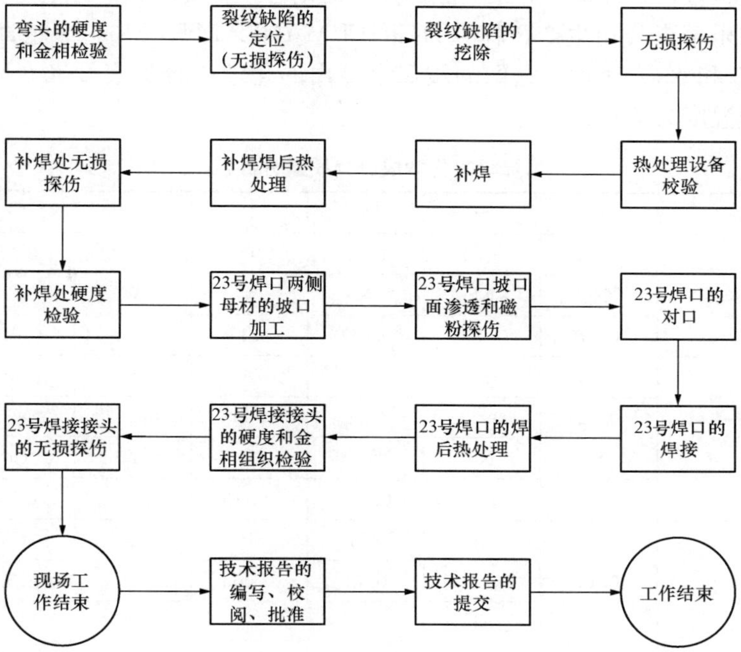

图 2-45　技术路线

三、主蒸汽管弯头裂纹缺陷的挖补

（一）挖补前的工作

1. 弯头硬度和金相检验

对弯头的硬度进行了检验，硬度在 HB194～214 之间，满足标准要求。

对弯头内壁和坡口面裂纹进行了复型金相检验，结果给出了裂纹形貌和弯头的金相组织，金相组织为回火马氏体，除裂纹外，未见异常。

2. 缺陷定位

为全面掌握裂纹的尺寸、走向和分布，确定有无其他缺陷，以制订合理的挖除工艺和范围，对弯头含裂纹的端部 200mm 范围内进行了整周超声波探伤（UT）、渗透（PT）和磁粉探伤（MT）。裂纹缺陷尺寸约为 70mm（径向）×30（轴向）mm。根据探伤结果，在保证缺陷去除的情况下尽量减小挖除体积，并考虑补焊施工的操作方便，确定了挖补范围，如图 2-46 所示（见文后插页）。

3. 缺陷的挖除

缺陷的挖除采用砂轮锯片进行切割，缺陷（裂纹）挖除后的照片如图 2-47 所示（见文后插页），取下裂纹试样后，对切割面进行了打磨并圆滑过渡。

4. 缺陷挖除后的无损检验

为确认已将缺陷完全去除，对缺陷挖除后的余下部分进行超声波、磁粉和渗透探伤，未发现可记录缺欠。

5. 焊材检查

对本次弯头挖补和 23 号焊口对口焊接所用焊丝和焊条的质保书进行查阅，对焊条的实际保管情况进行检查，并抽检了焊条去除药皮后的钢芯，未发现有钢芯生锈等异常现象。焊丝和焊条均为伯乐蒂森公司生产，牌号为 THERMANIT MTS 616，焊丝直径为 ϕ2.4，焊条直径包括 ϕ2.5 和 ϕ3.2 两种，它们的质保书给出的化学成分见表 2-30，Mn＋Ni 含量较高，推荐热处理温度为 760℃。

表 2-30　　焊材的化学成分（质量分数）　　%

名称	规格	C	Si	Mn	P	S	Cr	Mo
焊丝	ϕ2.4	0.100	0.34	0.47	0.009	0.006	8.82	0.43
		Ni	Nb	N	V	W	Cu	—
		0.87	0.060	0.041	0.18	1.80	0.040	—
焊条	ϕ2.5	C	Si	Mn	P	S	Cr	Mo
		0.12	0.22	0.78	0.008	0.005	8.55	0.58
		Ni	Nb	N	V	W	Cu	—
		0.87	0.040	0.036	0.215	1.64	0.03	—
	ϕ3.2	C	Si	Mn	P	S	Cr	Mo
		0.10	0.27	0.74	0.008	0.006	8.59	0.60
		Ni	Nb	N	V	W	Cu	—
		0.60	0.045	0.046	0.20	1.72	0.05	—

6. 补焊适应性训练

要求安装单位针对此裂纹缺陷挖除后的缺口情况，采用碳钢钢管加工一形状类似补焊缺口的试样进行补焊的适应性试焊，以确定焊道的合理布置，适应实际补焊的情况，如图 2-48 所示（见文后插页）。

7. 热处理设备检查

对补焊和 23 号焊口焊接所采用的热处理控温系统进行全面检查与校核。

8. 热处理控温柜情况

安装单位拟采用的控温柜位于汽轮机平台的热处理控制室，编号为 403-11-034。控温柜由江苏某设备厂生产，所配备的 4 台纸质记录仪由上海某公司生产，设备照片如图 2-49 所示（见文后插页）。

（1）热电偶连接情况。安装单位平时热处理用热电偶为 K 型铠装热电偶，采用绑扎方式与工件接触，热电偶冷端带有长约 1m 的补偿导线，补偿导线与控温柜间采用长约 100m 的铜线连接。这种连接方法欠妥，实际热处理过程中可能产生较大的误差，为了确保热处理温控精度，明确要求，安装单位更换铜线，采用 K 形补偿导线。

（2）仪表的校验。经校验，在 760℃时 403-11-034 控温柜 4 号炉的 1 通道和 2 通道的显示误差分别为 18℃和 19℃，6 号炉的 1 通道和 2 通道的显示误差分别为 18℃和 19℃，温度偏差约为 20℃，计算机显示温度和纸质记录仪温度相同。控温仪表的误差将使实际热处理温度约降低 20℃，很难达到满意的热处理效果。由安装单位与控温柜的制造厂家进行了沟通，将补偿温度调低，但仍然偏高 14℃左右，故实际热处理过程中的温度控制以研究院的仪表测出的温度为准。

（3）母材的冲击试验。用取下的裂纹试样附近的母材加工一标准夏比 V 型缺口冲击试样，冲击试样长度方向垂直于管壁，与坡口面裂纹走向基本一致，该试样的冲击吸收功为 129J，冲击韧性较好。

（二）补焊

缺陷切除后的部分经无损检测未发现缺陷后进行弯头补焊，焊接方法为全手工钨极氩弧焊（GTAW）。

补焊时弯头温度测控采用 6 支热电偶，编号为 1 号～6 号，其中 1 号～5 号由研究院提供，6 号为安装单位提供的供对比用的热电偶。1 号为控温热电偶，其余为监测热电偶，如图 2-50 和图 2-51 所示（见文后插页）。

预热加热带宽度为 480mm，保温棉厚度为 30mm，宽度为 800mm。

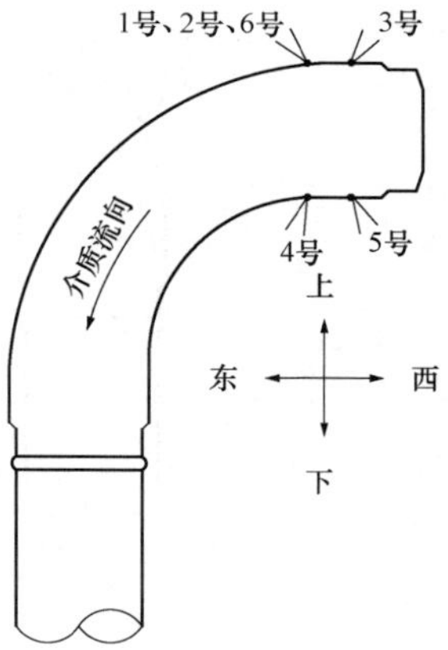

图 2-50　补焊预热热电偶布置示意图

预热升温时将控温热电偶（1 号）设定温度最终调整到 220℃，恒温后控制坡口温度约为 150℃。补焊区域预热温度和层间温度的测量采用红外测温仪。

补焊采用的焊丝为直径 ϕ2.4 的 THERMANIT MTS616，焊接工艺参数见表 2-31。

表 2-31　焊接工艺参数

焊接方法	焊接材料	规格（mm）	电流（A）	电压（V）	焊接速度（mm/min）
GTAW	MTS616	ϕ2.4	90～125	～12	60—80

GTAW 的预热温度推荐为 150～200℃，推荐的层间温度为 200～250℃，温度升到预热温度后保温至少 30min。焊接时严格控制焊层厚度，同时保证熔合良好。每层焊道及时清理。

补焊完成后的状态如图 2-52 所示（见文后插页）。

（三）焊后热处理

（1）补焊完毕后，缓冷至 80～100℃、保温 2h。

（2）共布置热电偶 12 支，如图 2-53 所示，其中 2 号和 7 号以及 12 号为控温热电偶，其他为监控热电偶。1 号、6 号和 11 号为安装单位提供的铠装热电偶，其余为研究院安装的热电偶，1 号、6 号和 11 号分别与 2 号、7 号和 12 号热电偶对应同一测量位置。9 号、10 号和 11 号（或 12 号）热电偶分别用来测量补焊处外壁、端部和内壁的温度。

（3）焊后热处理加热带的布置如图 2-54 所示（见文后插页），外壁包括上、下两个加热带，根据计算加热带宽度不低于 500mm，在内壁补焊处布置一片宽度 200mm 的加热带。

（4）弯头内部填充保温棉，端面处用保温棉遮住，保温情况如图 2-55 所示（见文后插页）。

（5）温度曲线如图 2-56 所示，到 PWHT 温度后，各热电偶的温度见表 2-32，所有部位未发现超温现象。降温速度设定为 60℃/h，实际降温速度很低。

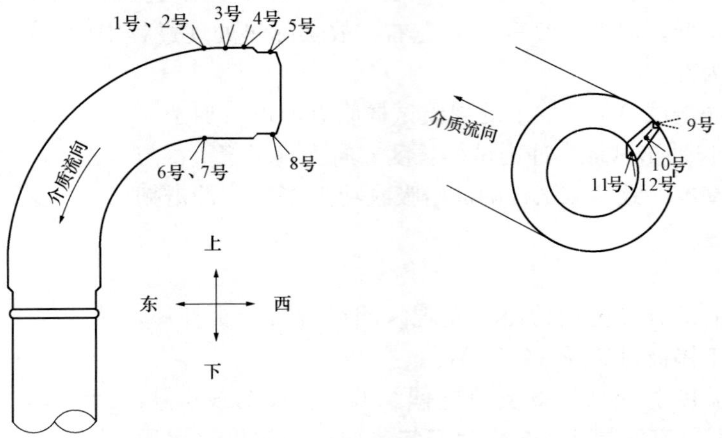

图 2-53 PWHT 热电偶的布置

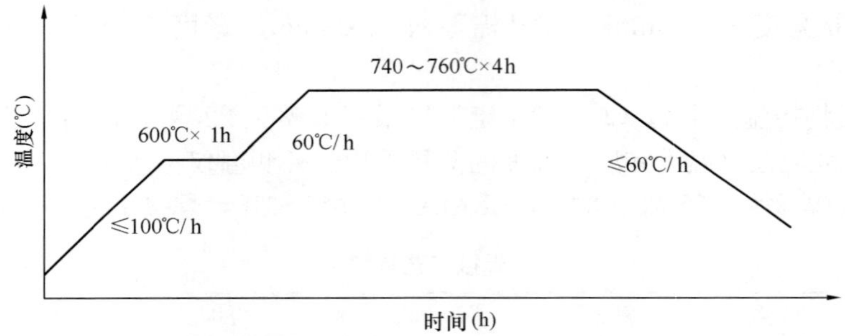

图 2-56 补焊焊后热处理温度曲线示意图

表 2-32 **各热电偶温度**

热电偶编号	1 号	2 号（控温）	3 号	4 号	5 号	6 号（控温）
温度（℃）	640	727	745	754	743	759
热电偶编号	7 号	8 号	9 号	10 号	11 号	12 号（控温）
温度（℃）	695	755	758	750	744	751

注 1. 有背景色的为安装单位热电偶，其余为研究院安装的热电偶。
2. 7 号热电偶因固定用铁丝与热电偶陶瓷管之间部分短路，致使测量温度不是点焊处管壁温度。

（四）检验

1. PWHT 后的硬度检验

弯头补焊 PWHT 后进行了硬度测量，母材硬度 HB 为 186～204，补焊焊缝处硬度 HB 为 239～253，符合标准要求。

2. 无损探伤

对补焊处进行了无损检测，未发现可记录缺欠。

四、主蒸汽管道23号焊口的焊接

1. 坡口加工与检验

为消除初次焊接产生的热影响区，某电厂委托武汉某公司对23号焊口的两侧母材各进行5mm的切削加工，加工后的照片如图2-57所示（见文后插页），对加工后的坡口进行尺寸检验、磁粉和渗透探伤，未发现异常，磁粉和渗透探伤工作由安装单位承担。

2. 对口

在焊口两侧母材管道内壁采用可溶纸布置气室，检查合格后进行对口工作，管道采用支吊架锁紧等多种措施固定可靠，对口采用定位卡块点固焊定位，对口尺寸满足标准要求。

3. 预热

焊前预热采用柔性陶瓷电阻加热器（加热片）分别在焊口两侧的母材上进行加热，如图2-58所示（见文后插页），每侧上、下布置两支控温热电偶和四片加热器（每两片一组，宽度480mm）。氩弧焊坡口预热温度为150～200℃，焊条电弧焊预热温度为200～300℃。

4. 焊接

焊接方式为手工钨极氩弧焊（GTAW）打底两层＋手工焊条电弧焊（SMAW）盖面。GTAW焊丝为ϕ2.4的THERMANIT MTS616，SMAW焊条为ϕ3.2的THERMANIT MTS616。焊接工艺参数见表2-33，最后一道焊道位于焊缝的中间，为退火焊道。焊接完毕后的焊缝照片如图2-59所示（见文后插页）。

表2-33　焊接工艺参数

焊层序号	单层、单道焊道尺寸	焊接方法	焊条（丝）		电流范围		电压范围（V）	焊接速度（mm/min）
			牌号	规格（mm）	极性	电流（A）		
1～2	厚度2.8～3.2mm	GTAW	MTS616	ϕ2.4	直流正接	90～125	11～12	60～80
3层以上	宽度≤4*d*、厚度≤*d*	SMAW	MTS616	ϕ3.2	直流反接	90～120	22～24	90～150

注　*d*为焊条直径。

在SMAW焊接的过程中，多次抽检了层间温度，从测量数据看，层间温度均控制在200～300℃，严格按照工艺规范执行。

5. 焊后热处理

焊接完成后，缓冷至80～100℃，保温3h，而后进行焊后热处理。焊后热处理共布置13支热电偶，其中9支（编号为1号～9号）由研究院安装，其余4支（编号为01号～04号）为安装单位布置的铠装热电偶，这4支热电偶分别与1号～4号对应同一测量位置。1号～4号热电偶为控温热电偶，位于焊缝金属中间。各热电偶的布置位置如图2-60所示。

加热器宽度为960mm，由8片加热器组成，沿焊缝对称布置，如图2-61所示（见文后插页）。保温宽度为1500mm，焊缝处600mm宽范围内用30mm厚的保温棉包裹3层，两侧包裹1层。

PWHT温度为760℃，保温时间为6h。升温速度如下：

（1）300℃以下为150℃/h。

（2）300～600℃为100℃/h。

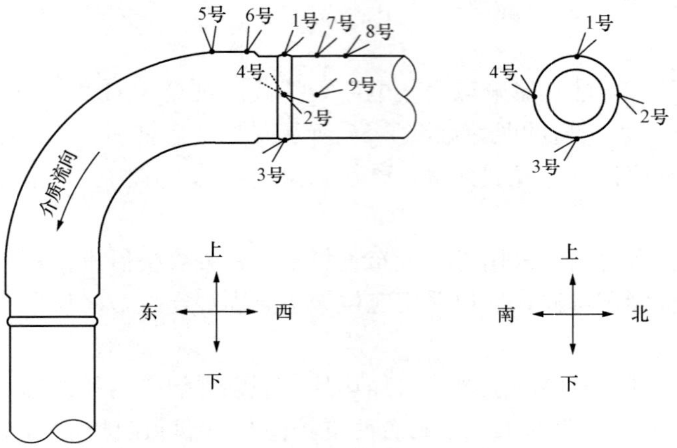

图 2-60　PWHT 用热电偶的布置

（3）600～760℃为 80℃/h。

（4）降温速度低于 100℃/h。

到温后的实际温度以研究院仪表测量值为准，安装单位的控温柜仅作为控温执行机构，测量值仅供参考。

6. 检验

（1）PWHT 后的硬度测量。对 23 号焊口焊后热处理后的硬度进行了测量，测量结果显示焊缝的硬度 HB 在 216～237 之间，母材的硬度 HB 在 178～199 之间，整个焊接接头的硬度符合标准要求。

（2）PWHT 后的金相检验。分别在补焊和对焊焊口处作金相组织检验，检验结果显示母材、焊缝部位的组织均为回火马氏体，未见异常。

（3）无损检验。对 23 号焊口进行无损检测，包括超声波探伤和磁粉探伤，检测结果未见可记录缺欠。

7. 结论

制订的工艺和措施有效保证了主蒸汽管道 23 号焊口弯头裂纹挖补和焊口重新焊接质量，特别是严格保证了焊后热处理的质量；弯头补焊部位以及对接焊口硬度理想，金相组织正常；经补焊、对口焊接前后多次超声、磁粉、渗透检测，未发现任何异常可记录缺陷，弯头挖补以及 23 号焊口的焊接质量良好。

第三章

典型部件焊接、检验施工方案

第一节　汽缸拼缸焊接方案

华能玉环电厂 1000MW 机组工程汽轮机由上海汽轮机有限公司和德国西门子联合设计制造。机组采用 HMN 型积木块组合串联布置：1 个单流圆筒型 H30 高压缸，1 个双流 M30 中压缸，两个 N30 双流低压缸。汽轮机 4 根转子分别由 5 只径向轴承支承，除高压转子由两个径向轴承支承外，其余三根转子，即中压转子和两根低压转子均只由 1 只径向轴承支承。

低压外缸为现场拼装，由于低压内缸膨胀方式的特殊处理，使得低压外缸与凝汽器的连接不同于传统的刚性（凝汽器）基础加柔性连接或弹簧基础加刚性连接方式。它采用了刚性基础刚性连接的特殊方式。与 300、600MW 机组低压缸拼缸不同的是，低压外下缸下半为四片端板形式，上半缸中部预先留有调整段，中分面法兰也需现场焊接，凝汽器顶部设计也非 300、600MW 机组的 T 形结构，要同时使低压缸下口与凝汽器上口均满足平直度的要求是非常困难的，且受低压外缸结构的影响，焊接变形大，且难以控制。

低压缸拼缸焊接的主要难点是与凝汽器接颈焊接前，外下缸的端壁和侧壁及支撑管等部件尺寸壁厚大、焊缝长、刚性小，焊后易产生局部变形，影响拼缸后尺寸。低压缸拼装后，在与凝汽器接颈连缸时，由于整个缸体刚性大、焊缝长、焊缝尺寸大，且与凝汽器连接为刚性，因此，所有的焊接变形会影响拼缸后的中分面尺寸及穿孔率。低压外上缸在两端壳体与中间壳体的焊接及中间壳体与中分面的焊接过程中会由于焊接变形使中分面翘起，致使上、下中分面间隙过大，造成密封不严。

如在低压缸焊接拼缸阶段不采取有效措施对焊接变形进行严格控制，那将影响低压缸及汽轮机的安装质量。

一、拼装及焊接要求

整个汽轮机轴系分为高压缸、中压缸及 2 台低压缸，其中低压缸又分为内内缸、外内缸、外缸，而外缸全部为散件供货，现场组装。每台低压外缸总共分成八大件，外上缸分前、中、后 3 半，其中中间半缸分两部分，出厂时用临时撑管固定成一体，中间部分的汽缸法兰为散件，需在现场组装，如图 3-1 所

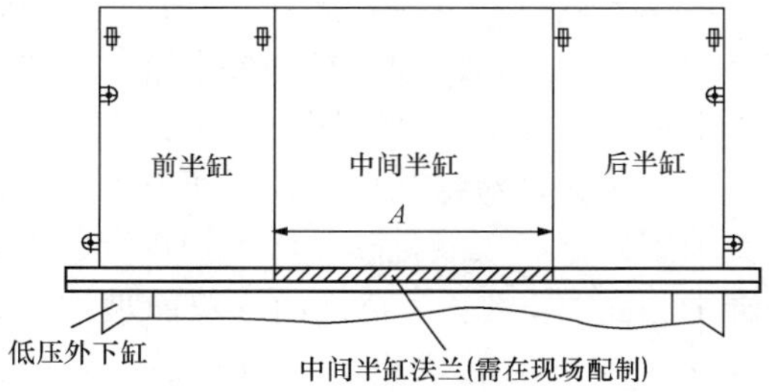

图 3-1　外上缸结构图

示。外下缸分前、后、左、右4半及中间组合式框架，并由部分撑管组成，如图3-2所示。以一台低压外缸为例，其主要单件质量和外形尺寸见表3-1。

表3-1 低压外缸的单件质量及外形尺寸

序号	主要部件名称	质量（t）	外形尺寸（mm）
1	低压外缸上半（前）	13	1750×10 800×3510
2	低压外缸上半（中）	17	3600×10 800×3510
3	低压外缸上半（后）	13	1750×10 800×3510
4	低压外缸下半（前端板）	24	10 520×4950
5	低压外缸下半（后端板）	24	10 520×4950
6	低压外缸下半（左侧板）	17	6700×4950
7	低压外缸下半（右侧板）	17	6700×4950
8	低压外缸下半（组合式框架）	15	4350×8400×4600

1. 低压外下缸拼装焊接后变形量的预控目标

（1）对角线最大偏差不大于10mm。

（2）前后最大偏差不大于10mm。

（3）左右最大偏差不大于10mm。

2. 低压外上缸拼装焊接后变形量的预控目标

（1）自由状态下汽缸水平中分面最大间隙不大于5mm。

（2）螺栓紧固后汽缸水平中分面内外侧间隙为0mm。

（3）汽缸中分面螺栓孔无错位，螺栓能100%安装到位。

二、低压外下缸的拼装和焊接工艺

分别将外下缸的前、后端板吊入孔洞内，用左、右调整螺栓来调整端板的标高及水平度、垂直度。端板的质量由轴承座承受，在端板与基础之间放置千斤顶，用来调整端板的垂直度。使用临时压条将侧板与端板定位。检查低压外下缸的标高、水平及对角线尺寸是否满足设备厂家的设计要求，如图3-2所示。将端板与侧板点焊牢固，拆除安装用的临时压条。

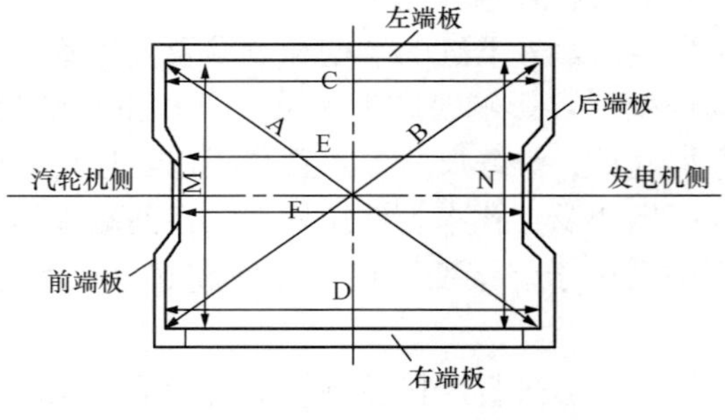

图3-2 外下缸结构图

吊装低压外下缸组合式框架，将框架找正找平，安装框架与外下缸之间的撑管及连接板，每台低压外缸共有撑管60根，连接板共有12块。最终整体找正低压外下缸。检查并调整焊缝间隙后，清理并打磨外上缸的水平中分面，用行车将外上缸的前、后半部分吊到低压外下缸中分面上，并紧固螺栓，检查中分面应无间隙。

接下来就是对组装成一体的低压外下缸进行焊接。考虑到焊接变形以及提供的焊接材料，采用熔化极二氧化碳气体保护焊（GMAW）。另外，按照设备厂家的焊接要求，首先在汽缸中分面以下1.0m范围内（双面坡口型焊口）焊接，每次焊接长度为500mm，顺序为1→2→3→4→1，依次进行，如图3-3（a）所示。然后进行其余范围内（单面坡口）焊接，焊接时每次的焊接长度也为500mm，顺序为1→2→3……直至整个低压缸焊接结束，如图

3-3（b）所示。

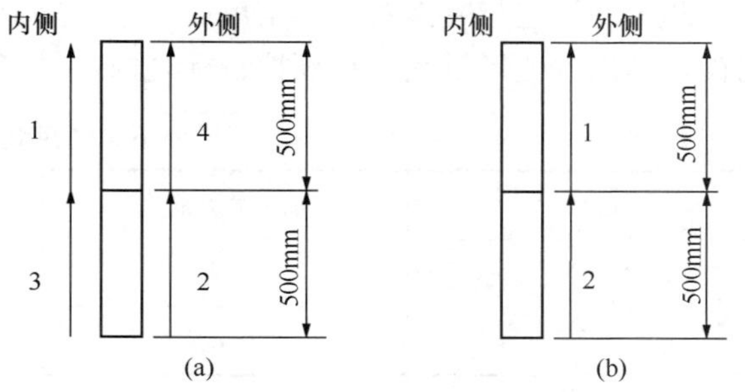

图 3-3　低压外下缸焊接顺序图
（a）双面坡口；（b）单面坡口

在焊接过程中，由于低压缸外形尺寸较大，每台低压外下缸的焊缝长度为 24m，焊接工作量较大，很容易发生焊接变形。为了最大限度地减小变形量，主要采取了以下措施：

（1）严格按照 SIEMENS 提供的焊接工艺卡要求。采用熔化极二氧化碳气体保护焊（Gas Metal Arc Welding，GMAW）进行焊接，二氧化碳焊丝直径为 1.2mm，焊丝牌号为 Union K56（ER70S-6），保护气体为 82%Ar+18%CO_2 的混合气，焊缝高度高于母材。

（2）在坡口形式为双面坡口处，侧板与端板之间要求无间隙，而单面坡口处，侧板与端板之间间隙要求为 3mm，由于现场采用火焊切割，焊缝间隙很难保证非常精确一致，所以采用堆焊而后再打磨的方法，尽量达到标准间隙，减小焊接变形量。

（3）焊接过程中，由 4 个焊工分别在汽缸四周同时进行对称逆向焊接，焊接速度基本保持一致。焊接时必须层层推进，当第一层 4 个焊工全部焊接结束后，按照相同的顺序进行第二层的焊接，绝对不可以一次完成局部地方的全部焊接。

（4）在焊接低压外下缸前，将外上缸前、后两半安装到外下缸上，安装全部汽缸中分面螺栓并完全紧固，这样可以在很大程度上增强整个低压外缸的刚性，有利于降低焊接变形量。

（5）根据国内同类机组安装时焊接变形量严重超标的经验，专门购置了 4 套型号为 CZ2 的气铲。每一层焊接结束后，要求之间无间隙；而单面坡口处，侧板与端板之间间隙要求为 3mm。由于现场采用火焰切割，焊缝间隙很难保证非常精确一致，所以采用堆焊而后再打磨的方法，尽量达到标准间隙，减小焊接变形量。

（6）为了在焊接的整个过程中对汽缸的变形量进行控制，在汽缸水平中分面的 4 个角以及前、后中心导杆上各安装一个百分表，用来监视焊接时汽缸的变形量。

三、低压外下缸与凝汽器焊接

低压外下缸焊接结束后，进行低压缸与凝汽器的连接。根据 SIEMENS 的设计，在低压外缸与凝汽器之间镶嵌一条高度为 150mm 的铁板，铁板的上下分别采用焊接方式与低压外下缸和凝汽器接颈进行刚性连接。以 1 号低压缸为例，其与凝汽器焊接的焊缝总长度为 74m，为了减小焊接变形量，采取同焊接低压外下缸一样的控制方法，不同的是，安排了 6 个焊工同时逆向对称焊接，每次的焊接长度为 500mm。先进行连接板与低压外下缸的焊接，然后再进行凝汽器与连接板的焊接，焊接顺序如图 3-4 所示。

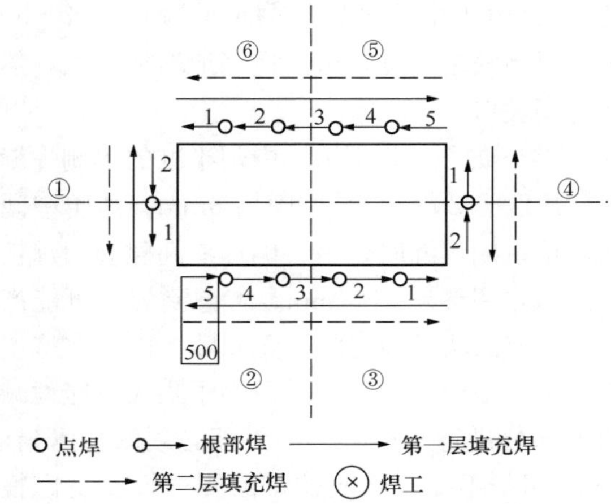

图 3-4　低压外下缸与凝汽器的焊接示意图

低压外下缸与凝汽器焊接结束后，吊走外上缸，测量外下缸的拼装几何尺寸，与焊接前比较，焊接后变形量完全在预控目标之内，见表 3-2。

表 3-2 低压外下缸的拼装及焊接变形量 mm

低压缸编号	前后最大偏差	左右最大偏差	对角线最大偏差
1号	−5	+2	+3
2号	−4.5	+5	+3

四、低压外上缸的拼装和焊接工艺

低压外上缸分为前、中、后 3 部分，其中中间半缸又由左、右两半组成，其轴向及圆周方向均预留了约 100mm 的调整余量，中间半缸的水平中分面法兰需要在现场配制并焊接，其实际供货长度比设计也预留了约 100mm 的余量。

首先清理并打磨低压外上缸前后半缸的水平中分面和垂直中分面，将其分别吊到低压外下缸中分面上，检查并调整上、下半缸螺栓孔应无错位，同时检查低压外缸轴封处的径向及轴向是否有错位现象。然后紧固水平中分面螺栓，用塞尺检查上、下半缸中分面应无间隙。

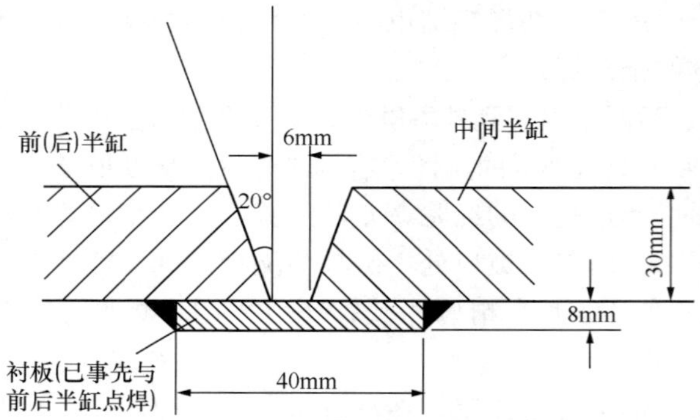

图 3-5 中间半缸与前后半缸之间的焊接示意图

测量中间半缸水平中分面法兰实际安装所需长度，并修整实际供货的中分面法兰长度，如图 3-5 所示。修整时应统一考虑法兰螺栓孔的位置及法兰实际长度，一般应对法兰两端各进行修整。由于在设计上，中间半缸水平中分面法兰与前后半缸的法兰轴向中间应无间隙，而且法兰的厚度为 80mm，所以对法兰的切割提出了很高的要求。为提高安装质量，采用机械切割的方法，并在切割法兰时，预留 1mm 的切割余量，在实际安装时进一步打磨修整，确保法兰之间无间隙，也保证了焊接质量。

接下来就可以拼装低压外上缸的中间半缸了，由于中间半缸轴向尺寸预留了 100mm，所以首先测量前、后半缸中间的空挡尺寸。为了提高安装精度，可以适当地增加测点，然后根据所测数据，修整中间半缸的轴向尺寸，并打磨坡口。

中间半缸与前后半缸之间的焊缝采用 V 形结构，如图 3-5 所示。中间半缸的单侧焊缝需要在现场打磨。根据 SIEMENS 设计要求，焊缝角度为 20°，焊缝间隙为 6mm。由于中间半缸的前、后两条焊缝不是同时焊接，考虑到在焊接单侧焊缝时，另一侧焊缝间隙会因焊接应力而增大，因此在焊接前，将另一侧的焊缝间隙事先调整到 3～4mm。考虑到焊接可能产生的变形，根据 SIEMENS 设计要求，中间半缸与中分面法兰面之间应无间隙。由于在施工现场修整中间半缸的圆周时，只能采用火焰切割，所以很难保证零间隙。为了最大可能地减小焊接变形量，一方面要求施工人员精确地对切割部分进行画线，另一方面必须派技术精湛、经验丰富的施工人员进行现场切割。而且，火焰切割不要一次到位，需要进行反复修整打磨，直至符合焊接要求。在焊接中间半缸与前后半缸前，为防止焊接过程中产生变形，在焊缝处每隔 2m 的位置安装了加强块。

首先焊接中间半缸与前半缸，然后再焊接中间半缸与后半缸。其焊接顺序为先每隔 500mm 进行点焊，然后由两名焊工同时对称进行根部焊接，最后进行填充焊，每次焊接的长度约为 1m。

最后焊接中间半缸水平中分面法兰，焊接工艺同上，焊接顺序为先点焊，然后焊接左侧法兰，再焊接右侧法兰，每次都由两名焊工同时在内外两侧对称逆向焊接，每次焊接长度为 900mm。由于焊接中间半缸水平中分面法兰是整个低压缸焊接中最重要、最关键的一步，如果焊接变形太大，最直接的后果就是汽缸中分面产生间隙，如果该间隙在紧固螺栓后无法消除，则必须将该法兰割除后重新焊接。所以，在焊接时一定要严格按照 SIEMENS 提供的焊接工艺卡进行。同低压外下缸焊接时一样，也采用了气铲对焊缝进行不间断地敲击的方法，以达到快速消除热应力的目的。另外，在焊接前，在汽缸与法兰之间安装了若干临时加强块，将焊接变形量控制在最小范围内。

低压外上缸拼装结束后，还要安装 2 个直径为 815mm 的防爆门、一个直径为 3129mm 的中低压联通管的套管以及 4 块 20mm 厚蝴蝶形加强板，所有这些都需要与低压外上缸焊接，其焊接工作量也很大。为了不使已经焊接成一体的外上缸发生扭曲变形，在焊接上述附件时，必须将低压外上缸与外下缸组合成一体进行焊接，而且严格按照 SIEMENS 提供的焊接工艺卡执行。

五、施工工艺

1. 膨胀节与低压缸连接方式

膨胀节与低压缸连接方式如图 3-6 所示。

2. 膨胀节与低压缸的焊接

膨胀节与低压缸的焊接形式如图 3-6 所示，需填充焊缝为①、②两部分。①为堆焊焊缝，②为连接焊缝。

对坡口及附近区域进行清理，清除掉铁锈、油污及氧化铁。在低压缸外侧点固垫板，如图 3-6 所示，垫铁尺寸为 25mm×3mm。

注意：只点固垫板与膨胀节连接处，如图 3-7 所示。

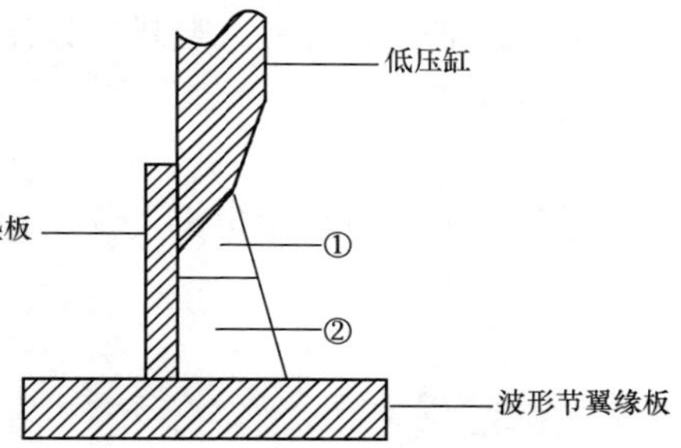

图 3-6　膨胀节与低压缸连接方式

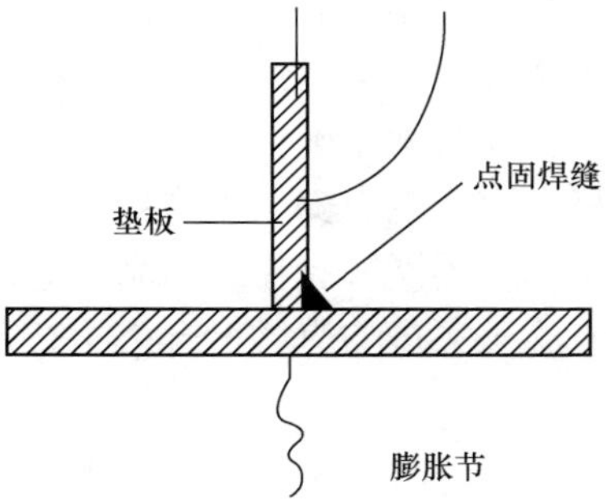

图 3-7　垫板与膨胀节连接处点固

（1）固定垫板时，在垫板上栽上 20 号钢铁丝，以便能拉紧垫板，使垫板与低压缸排汽管外壁接触良好，栽丝间距为 500mm。

（2）垫板点固好后，进行填充焊缝第①部分堆焊缝的焊接，由于该堆焊缝为在膨胀节翼缘上单面堆焊，堆焊填充量大，厚度在 10mm 以上，造成的变形量也很大，焊接变形是焊接生产中不可避免的，只能采取一定的方法来降低。所以要求堆焊时，要严格控制焊接输入线能量，采用小规范焊接，并采用分部退焊法，尽量降低焊接变形量。安排四名焊工按照图 3-8 所示的总体焊接方向同时进行堆焊，分层分道施焊，四名焊工所用的焊接范围和焊接速度基本保持一致，施焊时统一指挥。四名焊工用分布退焊法同时施焊相同焊接顺序号的焊缝，道与道之间必须停下来，等温度降下来以后再继续施焊。

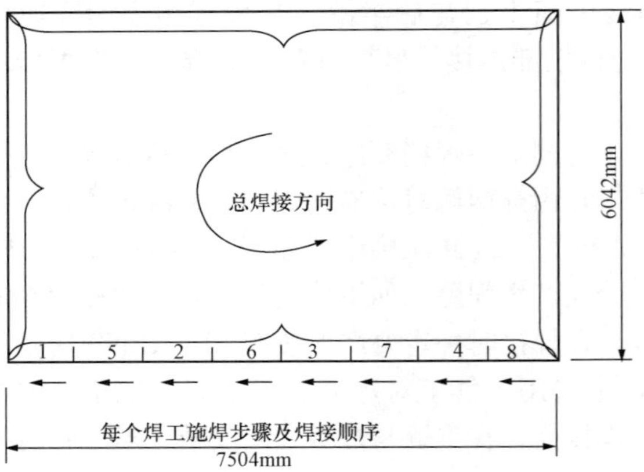

图 3-8　总体焊接方向

(3) 堆焊缝焊完后，进行第②部分连接焊缝的焊接，由于此焊缝焊接过程中极易引起低压缸的变形，应采取可靠的监督和防变形措施及降低焊接内应力措施。施焊前在低压缸台板四周支上百分表监视低压缸变形和位移，本体班派专人监视。当发现超标时（大于 0.05mm），应立即通知施焊人员停止焊接。同时支上百分表监视对轮变化并定时测量 A 转子扬度。施焊时，安排 4 名焊工同时施焊，其焊接方法同（1）。

(4) 焊接过程中，每道焊缝焊完后，应立即用锤击焊缝的方法减少焊接应力。

(5) 要求焊工要有极强的责任心，确保焊接质量，焊缝焊完后认真清理，将焊渣及烟尘附着物清除干净并认真进行自检。

(6) 设专人统一指挥，所有焊工同时施焊、同时停焊，防止对焊缝的不均匀加热产生不对称变形。

(7) 安全注意事项：

1) 施工人员施工过程中穿戴必须符合《电力安全工作规程》要求。

2) 凝汽器内照明采用 12V 行灯，并设专人监护。

3) 设有良好的排烟装置，以便将烟尘顺畅排出。

4) 施工用电动工具所使用的电源必须装有漏电保护器，并有专人监护，以防触电。

5) 高处作业必须正确使用安全带。

6) 严格遵守《电力安全工作规程》中的有关规定。

7) 施工场所周围如有易燃物品，应做好防火隔离措施，防止发生火灾。

8) 所有施工人员均应体检合格，有登高证。

第二节　主蒸汽等大管道焊接方案

主蒸汽管道由锅炉过热器出口联箱两端接出，先经过两路 ϕ559×108mm 的管道，通过大小头连接到 D_i349×72mm（D_i 为管道内直径）的管道，再直接接至两个主汽门。在主汽门进口前设置了高压旁路，经 D_i248×53mm 的管道和高压旁路控制阀至低温再热蒸汽管道接口。

主蒸汽及高压旁路系统的设计参数见表 3-3。

表 3-3　　主蒸汽及高压旁路系统设计参数

序号	名称	设计压力 (MPa)	设计温度 (℃)	管道材质	最小内径 (mm)	最小壁厚 (mm)
1	主蒸汽主管	27.6	6.10	A335P92	349	72
2	主蒸汽联络管	27.6	6.10	A335P92	248	53
3	高压旁路入口管	27.6	6.10	A335P92	248	53

T92/P92 材料是在 T91/P91 材料的基础上经过改良而发展起来的，与 T91/P91 相比，T92/P92 钢加入了钨，减少钼的含量以调整铁素体一奥氏体元素之间的平衡，并且加入了微量的合金元素硼。T91/P91 与 T92/P92 材料成分对比见表 3-4。

表 3-4　　T91/P91 与 T92/P92 材料成分对比　　%

钢材 \ 成分		C	Mn	Si	S	P	Cr	Mo	Ni	Nb	V	W	B	N
T91/P91	下限	0.08	0.30	0.20	—	—	8.00	0.85	—	—	0.18	—	—	0.03
	上限	0.12	0.60	0.50	0.01	0.02	9.50	1.05	0.40	—	0.25	—	—	0.07
T92/P92	下限	0.07	0.03	—	—	—	8.50	0.30	—	0.04	0.15	1.5	0.001	0.03
	上限	0.13	0.60	0.50	0.010	0.020	9.50	0.60	0.40	0.09	0.25	2.0	0.006	0.07

现场使用的 P92 钢是经过正火及回火处理的，其显微组织为回火马氏体组织（主要是 Fe/Cr/Mo 的碳化物及 V/Nb 的氮化物），是国内火力发电厂首次应用的一种新钢种，其许用应力见表 3-5。由于 W 的固溶强化和 Nb、V 的碳氮化物的弥散强化作用，与 T91/P91 相比，高温持久强度在 600℃下提高 30%～35%。在高温下（600℃及以上）可以有效地减低结构的设计壁厚，降低结构的整体重量。

表 3-5　　T91/P91 与 T92/P92 许用应力值　　MPa

项　目	566℃	593℃	600℃	621℃	649℃
T91/P91	89	71	66	40	30
T92/P92	103	94	91.5	70	48
T91/P91 与 T92/P92 比值	1.16	1.32	1.39	1.46	1.6

由于 T92/P92 的主要合金成分与 T91/P91 的主要合金成分差不多，其焊接工艺与 T91/P91 焊接工艺相当。但由于加入 W 等元素，它的焊接工艺过程控制比 T91/P91 要严格。

一、焊接操作工艺流程

焊接工艺流程如图 3-9 所示。

二、焊接操作工艺描述

主蒸汽管道焊口采用 GTAW＋SMAW 方法焊接，要求进行 2 层氩弧焊打底，氩弧焊打底及焊条填充第一层（道）时，为防止焊缝根部氧化，焊缝背部须进行充氩保护，焊接时采用小规范多层、多道焊接。焊接参数详见焊接工艺卡。

1. 对口前检查

（1）对口前，应将焊口每侧 15～20mm 范围管子内外壁的油、垢、锈、漆等清理干净，直至发出金属光泽。

（2）坡口处母材无裂纹、重皮、坡口损伤及毛刺等缺陷；每只焊口施焊前必须进行 PT 检验（检验范围坡口及其边缘 20mm 范围），检验合格后方可施焊。

（3）坡口加工尺寸符合图纸要求。

（4）对接管口端面应与管子中心线垂直，其偏斜度 $\Delta f \leqslant 2\text{mm}$。

2. 设置充氩堵头

（1）制作充氩工具，如图 3-10 所示。按管子规格内径裁剪铝板及保温棉规格，在对口前，将充氩工具放入管道内，两块堵板间距不小于 400mm，并平均分布在坡口两侧。两层氩弧焊和一层电弧焊焊接完成后再停止充氩。由于气室温度较高，因此，每次充氩前须检查堵板的密封程度，对不能起到密封作用的堵板应及时更换。

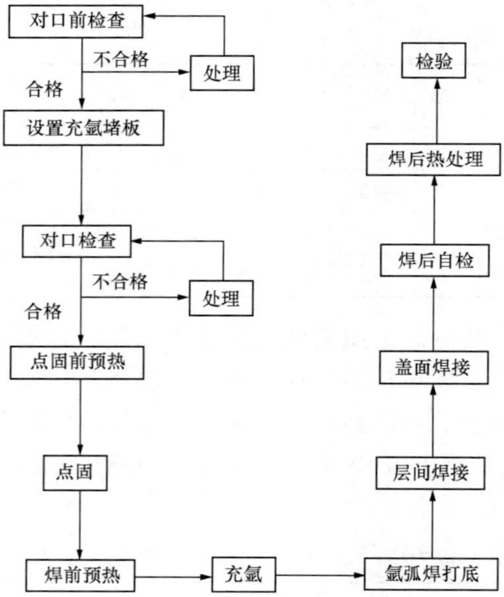

图 3-9 焊接工艺流程图

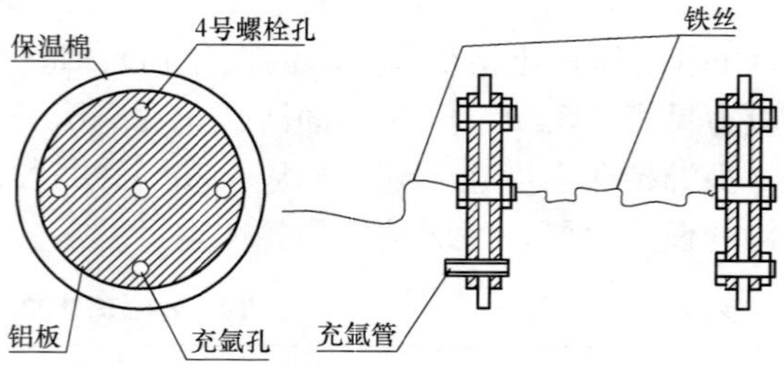

图 3-10 制作充氩工具

（2）用水溶纸在管子内壁进行封闭，形成密封气室。

（3）由于高空安装氩气搬运不方便，且消耗量较大，所以分别在锅炉和汽轮机侧设计专用充氩管道，氩气集中供应，待管道焊口安装完成后拆除。

（4）最后一只焊口的充氩。主蒸汽管道安装最后一只焊口一般设置为与主汽门连接的焊口。将主汽门阀芯抽出，从主汽门侧进行内部充氩。或在对口前用水溶纸将坡口两侧进行封堵，再进行充氩。

3. 对口检查

（1）对口前，应对坡口表面及内壁（离坡口边缘 20mm 范围）进行 PT 检验，确认无表面缺陷后方可对口。

（2）对口前应确认充氩用气室密封性完好。

（3）焊件对口时，一般应做到内壁齐平，如有错口，其局部错口值不应超过壁厚的 10%，且不大于 1mm；对口平直度小于或等于 3/200。

（4）对于错口值处理后达不到上述要求的，焊工应拒绝施焊。按有关程序进行过程确认，按不合格品相关程序处理后由技术员出具技术措施及交底后方可施焊。

(5) 对口间隙一般为3～4mm；采用摇摆滚动焊时，对口间隙可为4～5mm，过大或过小都应设法修整到规定尺寸，严禁强力对口或在间隙内加填塞物，更严禁利用热膨胀法对口。

4. 焊口点固

(1) 焊口点固时，采用塞块形式点固在坡口内，点固位置如图3-11所示，在现场施工时，可适当增加固定塞块，塞块数量以4～6块为宜，且基本对称布置。点固用焊材、焊接工艺、焊工资质与正式施焊相同。

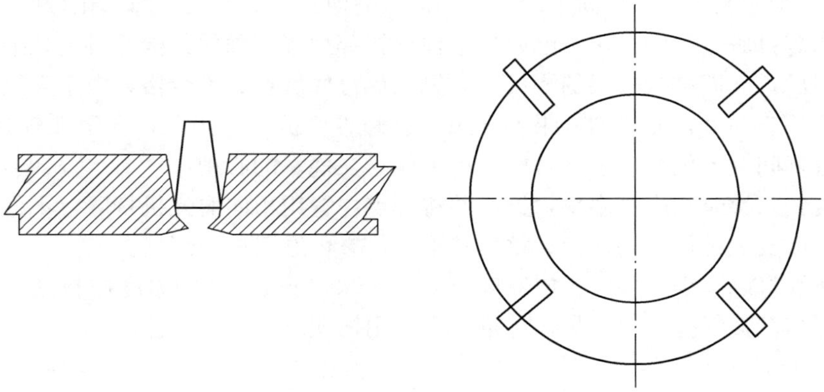

图3-11 焊口点固位置图

还可以采用夹模来固定焊口，但在弯头、三通等夹模比较难以适用的位置还需使用塞块。

(2) 点固用的定位塞块以SA335P92材料最宜。如果没有，应选用含碳量小于0.25%的钢材，如16Mn、钢20、12Cr1MoV等，在塞块与P92母材坡口接触的一面用MTS-6.16焊条进行堆焊，堆焊层不得少于2层，厚度不得小于5mm。

(3) 点固焊前适当进行（火焰）预热，预热温度为200～250℃。焊口点固完毕后检查点焊处，若发现缺陷应及时处理。

(4) 点固焊和施焊过程中严禁在被焊工件表面引燃电弧、试验电流或任意焊接临时支撑物。

5. 预热

焊口在施焊前应按照《华能玉环电厂P91、P92管道热处理作业指导书》的规定进行预热。预热方法采用电加热方式，氩弧焊打底时，预热温度为150～200℃（指坡口实测温度）。

6. 充氩

(1) 充氩前，将焊口处用耐高温金属胶带全部封上，待充氩一段时间后，撕开准备焊接的部位，以打火机或小纸片等方法，测试氩气是否充满密封气室。确认方法：在高温金属胶带上打一个小孔，将点燃的打火机火焰对准该小孔，打火机火焰迅速熄灭。或用小纸片放在小孔的上方，而不掉下（在试验时应防止烫伤），此时可认为密封气室氩气已充满。确认充满后，方可进行氩弧焊打底。

（2）充氩时，开始流量可为10～20L/min，在氩弧焊施焊开始后，充氩流量应保持在8～10L/min。

（3）在氩弧焊打底过程中，应经常检查气室中氩气的充满程度，随时调节充氩流量。

（4）氩弧焊施焊临近结束时，即氩弧焊封口时，由于气室内氩气均从此口冲出，因此，应减小充氩氩气流量，具体流量在实际施工中进行调节。

7. 氩弧焊打底

（1）焊丝为MTS-6.16ϕ2.4，具体焊接参数参见焊接工艺卡。

（2）引弧时应提前1.5～4s输送氩气，排除氩气输送皮管内及焊口处的空气；熄弧后，应适当延时5～15s熄气，保护尚未冷却的钨极及溶池，降低焊缝表面氧化程度。

（3）氩弧焊打底过程中，用手电筒仔细检查根部焊缝，确保无根部可见缺陷，打底完成后按工艺升温后，立即进行次层的焊接。若氩弧焊打底层检验不合格，由于充氩装置安装难度大，且充氩的空间大，充氩的效果不理想，返修难度极大。因此，在氩弧焊打底过程中，要求对认为有疑问的部位均应进行打磨，绝不能存在侥幸的心理。

（4）焊接到塞块时，应将塞块除掉，并将焊点焊缝用角向磨光机打磨，不得留有焊疤等痕迹。经肉眼或放大镜检查确认无裂纹等缺陷后，方可继续进行焊接。

（5）氩弧焊打底至少2层，每层厚度应为2.8～3.2mm，层间温度控制在200～250℃。

（6）为提高氩弧焊打底的质量，尽量采用使用摇摆滚动焊的工艺。

8. 层间焊接及盖面焊接

（1）层间焊及盖面焊采用手工电弧焊方法。预热温度升温至200～250℃后进行焊接。

（2）采用两人对称焊接。

（3）施焊过程中应始终保持层间温度为200～300℃。

（4）施焊时，应严格控制线能量，一般在20kJ/cm范围之内。

（5）单层焊道的厚度不大于所用焊条直径，尽可能采用细条窄道焊。

（6）摆动焊宽度不大于所用焊条直径的3倍。

（7）多层多道焊接头应错开，严禁同时在一处收弧，以免局部温度过高影响施焊质量。

（8）注意层间清理，焊接中应将每层焊道接头错开10～15mm，同时注意尽量焊得平滑，便于清渣和避免出现“死角”。每层（道）焊缝焊接完毕后，应用磨光机或钢丝刷将焊渣、飞溅等杂物清理干净（尤其应注意中间接头和坡口边缘），经自检合格后，方可焊接次层。

（9）主蒸汽管道焊口在焊接被迫中断时，应在中断过程中，始终保持250～300℃的温度，直至重新开始焊接，以防产生裂纹等缺陷。再焊时，应仔细检查并确认无裂纹后，方可按照工艺要求继续施焊。

（10）施焊中，注意接头和收弧的质量，收弧时应将熔池填满，避免出现弧坑。

（11）焊接过程中应注意避免保温材料等异物落入焊缝中。

9. 焊后自检

（1）焊口焊完后应及时将焊缝表面焊渣、飞溅等清理干净，对超标的外观缺陷进行打磨、补焊，补焊时的工艺要求与焊接时相同。

（2）经自检合格后在焊缝附近用油漆笔写上焊工本人的钢印代号。

（3）自检合格后应及时填报自检单，以利于金相及时检验。

10. 焊后热处理

(1) 焊缝完成焊接后，先缓慢冷却到80～100℃，恒温1～3h，确保整个接头区域温度均已降到M_s点以下，再进行焊后热处理。如因特殊原因不能立即进行焊后热处理时，则应在马氏体转变后，立即进行升温至300～350℃，恒温2h的后热处理。

(2) 热处理升降温速度。

1) DN349×72mm管道。

a. 升温速度：300℃以下时小于或等于120℃/h，300℃以上时小于或等于80℃/h。

b. 降温速度：300℃以上时小于或等于80℃/h，300℃以下时可拆除保温和加热器在静止的空气中冷却（或在保温层内冷却至室温）。

2) DN248×53mm管道。

a. 升温速度：300℃以下时小于或等于200℃/h，300℃以上时小于或等于110℃/h。

b. 降温速度：300℃以上时小于或等于110℃/h，300℃以下时可拆除保温和加热器在静止的空气中冷却（或在保温层内冷却至室温）。

(3) 热处理恒温温度为(760±10)℃。

(4) 恒温时间：DN349×72mm管道不小于8h，DN248×53mm管道不少于7h。

预热及热处理规范曲线示意如图3-12所示。

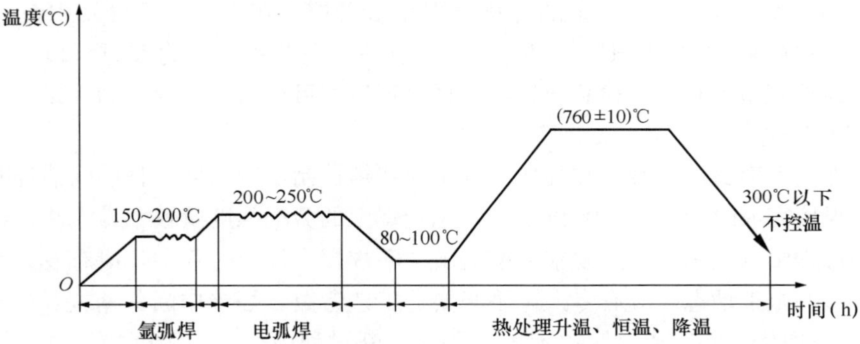

图3-12　预热及热处理规范曲线示意

三、焊接及热处理返工工艺

当焊接检验发现焊缝缺陷、硬度不合格或金相微观不合格时需要对焊缝或热处理进行返工。

1. 焊缝缺陷的返工

(1) 对焊缝缺陷准确定位（可借助超声波进行定位），其中包括缺陷所处的圆周位置、缺陷所在的深度、缺陷的种类、缺陷的大小等。采用机械打磨的方法对缺陷部位进行打磨，接近缺陷位置时，打磨力度需减小，打磨一下，检查一下，直至发现焊接缺陷并与检查结果相比较进行确认。

(2) 将缺陷全部打磨干净，若是氩弧焊打底产生的缺陷，须将焊缝全部磨通，磨通时，需注意间隙不可磨得太大，在将近磨通时，停止磨光机打磨，改用锯条锯开。确认缺陷打磨干净后，将打磨部位打磨成V形坡口状，坡口角度约为60°。

(3) 补焊时，焊接工艺与正常焊接时完全相同。必须对整只焊口进行包扎、预热，严格控制层间温度及工艺参数。当焊缝磨通时，需对管道内部进行充氩，充氩时采用管道两头封堵方式（可用水溶纸进行封堵）。

（4）当返修焊缝磨穿根部时，如无法进行内部充氩保护，则采用电焊直接进行修补。

（5）补焊完成后，立即进行热处理，热处理过程与正式施焊时相同。

（6）热处理完成后，重新进行焊缝检验及热处理硬度检查。

（7）同一位置的挖补次数不得超过两次。两次返工均未成功的，须将管道割除换管重新焊接。

2. 热处理返工

（1）热处理后硬度检查或金相微观不合格时，应分析其原因，如硬度偏低、δ铁素体含量超标或回火过度，原则上必须割口重新焊接；如硬度偏高且能断定系回火不足，可重新进行一次热处理。

（2）需对焊口重新进行热处理时，热处理工艺与正式施工焊时相同，但可从室温直接升温至恒温温度，不需进行 80～100℃的恒温。热处理结束后，重新进行检验，直至符合要求。

四、焊接质量控制及质量要求

1. 焊接见证点及停工待检点设置

为了检查、验证分项焊接施工的焊接过程是否受控，在焊接质检计划中设立过程控制点，即焊接过程控制 W 点及 H 点。主蒸汽管道第一只施焊的焊口为首只焊口，首只焊口焊接完成后，经外观检查和无损检验合格，办理签证后方可进行下只焊口的焊接。

2. 过程控制

由于主蒸汽管道材质特殊，在焊接过程中应严格控制层间温度，且层间清理时间长。通常 1 只焊口焊接完成时间需在 24h 以上，考虑到焊工的劳动强度及效率，无法连续施焊。因此，在焊接过程中可在满足一定要求的前提下中断焊接。焊接过程中，应有专人负责各方面协调工作，掌握施工动态。应有专人记录必要的工艺参数。焊接中断的前提：完成至少 3～4 层 SMAW 的焊接（即完成壁厚的 1/3）；焊接中断过程中，应采用电加热方式始终保持温度 250～300℃。

3. 质量标准

（1）外观质量检验要求。焊缝与母材应圆滑过渡，焊缝外形尺寸应符合设计要求，其允许尺寸应符合 DL/T 869—2012 规程Ⅰ类焊缝的要求，见表 3-6。

表 3-6　　Ⅰ类焊缝的要求

序号	质量类别	质量要求
1	焊缝余高	平焊 0～2mm，其他位置≤3mm，不允许低于母材
2	焊缝余高差	≤2mm
3	焊缝宽度	比坡口增宽＜4mm
4	咬边	咬边深度≤0.5mm；咬边总长≤1/10 焊缝总长，且≤40mm
5	表面裂纹、气孔、夹渣、未熔合	不允许
6	根部未焊透	不允许

（2）焊缝质量检验要求。

1）无损检验。主蒸汽管道在配管过程中不开 γ 孔，对射线探伤有难度，可采用超声波探伤。焊缝的无损探伤检验及评定详见 DL/T 820—2002《管道焊接接头超声波检验技术规程》。

2）硬度检验。焊接接头在焊后热处理后要求进行 100%硬度检验，硬度 HB 值在 180～250 质检为合格（最好在 195～250 之间）。

3）微观组织结构。检验比例为焊接接头数量的 10%，另对硬度超标的接头进行 100%检验。

4）技术文件。

a. 焊接工艺评定报告。

b. 焊接技术负责人、质量检验人员、焊工、热处理工的资质证明。

c. 焊接工艺作业文件，包括每层、道的设计图、设计工艺参数等。

d. 控制预热温度和层间温度的热电偶、加热器、保温材料布置图。

e. 焊接工艺程序控制记录表。

f. 焊后热处理相关记录表。

g. 质量检验记录。

第三节　受热面焊接施工方案

一、焊接方法

管子壁厚大于或等于 6mm 的焊接方法采用 GTAW/SMAW。管子壁厚小于 6mm 的焊接方法采用 GTAW。

二、焊接力能配备方案

（1）焊工配备方案见表 3-7。

表 3-7　　焊工配备方案　　人

焊接材料		焊接位置（37、38、39）	
		氩弧焊	氩弧焊/手工电弧焊
A	Ⅰ	8	12
B	Ⅰ	12	12
	Ⅱ	2	6
C	Ⅲ	6	4
全能焊工数		12	
焊工总数		38	

（2）电焊机具配备方案。共计约投入 70 台，分别布置在锅炉本体各焊接工作量集中的楼层。

三、焊前预热技术方案

（1）15CrMo 钢且厚度大于或等于 10mm 的管子预热温度为 100～200℃。

（2）12Cr1MoV 钢的管子预热温度为 150～250℃。

（3）采用火焰预热方法。

（4）施焊过程中，层间温度应不低于规定的预热温度的下限。

四、焊接工艺

（1）为减少焊接变形和接头缺陷，宜采取两人对称施焊。

（2）氩弧焊工艺。

1）点固焊的要求。采用内点固，沿圆周均匀分布 1～2 点，点固的材料应与母材相同。进行点固焊时，其焊接材料、焊接工艺、焊工和预热温度等应与正式施焊相同。

2）氩弧焊所使用的钨极为铈钨棒，型号为 WCe20，铈钨棒端头 6～10mm 长度应磨成 15°～25°的圆锥形。安装铈钨棒时，应使其置于喷嘴中心，不得偏斜，铈钨棒伸出喷嘴端面的长度为 6～10mm。

3）氩弧焊工艺参数见表 3-8。

表 3-8　　氩弧焊工艺参数

氩气流量（L/min）	焊丝规格	极性	焊接电流（A）	焊接电压（V）	焊接速度（mm/min）
7～9	ϕ2.5	正接	80～90	18～20	40～60

焊接不锈钢时管子内部采用充氩的方法保护封底层焊缝不氧化或过烧。引弧和收弧应在坡口内进行。引弧为短路接触式引弧，动作应轻捷，以防损伤钨棒。采取外填丝法，开始焊接时，先引发电弧加热母材，当呈现熔池后立即填丝，并使焊缝加厚，但焊接速度不宜过快。施焊时，送丝速度应与焊枪运动相适应。在坡口间隙较大的情况下，焊丝应跟着焊枪作横向摆动。焊丝熔化时，不得离开氩气保护区，以免高温氧化或产生气孔而影响焊接质量。

4）施焊过程中，应注意如下问题并及时采取措施：

a. 发现电弧不稳，应立即检查铈钨棒端头形状、氩气流量及焊接电流是否符合要求。

b. 发现裂纹、气孔等缺陷，应彻底清除，不得用熔化法消除缺陷。

c. 夹钨时，立即停止焊接将其清除，并更换钨棒。

d. 封底层厚度 3～4mm，检查合格后，方能进行盖面焊接。

e. 表面层焊接时，焊缝与母材应圆滑过渡，保证焊缝外表尺寸，整齐美观。

（3）手工电弧焊工艺。进行封底焊缝的次层盖面时，应选用较小的焊条直径或较小的电流焊接，以防止封底层焊缝烧穿。

手工电弧焊工艺参数见表 3-9。

表 3-9　　手工电弧焊工艺参数

焊条规格（mm）	极性	焊接电流（A）	焊接电压（V）	焊接速度（mm/min）
ϕ2.5	反接	80～90	18～20	40～60
ϕ3.2	反接	110～120	20～22	50～60

短弧焊，以防止产生气孔。采用多层焊，各焊层的接头应错开 10～15mm，每层焊缝的外表要平滑，便于清渣和避免出现死角。表面层焊接时，运条至两边应稍加停顿，防止咬边。焊缝与母材应圆滑过渡，保证焊缝外表尺寸，整齐美观。

五、热处理技术方案

（1）钢号为 15CrMo 且厚度大于 10mm 的热处理温度为 670～700℃，恒温 0.5h。

（2）钢号为 12Cr1MoV 且厚度大于 8mm 的热处理温度为 720～750℃，恒温 0.5h。

（3）钢号为 12Cr2MoWVB 且厚度大于 6mm 的热处理温度为 750～780℃，恒温 0.75h。

（4）升、降温速度为 300℃/h。

（5）温度在 300℃以下可不控制。

（6）安装管道冷拉口所使用的加载工具，需待整个焊口焊接和热处理完毕后方可卸载。

六、焊后检验方案

（1）焊工应对自己完成的焊缝进行 100%的外观检查并记录，发现缺陷及时修补，检查合格后申请质检员对外观进行专项检查。

（2）焊缝检验方法和比例见表 3-10。

表 3-10　焊缝检验方法和比例　%

外观检查	射线探伤	超声波探伤	硬度	光谱复查
100	100	25	5	10

（3）检验完成后及时反馈信息，整理报告。

（4）水压试验：管子安装完后整体进行水压试验。

七、返修处理方案

（1）焊接接头有超标缺陷时，可采取局部挖补或整口割除的方式进行返修处理。

（2）返修处理要求。返修必须彻底清除缺陷，但同一位置上的挖补次数一般不超过 3 次，中、高合金钢不超过两次。如挖补次数超出，则应割除重焊。

对于焊缝裂纹，在挖除后还应沿其延伸方向再磨 10～15mm，并不再发现任何缺陷。

挖除缺陷后应磨制出适当的坡口或过渡段，以避免出现焊接死角，产生新的缺陷。

补焊时，应采用与原焊接工艺相同的工艺。

需热处理的焊接接头，返修后应重做热处理。

补焊后重新进行检验。

八、质量验收标准

（1）焊缝外观应符合下列要求。

1）焊缝边缘圆滑过渡到母材，不允许低于母材表面。

2）外观检查焊缝合格标准见表 3-11。

表 3-11　外观检查焊缝合格标准　mm

焊缝余高	焊缝余高差	焊缝宽度差	咬边深度
≤3	≤2	＜4	≤0.5

3）焊缝表面不允许存在裂纹、未熔合、气孔、夹渣等缺陷。

4）焊缝外形尺寸符合图纸设计要求。

（2）焊缝无损检验结果的评定。

1）管道焊缝无损探伤按DL/T 821—2002《钢制承压管道对接焊接接头射线检验技术规程》要求Ⅱ级合格，评定检验员必须具有Ⅱ级及以上资格。

2）管道焊缝无损探伤按DL/T 820—2002《管道焊接接头超声波检验技术规程》要求Ⅰ级合格，评定检验员必须具有Ⅱ级及以上资格。

（3）热处理后焊缝的硬度应符合下列要求。

1）一般不超过母材布氏硬度HB加100。

2）合金总<3%，硬度HB值小于或等于270。

3）合金总3%～10%，硬度HB值小于或等于300。

（4）合金钢光谱复查与原材质相符。

九、质量保证措施

（1）贯彻公司质量方针，健全质量管理体系，行政领导抓质量，落实质量职责，层层把关。

（2）认真按工作程序施工，注重过程控制，做好各项记录并及时检查程序执行情况。

（3）执行质量奖罚办法，提高各级人员的质量意识。

（4）焊接技术员在项目开工前根据施工作业指导书对焊工进行技术交底，填写交底记录。

（5）施焊前认真进行对口检查，对口要求如下：

1）管子在组装前坡口表面及附近10～15mm范围的母材内、外壁的油、漆、垢、锈等清理干净，直至发出金属光泽。

2）对接管口端面应与管道中心线垂直，其偏斜度不得超过0.5mm。

3）管道对口时应做到内壁齐平，错口值不应超过壁厚的10%，且不超过1mm。

4）焊口的局部间隙过大时，应设法修整到规定尺寸，严禁在间隙内加填充物。

5）管道对口时应垫置牢固，以防止在焊接和热处理过程中产生变形和附加应力。

（6）预热温度通过测温笔控制。

（7）严禁在被焊工件表面引燃电弧、试验电流或随意焊接临时支撑物。

（8）保证受热面焊缝一次合格率的针对性措施：

1）在焊工一定的技能素质基础上保证其适应能力：合格焊工在施焊前进行与实际条件相适应的模拟练习，在经过折断面或射线检查符合要求后方可正式上岗焊接。

2）保证氩弧焊时的气体保护效果：每次使用前应检查氩弧焊工具气路严密性，锅炉受热面焊接要求使用的氩气纯度必须大于99.99%，锅炉各个焊接场所均要采取措施挡风、挡雨。

3）焊工在施焊前必须检查焊条的烘焙质量，不合格焊条坚决不用。焊接时焊条装在保温筒内，随用随取。进行管道焊接时，管内不得有穿膛风。

（9）防止错用焊接材料：焊接技术员在项目开工前编制施工任务单。焊工凭任务单领取焊材，结算工日。焊材管理员按任务单核对发放，回收焊材时注意与焊工任务单核对。

（10）每层焊完后都应认真清除药渣，焊口焊完后还要清除飞溅物，回收剩余焊材和焊条头。

（11）所有焊缝检验合格后，还要对焊缝外观进行修磨，然后在其表面刷清漆以防锈。

(12) 作业程序中上道工序符合要求后方准进行下道工序，否则禁止下道工序施工。

(13) 对业主或监理单位提出的意见及时进行整改、反馈，以不断改进自身的工作绩效。

第四节　超超临界塔式锅炉 T23 水冷壁

一、作业程序、方法和内容

1. T23 管对接焊口焊接

(1) T23 管焊口焊接采用全氩弧焊（GTAW），焊接时选用的焊丝必须经工艺评定合格。

(2) 焊接前的预热温度推荐为 150～200℃。预热方法为氧气-乙炔中性火焰加热方法，预热的宽度推荐从对口中心开始算，每侧不小于 100mm。火焰中心应在管子的轴向方向上均匀移动，以使管子能充分预热，管子的向火面和背火面都应进行预热。

(3) 采用远红外测温仪或测温笔进行检查预热温度，以确保焊前能达到所需的预热温度。

(4) 点固焊采用氩弧焊，点固焊位置在坡口跟部，焊后应检查各个焊点质量，如有缺陷应立即清除，重新进行点焊。点固焊采用同该焊缝相同的焊接工艺，否则须在正式焊缝焊接前进行打磨去除。

(5) 焊道排列根据实际管子的壁厚及坡口间隙进行，一般推荐尽可能采用多层、多道焊，同时建议每一焊道的厚度不宜超过焊材直径。焊接电流一般不超过 130A。

(6) 第一层焊缝完成焊接后应进行目视检查（尤其是在起、息弧点），经自检合格后，应及时进行次层焊缝的焊接，以防止产生裂纹。如检查发现任何裂纹等缺陷，必须清除后再焊接。

(7) 在进行次层（次道）焊缝的焊接前，可用测温笔或远红外测温计测量层间温度，层间温度建议不超过 300℃时可进行下一层（下一道）焊接。

(8) 为减少焊接变形和高空作业的危险性，宜采用两人对称焊接，对接焊口的熔敷金属应均匀。

(9) 施焊中，应特别注意接头和收弧的质量，收弧时应将熔池填满。上、下层的焊缝，以及同一层的两道焊缝的接头建议至少错开 10mm。

(10) 焊工完成对接焊口焊接后，进行焊渣清理并自检。焊完后立即用火焰加热方式进行后热，后热温度推荐为 200～400℃，加热时间建议至少 10min，加热范围建议为焊口侧各 150mm。完成后热工作，焊口向火面和背火面都覆盖硅酸铝保温棉，使焊口缓冷到室温。如果焊口焊接过程中断，应立即进行加热并缓冷到室温，重新恢复焊接前应再次进行预热。

(11) 焊接接头有超过标准的缺陷时，若缺陷长度不大于 1/4 管子的周长，建议采取局部挖补方式清除，反之建议割除重焊。但同一位置上的挖补次数一般不得超过两次。

2. T23 管的鳍片和镶嵌块焊接

(1) 鳍片及镶嵌块的材质均为 SA387-Gr12CL1，密封焊接要求坡口双面焊接，以保证焊透。焊接方法为手工电弧焊，焊条推荐为 GB/T 5118《热强钢焊条》中 E5515-B2 或 AWS SFA-5.5 E8018.B2，规格为 ϕ2.5（或 ϕ2.6）。

(2) 焊前用氧气-乙炔中性火焰进行预热，预热温度推荐为 150～250℃。

(3) 焊接时建议将焊接电流控制在推荐范围的中下限，尽可能采用多层、多道焊的方式进行焊接，每一侧（炉内侧或炉外侧）至少焊 2 道以上。层间温度建议控制在不超过 300℃。完成焊接后立即用火焰加热进行后热，后热温度推荐为 200～400℃，加热时间建议不少于 10min，加热范围为鳍片焊接长度。完成后热工作后覆盖硅酸铝保温棉进行缓冷。

(4) T23 管的镶嵌块材质为 SA387-Gr12CL1，按要求双面坡口焊接，以保证焊透。焊接方法为手工电弧焊（SMAW）。镶嵌块焊接应在完成焊口射线检验且检验结果合格后进行。镶嵌块焊接顺序为先焊接镶嵌块和鳍片的对接焊缝，镶嵌块的焊接部位必须打磨出坡口，镶嵌块和鳍片之间应焊透；然后再进行镶嵌块与 T23 管子之间焊接。镶嵌块焊接的起弧点和收弧点应位于鳍片上。

(5) 焊前用氧气-乙炔中性火焰进预热，预热温度推荐为 150～200℃。

(6) 镶嵌块焊接时应将焊接电流控制在推荐范围的中下限，层间温度推荐不超过 300℃，每一面焊两层。完成焊接后用火焰加热进行后热，后热温度推荐为 200～400℃，加热时间建议至少为 10min，加热范围建议至少为镶嵌块全部焊缝及其周围 50mm 范围内。完成后热工作后覆盖硅酸铝保温棉进行缓冷。

(7) 在进行鳍片和镶嵌块焊接时，若焊接中断应极力进行后热和并缓冷到室温，重新恢复焊接前应再次进行预热。

二、特殊结构安装焊缝焊接顺序推荐

嵌入扁钢与 T23 管子之间的角焊缝焊接顺序如图 3-13 所示（见文后插页）。

(1) 对位于标高 48～68m 处螺旋段转角处嵌入扁钢焊接顺序给予指导性建议如下：

1) 嵌入扁钢的焊接顺序优先原则建议如下：

先焊每一块嵌入扁钢与管屏上的扁钢之间的对接焊缝，再焊嵌入扁钢与 T23 管子之间的角焊缝。

2) 嵌入扁钢与 T23 管子之间的角焊缝焊接顺序优先原则建议如下：

按图 3-13 所示先按 1→2→3→4→5→6→7→8→9……的顺序焊接嵌入扁钢与 T23 管子之间的焊缝；再按 A→B→C→D→E→F……的顺序焊接嵌入扁钢与 T23 管子之间的焊缝；然后按 a→b→c→d→e……的顺序焊接嵌入扁钢与 T23 管子之间的焊缝，然后再按 (1) → (2) → (3) → (4) ……的顺序焊接嵌入扁钢与 T23 管子之间的焊缝，最后按 (A) → (B) → (C) → (D) ……的顺序焊接嵌入扁钢与 T23 管子之间的焊缝。在图 3-13 中 (A)、(B) ……等处嵌入扁钢建议事先一割为二，待所有嵌入扁钢与 T23 管子之间角焊缝全部完成并充分收缩变形后，最后完成此部位的扁钢对接焊缝。

(2) 垂直段水冷壁管屏上在标高 63m 附近的刚性梁安装支撑 16 块小排焊接顺序推荐。

1) 根据设计要求，每一块小排均有 16 根管子组成。

2) 先按照上述 (1) 要求进行对接焊口焊接。

3) 对接焊口经 RT、MT 检验合格后，开始镶嵌块的焊接，焊接时建议按以下要求进行：

a. 每一块镶嵌块的焊接按上述 (1) 进行。

b. 建议每一块小排由一名焊工完成施焊，施焊时应尽可能采用间隔跳焊、对称焊等手段进行，尽可能减少焊接应力。

(3) 塔式超超临界锅炉 T23 水冷壁刚性梁和吊耳角焊缝焊接操作细则。

1）焊前准备。

a. 焊前应检查刚性梁和吊耳的质量，避免强制装配，装配时注意刚性梁和吊耳与管屏间隙小于或等于 2mm，如果局部出现间隙过大，需先在刚性梁和吊耳上进行堆焊，然后修磨到实际所需形状，如不符合要求，应通知有关部门，待整改符合要求后方允许摆搭、施焊。

b. 焊前清理去除焊接区域及其周围 20mm 范围内的油、锈、水等影响焊接质量的污物。

c. 装配点焊采用手工电弧焊或氩弧焊。定位焊预热应与产品相同，定位焊应采用与产品相同的焊条或焊丝。

d. 焊条应按照有关规定进行烘干保温。焊工领取烘干后的焊条应立即置于干燥的有保温功能的焊条保温筒内，随用随取，每次领用的量不超过半天的工作量。

2）焊前焊工应按焊接工艺规程（WPS）的规定，调整好电源极性和焊接规范。

3）焊前预热至大于或等于 150℃。可以采用火焰方式移动加热，加热范围应包括焊接区域及其周围至少 200mm。单次预热的待焊区域不得超过半小时的焊接工作量。

4）焊接。

a. 按焊接工艺规程（WPS）规定的焊接材料采用手工电弧焊进行焊接，禁止采用药芯焊丝气体保护焊。

b. 定位焊焊缝长度不小于 10mm，焊前应按上述规定进行预热。如定位焊时预热有困难，可采用氩弧焊不预热，但此定位焊缝必须在正式焊接时清除干净。

c. 焊前焊工应对定位焊缝进行外观检查。如发现缺陷应将缺陷清除后再进行产品焊接。

d. 按焊接工艺规程（WPS）规定的焊接材料采用手工电弧焊进行焊接，焊接时采用多层、多道和小线能量焊，第一层焊条直径不得超过 $\phi3.2$，盖面层焊条直径不得超过 $\phi3.2$。

e. 焊接过程中应注意控制每道焊的焊缝厚度不超过焊条直径，起弧、收弧点应错开至少 10mm。收弧时注意回焊，避免弧坑裂纹产生。

f. 焊接时不允许大幅摆动，摆幅不得超过 3 倍焊条直径。

g. 焊接过程中应注意控制焊缝的成形，焊缝成形应平缓、圆滑过渡，尤其应注意不要出现咬边、焊缝成形突变等缺陷，以免产生应力集中。

h. 焊接过程中严格控制层间温度小于或等于 300℃。

i. 焊后立即后热缓冷处理，采用火焰方式移动加热至 200～300℃，保温 10min。随后用石棉布等保温材料覆盖缓慢冷却至室温。

5）焊后检查。

a. 焊后 100%目视检查和 100%MT 检查。

b. 热处理后 100%MT 检查。

三、作业结果的检查验收和达到的标准要求

1. 检查验收

（1）应重视焊接质量的检查和检验工作，实行焊接质量三级检查验收制度，贯彻自检与专业检验相结合的方法，做好验评工作。

（2）焊接质量检验，包括焊接前、焊接过程中和焊接结束后三个阶段的质量检查，应严格按照检验项目和程序进行。

（3）外观检查不合格的焊缝，不允许进行其他项目检查。

（4）返修焊口无损探伤为 100％射线检验。

（5）对于不合格的焊缝，应查明原因，采取对策，进行返修。返修后还应进行重新检验。

2. 质量标准

焊缝外观检查质量应符合下列要求。

（1）焊缝边缘应圆滑过渡到母材，焊缝外形尺寸应符合设计要求，其允许尺寸如下：

1）焊缝余高：

a. 平焊：0～2mm。

b. 其他位置：≤3mm。

2）焊缝余高差：

a. 平焊：≤2mm。

b. 其他位置：≤2mm。

3）焊缝宽度：

a. 比坡口增宽：＜4mm。

b. 每侧增宽：＜4mm。

（2）焊缝表露缺陷应符合如下：

1）裂纹、未熔合、根部未焊透、气孔、夹渣不允许。

2）咬边深度不大于 0.5mm，焊缝两侧总长度不大于焊缝全长的 10％且不大于 40mm。

3）根部凸出不大于 2mm。

4）内凹小于或等于 1.5mm。

（3）管子外壁错口值小于或等于 1.6mm。

3. 焊缝无损探伤检验及结果的评定

按 DL/T 821—2002《钢制承压管道对接焊接接头射线检验技术规程》Ⅱ级进行判定，属下列情况的应判为不合格：

（1）任何形式的裂缝或未熔合或未焊透。

（2）任何长度大于 4mm 的条形夹渣、气孔。

（3）任何一条直线上的夹渣，在 12δ（δ 为焊缝厚度）的长度内其累计长度大于 δ 的线状排列。除非夹渣间距大于 6L（L 为该组中最大缺陷的长度）。

（4）在 10mm×10mm 评定区域内圆形缺陷的累计点数超过 3 点。

（5）内凹深度大于壁厚的 15％或深度大于 2mm，长度大于焊缝总长的 30％。

第五节　射线作业方案

一、射线检验范围

每台机组汽轮机、锅炉承压部件共有安装焊口 76 000 余只，约是普通常规 600MW 机组的 2 倍。汽轮机、锅炉承压部件所有安装焊口均为受检焊口，采用射线检验时检验比例锅炉受热面小口径管道焊缝至少为 50％；有 γ 孔的管道焊缝为 100％；锅炉汽水中、大口径管道焊缝一般为 100％；汽轮机管道（四大管道）：高压给水和冷段为 100％，主蒸汽、热段管道因材质是 P92/P91，不适宜开 γ 孔，大部分焊口只能用超声波检验，其余均为 100％，对于壁厚大于或等于 70mm 的焊口进行分层透照。其他管道焊口、部件焊缝的射线检验按 DL/T 869—2012 规范或甲方要求进行。

二、检测人员和设备

1. 检测人员

(1) 凡从事射线检测的工作人员，必须经过专业培训，并经有关部门考试合格，取得与其工作相适应的资格证书后（现场射线检验人员须取得“放射人员工作证”和 RT-Ⅰ级或Ⅰ级以上资格证书，评片人员须取得 RT-Ⅱ级或 RT-Ⅱ级以上资格证书）方可从事该项工作。

(2) 射线检测人员应有良好的身体素质；且评片人员的矫正视力不得低于 1.0，并应每年检查一次。

(3) 从事射线评片的人员应能辨别距离 400mm 远的一组高为 0.5mm、间距为 0.5mm 的印刷字母。

2. 检测设备

(1) 主要检验机工具：

1) χ 射线机：2705EG-S2、300EG-S2、XXG-2505 型。

2) γ 射线机：DL-IIA（Ir192）、Se75 型及附属设备。

3) χ 射线机应有相应的曝光参数表，并经定期校验计量合格。

(2) γ 射线机应配有相应 γ 射线源的活度衰减表或衰减曲线图、曝光计算尺或电脑操作的曝光程序，并经定期计量鉴定。

(3) 探伤设备应按设备管理制度定期进行维护保养和检查，设备发生故障时，在维修正常前禁止使用。

三、检测流程

1. 检测准备

(1) 接受委托单，进行登记留存，明确委托检测的具体要求，落实检测人员。

(2) 查阅有关技术资料，明确检测依据和执行标准。

(3) 查明受检工件的材质、规格、结构、受检部位以及焊接接头的坡口形式、焊接方式、焊接工艺、热处理状况等。

(4) 选择合适的检测方法和曝光参数，确定相应的探伤灵敏度和工艺要求等。

(5) 检查受检部位的表面状况，焊接接头的表面质量（包括焊缝余高）应经外观检查合格，表面的不规则状态在底片上的图像应不掩盖焊接接头中缺陷或与之相混淆，否则应联系落实对表面进行适当处理。

(6) 工作现场脚手架、电源照明、安全防护等设施条件和准备工作应满足射线检测工作和防护的需要，雨天、大风等恶劣天气条件下不得进行露天或高空射线检验作业。

(7) 进行暗室处理条件、器材的准备和胶片的切装工作等。

(8) 准备与探伤有关的工具、附件及其他设施（支架、像质计、铅字码、铅质标记、胶带、铅板、防护用具、安全标志及安全防护设施等）。

2. 检测

(1) 确认射线检测的工件和部位，进行画线、编号、标识和记录。

(2) 透照方式的选取。

1) $\phi \leqslant 76$mm 钢管焊缝采用双壁双投影法，一次透照椭圆成像，并应选择较高的管电压。

2）76mm＜ϕ≤89mm 钢管焊缝采用双壁双投影法，分两次椭圆成像，透照角度每次偏转小于或等于 90°。

3）ϕ＞89mm 钢管焊缝可采用以下几种方法：

a. 双壁单投影法：射线源紧贴钢管外表面，且距离小于或等于 15mm，至少分 3 段透照，即每段对应的中心角应小于或等于 120°，适合用 γ 射线；射线源与钢管外表面距离大于 15mm，至少分 4 段透照，即每段对应的中心角小于或等于 90°，适合用 γ 射线或 χ 射线源。

b. 单壁单投：分段数取决于底片有效范围及透照厚度比（K 值），适合用 γ 射线或 χ 射线源。

4）非钢质材料的射线透照方法及其参数将依据 JB 4730《承压设备无损检测》。

（3）射线检验材料选择使用。

1）胶片：通常 AgfaC4 型胶片，如底片质量无法满足要求时应使用 AgfaD4 型胶片。用 γ 射线透照Ⅰ、Ⅱ类焊缝时应使用双胶片。常用胶片尺寸为 360mm×100mm、240mm×100mm、120mm×100mm。特殊情况可使用 360mm×120mm、240mm×120mm、120mm×120mm。

2）增感屏：通常采用铅箔增感屏，其厚度选用可参考表 3-12。

实际实用时，只要底片符合要求，可不完全参照表 3-12 中所列值。

表 3-12　　铅箔增感屏厚度选用表

<table>
<tr><th>χ 射线</th><th>前屏厚度（mm）</th><th>后屏厚度（mm）</th></tr>
<tr><td>＜120kV</td><td>—</td><td rowspan="3">≥0.10</td></tr>
<tr><td>120～250kV</td><td>0.025～0.125</td></tr>
<tr><td>＞250kV</td><td>0.05～0.16</td></tr>
<tr><td>Ir192</td><td>0.02～0.20</td><td>0.02～0.20</td></tr>
<tr><td>Co60</td><td>0.25～2.00</td><td>0.50～2.00</td></tr>
<tr><td>Se75</td><td>0.10～0.20</td><td>0.10～0.20</td></tr>
</table>

3）像质计：

a. ϕ＞89mm 的管道其对接焊缝透照采用 JB/T 7902《线型像质计》中规定的 R10 系列像质计。透照厚度 T_A≤16mm，应选用Ⅲ型；16mm＜T_A≤80mm，应选用Ⅱ型；T_A＞80mm，应选用Ⅰ型。

b. 通常像质计被放置于受检焊缝射线源一侧表面（被检区长度的 1/4 处），钢丝应横跨焊缝并与焊缝方向垂直，细丝置于底片外侧。像质计应尽可能正向、正面。

c. 放置使得字符与底片上其他标记字符一致。当射线源一侧无法放置像质计时，也可以放在胶片一侧的表面，但应放置铅字“F”，像质指数应提高一级或通过做对比试验，使实际像质指数达到规定的要求。

d. 分段曝光时每张底片都应放置像质计。采用中心透照环缝时，每隔 90°（中心角）放一个像质计。

e. 76mm＜ϕ≤89mm 的管子其对接焊缝透照采用 DL/T 821 中规定的Ⅰ型专用像质计。

像质计放置在射线源侧，紧贴管子横跨焊缝并与焊缝方向垂直。

f. $\phi\leqslant76$mm 的管子其对接焊缝透照采用 DL/T 821—2002 中规定的Ⅰ型或Ⅱ型专用像质计。Ⅰ型像质计放置在射线源侧，紧贴管子横跨焊缝并与焊缝方向垂直；Ⅱ型像质计置与焊缝中心，围绕全周。

g. 像质指数应根据透照厚度确定，并符合表 3-13 的规定。

表 3-13　　像质指数选用表

透照厚度 T_A (mm)		≤6	>6～8	>8～12	>12～16	>16～20	>20～25	>25～32	>32～50	>50～80	>80～120	>120～150	>150～175
像质指数	线编号	15	14	13	12	11	10	9	8	7	6	5	4
	线径（mm）	0.125	0.16	0.20	0.25	0.32	0.40	0.50	0.63	0.80	1.00	1.25	1.60

（4）射线源的选择。

1）$\phi\leqslant89$mm、壁厚小于或等于 6mm 的钢管焊缝使用 χ 射线透照，根据焦距和有效透照厚度来选取管电压值。

2）$\phi\leqslant89$mm、壁厚大于 6mm 的钢管焊缝优先选择使用 Se75 的 γ 射线透照。

3）$\phi>89$mm、壁厚小于 10mm 的钢管焊缝可选用 χ 射线或使用 Se75 的 γ 射线，壁厚 >10mm 的钢管焊缝一般选用 Ir192 的 γ 射线透照。

4）只要保证底片质量，当焦距、位置等情况特殊时，经工艺试验后可灵活选用 χ 或 γ 射线透照，但必须保证底片质量。

（5）透照主要参数。

1）透照厚度与焊缝形状、透照方法的对应关系见表 3-14。

表 3-14　　透照厚度计算公式选用表　　mm

透照厚度 T_A	透照方法	焊缝形状
T	单壁单影透照法	无余高
$T+2$		单面余高
$T+2+T_1$		单面余高、单面垫衬板 T_1
$2\times T$	双壁单影透照法	无余高
$2\times T+2$		单面余高
$2\times T+2+T_1$		单面余高、单面垫衬板 T_1
$T_A=0.8\sqrt{(D-T)}\times T+T$	双壁双影透照法	单面余高

注　T_A—透照厚度；T—管子（母材）壁厚；D—管子外径；T_1—垫衬板厚度。

2）透照焦距几何条件：透照焦距须满足底片几何清晰度要求。最小焦距参照 DL/T 821—2002 中的诺模图或由下式直接计算。

$$L_1\geqslant10dL_2^{2/3}$$

式中　d——有效焦点尺寸；

L_1——焦点至射源侧工件表面的距离；

L_2——胶片至射源侧工件表面的距离。

常用的χ射线机和γ射线源焦点尺寸见表 3-15。

表 3-15　　常用的χ射线机和γ射线源焦点尺寸选用表　　mm

型号	XXQ-2505	2705EG-S2	300EG-S2	Ir-192	Se-75
焦点尺寸	2×2	2×2	2.5×2.5	3×3	2.5×2.5

3）曝光参数选择。

a. χ射线检验曝光参数选择：根据试件的规格尺寸，现场透照的几何条件及该探伤机的曝光曲线（或图表、计算值）选择正确的曝光参数。一般情况下，对中、大径管焊接接头的射线透照，推荐采用 10～15mA·min 的曝光量；对于小径管对接焊缝，则应适当提高管电压，降低曝光量，以增加透照厚度宽容度。

b. γ射线检验曝光参数选择：正确掌握γ源当日的源活度，通过γ专用计算器综合其他参数选择焦距及曝光时间。

（6）防散射措施：为减少散射线的影响应采用适当的屏蔽方法以限制受照部位的受照面积；为避免从其他工件或胶片后方和侧面物体上产生的散射线对胶片的影响，可在暗盒后放置 2～3mm 厚的铅板。

（7）底片定位标记、编号、缺陷位置表示法及现场工件标记。

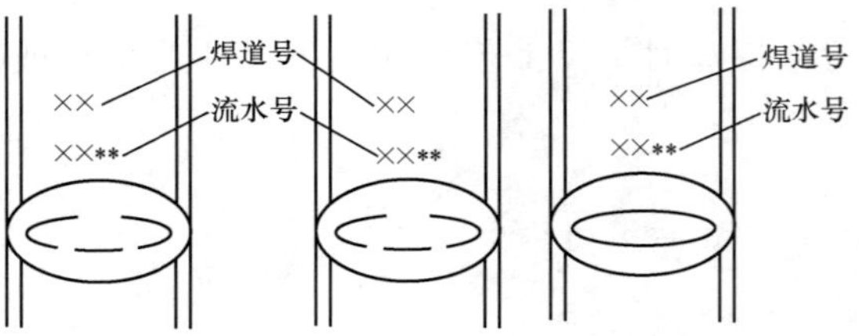

图 3-14　小口径底片编号示意图

1）$\phi \leqslant 89$ 管子采用椭圆成像时，射线机的倾斜角的投影方向是钟点定位法 12 点位置，在工件上用“↑”标明 12 点位置。当同一管子椭圆成像 90°两次透照时，第一次透照 12 点位置标“↑1”，第二次透照 12 点位置标“↑2”。对于椭圆成像编号有以下几种方法：

射线底片上应包括焊道号（分项号）、检验号，如图 3-14 所示，如 R3-57 表示 R3 焊道，57 检验号。检验号对于批量抽检的管子可采用流水号，但任务单及记录报告必须包括该检验号对应的管排号及焊口号；对于批量全检或单一的管子，检验号应与焊口号一致。

当同一底片并排有三个或以上焊口成像时，如确认其检验号是顺序排列的，允许只在左、右两侧管子上放置编号等标记。

当同一管子椭圆成像 90°两次透照时，检验号应有透照次数号，如检验号 23-1、23-2 分别表示 23 号焊口第一次及偏转 90°后的第二次透照。

检验号（流水号）中的 * 表示不同检验状态。

2）$\phi > 89$ 的管子对接环缝采用分段透照，放置搭接（定位）标记、底片编号，底片编号应包括焊道号（分项号）、焊口号、检验流水号，如图 3-15 所示。

a. 搭接（定位）标记：使用英文字母，字母“A”放在起始点。则流水号 01 的底片搭接标记就是 A、B，流水号 02 的底片搭接标记就是 B、C，依次类推；抽检的不连续底片的搭接标记应使用“↑”，一般还应增加中心定位标记“$\nleftrightarrow$”。

b. 检验流水号规定如下：有γ探伤孔的环缝规定以γ探伤孔正中为起点，人站在γ探

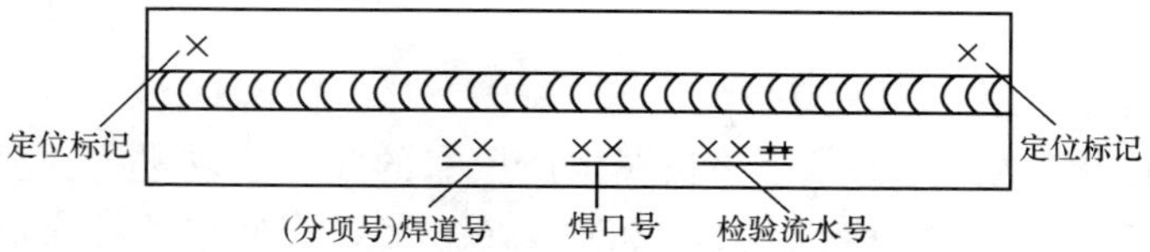

图 3-15　焊缝底片编号示意图

伤孔侧，面对焊缝，以顺时针方向为分段检验流水号递增方向；无γ探伤孔的环缝如吊焊管一般以平焊位置最高点为起始点；其他焊缝一般以炉后方向正中点起始点；特殊情况可另行指定。起始点须用钢印或记号笔在工件上标明；能确定介质流向的，以介质的流向为人观察方向，然后按顺时针方向递增流水号；暂时无法确定介质流向或介质流向不固定的，如是垂直方向管道，按俯视方向顺时针递增流水号；如是汽轮机侧的水平方向管道，按面向汽轮机方向顺时针递增流水号，锅炉侧的水平方向管道，按面向锅炉中心方向顺时针递增流水号，仍然无法判断方向的可随意确定。起始点及方向（或分段搭接标记）须在工件上用钢印或用记号笔标明。

3）流水号中的状态表示法：当焊口属于返修、加倍抽检等情况时，检验流水号后必须跟上状态标记：

状态标记为“R1”“R2”，则表示焊缝返修次数为 1 次、2 次。

状态标记为“JB”，则表示加倍抽检。

状态标记为“C”，则表示割管后的检验。

状态标记为“A”，则表示该批焊口已抽检 100％。

若（2）（3）（4）中有返修时可与（1）项叠加。

4）定位标记、识别标记和编号应离焊缝边缘 5mm 以上，排列整齐，不出现镜像，能在底片上清晰显示。像质计也不应出现镜像。

5）椭圆成像透照的缺陷位置采用钟点定位法表示，如图3-16所示。

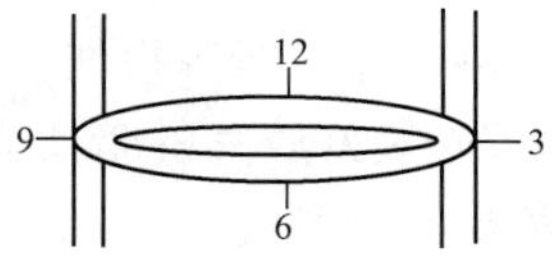

图 3-16　钟点定位法示意图

说明：

a. 射线机的倾斜角的投影方向是 12 点位置。

b. 评片方向是底片影像中铅字（底片编号）号码的正向。

c. 缺陷位置以相应的钟点表示，例如：1′表示缺陷在 1 点钟的位置；2.5′表示缺陷在 2 点钟与 3 点钟的中间位置；必要时超标缺陷应及时在工件上用记号笔标出。

6）非椭圆成像透照的缺陷位置表示方法如下：

a. 评片方向是底片影像中铅字（底片编号）号码的正向。

b. 缺陷位置用距左搭接标记的长度表示，例如：搭界标记为 AB 的底片，从 A 至 B 评定，既 A→130 表示缺陷所在区域边缘在搭接标记“A”右侧 130mm 处。↑→70 表示缺陷所在区域边缘在左侧搭接标记“↑”的右侧 70mm 处。有中心定位标记的，可以用正负数表示：如 ┼→ 110、┼→ －30 分别表示缺陷边缘位置分别在“ ┼→ ”的右侧 110mm 处、左侧 30mm 处。丁字焊缝纵向焊缝中的缺陷位置，用“⊥”表示：如⊥35 表示缺陷分别位于横向焊缝中线上方 35mm 处。

3. 暗室处理

(1) 暗室处理准备工作。

1) 显影液和定影液的配制必须严格按照生产厂家的配方要求进行。显影液使用后补充与添加，每次不得超过显影罐中液体总体积的2%或3%，当使用的补充液达到原显影液的2倍时，药液必须废弃。显影液的使用期限最长不得超过3个月。

2) 药罐在每次换新药时要充分清洗。显、定影罐清洗件（海绵或抹布）不能混用，显、定影罐不得更换使用。换液应作更换记录。

3) 显、定影液应按工作顺序放好，药液温度不能过高或过低，应用控温装置调节温度。手工洗片的最佳药液温度一般为18～22℃。

4) 暗室的条件和设施必须符合要求。每次暗室操作，均应关好门窗，放好隔光门帘、窗帘，检查暗室是否漏光，满足要求后方可操作。

5) 安全灯要可靠，应定期用切片余料检查安全灯的可靠性（未曝光的胶片分段在安全灯下置放一定时间后作暗室处理，通过观察各段胶片的灰雾度判别安全灯的可靠程度）。

(2) 胶片的切装。

1) 装片前应检查暗盒与增感屏，漏光的暗盒与有明显皱折、划痕等破损的增感屏都不能使用，前、后增感屏不能装反。

2) 根据检验项目要求选择相应型号和规格的胶片。

3) 胶片需作未曝光前的灰雾度抽查，灰雾度不超过0.3的胶片方可使用。

4) 胶片的裁切应带包装纸一道裁切，安排要合理，要尽可能提高胶片有效使用率。

5) 装片时打开所需规格的胶片包装，小心拿放胶片：用手指夹住片缘，去掉夹片纸，放入前、后增感屏中心，轻轻理齐，装入暗盒袋中（加盖）封闭，使其不漏光。逐盒操作，直至完毕。

6) 胶片切装过程中，手要保持干燥、洁净，手指不应触及药膜面，小心避免药膜面的擦、碰、压、折等损伤。

7) 装好胶片的暗盒应侧立存放，不可重叠堆放。使用中不得折弯、挤压、摔掷和曝晒，避免高温和潮湿。

(3) 胶片的暗室处理。

1) 显影。

a. 现场送交暗室的暗盒应先进行清理。

b. 暗室条件下，打开暗盒，将增感屏和胶片同时抽出。分开增感屏，手指夹住片缘取出胶片，放入洗片夹内（切不可从增感屏中抽出胶片，以免胶片擦伤和静电感光）。

c. 洗片夹放入显影槽、罐后应频繁抖动（最初1min内尤为重要），保持胶片膜面的药液流动更新，以使显影均匀。

d. 显影的时间应控制在胶片规定的时间范围内，严禁用缩短或延长显影时间的方法进行“补救”曝光参数的不当。

2) 停显。

a. 片夹自显影液中取出后，应在其上方停留2～3s，以使滞留药液流离片夹。

b. 用水将其上面的显影液冲洗干净（若不停显，应适当延长时间）。

放入按胶片生产厂推荐配方的停显液中停显1min（停显液的温度应与显影温度相近）。

3）定影。

a. 停显后的底片放入定影液中先晃动 30s，然后间歇晃动定影。

b. 定影时间应为通透时间的 2 倍。

4）水洗：底片定影后应放入固定水槽内水洗，底片垂直放入水中，水应从底向上溢，冲洗时间不少于 20min，水温一般为常温。

（4）底片干燥：底片干燥方法可采用自然晾干（红外灯辅助）或干片机干燥，采用干片机干燥的干燥温度一般不超过 60℃。

4. 观片评定

（1）评定人员和环境要求。

1）观片评判人员和审核人员必须是有射线探伤Ⅱ级或更高一级资质的人员担任。

2）应在专用评片室内评片；评片室内的光线应满足观片评定的要求，室内照明用光不得在底片上产生反射。

3）观片灯最大亮度应不小于 100 000cd/m^2 且观察的漫射光亮度应可调；对不需要观察或透光量过强的部分应采用适当的遮光板屏蔽强光。照明区域应能遮蔽至所需的最小面积。透过底片的亮度不应小于 30cd/m^2。

（2）底片质量。

1）底片标记、编号正确、齐全、整齐清晰，焊缝影像完整。

2）底片有效评定范围内的黑度，χ 射线应在 1.5～3.5（包括固有灰雾度）范围内；γ 射线应在 1.8～3.5（包括固有灰雾度）范围内。

3）底片上必须清晰显示出与像质指数对应的金属丝影像，在焊缝影像上，应能清晰地看到对应金属丝的影像长度不小于 10mm，Ⅰ型应显示 3 根及 3 根以上。

4）几何不清晰度要符合要求，底片应清晰，灰雾度小，底片上不允许出现较黑的背影上“B”的较淡影像。

5）底片有效评定区域内不应有因胶片处理不当引起的假缺陷或其他妨碍底片评定的假缺陷。

6）对出现的废片，应查明原因。采取相应纠正预防措施，予以重拍。

（3）对接焊接接头质量分级和验收。

1）对接焊接接头经射线检测的质量分级和验收，必须根据有关图纸、工程合同或相关技术协议等规定的执行标准进行。

2）评片人员应根据规定的执行标准将射线检测的焊接接头质量评定的级别、缺陷性质和尺寸在评定记录上填写清楚并签名，送交复评和审核。审核人员应对评片人员的评定结果进行复核并签名。

3）对焊接接头质量分级中的超标缺陷，及时签发返修通知单，送报有关单位责任人，按规定程序进行返修、处理。

4）返修焊缝的复检：如属于抽捡，应对该焊工当日的同一批焊口按不合格焊口数加倍检验，加倍检验中再有不合格时，则该批焊口评为不合格。返修焊口的复检和加倍按原工艺进行，且碳钢或低合金钢同一部位返修不得超过三次，中高合金钢同一部位返修不得超过二次。

5. 记录和报告

(1) 检测人员应及时做好检测原始记录，检测原始记录应包含以下内容：

检测依据（委托单编号）、检测仪器设备名称/型号、检测主要参数、评片记录、检测人员签字、检测日期、审核人员等。检测过程中如发生异常现象或意外情况，就在检测原始记录中注明。

(2) 原始记录应经由RTⅡ级或RTⅢ级的射线检验人员或无损检测工程师审核，交数据管理人员录入金属监督软件，数据管理员录入完毕后仍需妥善保管原始记录，以备查或复核之用。

(3) 检验报告录入后及时打印，并交检验人员及审核人员确认签字。

6. 安全文明施工

(1) 施工前对所有参与检验的人员进行安全技术交底，所有参检人员都必须牢固树立“安全第一、预防为主”的思想意识，严格遵守和执行有关安全文明生产的各项规章制度。

(2) 对特殊场合（如锅筒、容器内）的检测施工，必须制定专项安全技术措施。并在检测实施前，对参检、配合人员进行安全教育和安全技术措施交底。

(3) 射线检验须签发流程卡，γ射线检验还须在流程卡加盖“γ射线准用章”，规范并控制每一步检验工序。

(4) 安全员不定期地进行现场检查，及时记录。定时作出统计，分析原因，提出改进建议或拟定措施。

(5) 射线检测人员尽量避免射线的直接照射和散射对人体的影响，应配备剂量仪或其他剂量测试设备，以测定工作环境的射线照射量和个人受到的累计剂量。γ射线检测操作中，每次都应测定工作场所和γ射线源容器附近的射线剂量，以便了解射源位置，免受意外照射。

(6) 射线检验前必须在警戒区域拉警戒绳，悬挂警告牌，夜间施工时，需设置闪烁警告灯。射线检验结束后，需及时撤下射线施工警戒设施。

(7) 射线仪器设施的保管、保养及使用，遵循“金属试验室管理手册”的相关要求。

(8) 坚持安全文明、禁止野蛮言行。人人有权制止和上报安全违章、不文明施工的行为和现象。自觉做好施工现场安全生产、文明施工各方面的工作，包括器材的回收整理，工件、场地的清扫等。做到工完、料尽、场地清，施工环境安全文明、卫生整洁。

第四章

基建、运行、检修金属监督

第一节　基建监督项目策划与管理

一、金属监督的依据

随着电力体制改革的深入，国家技术监督部门对电力行业金属监督要求越来越严，监督检查的主要依据是《锅炉安全技术监察规程》《固定式压力容器安全技术监察规程》以及电力行业相关标准。对于电力建设的锅炉、压力容器、压力管道安装，既要满足《锅炉安全技术监察规程》和《固定式压力容器安全技术监察规程》，又要满足电力行业相关标准的要求。对于钢结构的焊接，首先依据图纸要求，图纸无要求时按照国家现行或行业标准执行。对于业主提出的超规范质量要求，必须有业主和施工单位协商解决。

1. 执行的质量验收标准

(1)《中华人民共和国特种设备安全法》。

(2)《特种设备安全监察条例》(国务院第549号令)。

(3) TSG 0001—2012《锅炉安全技术监察规程》。

(4) TSG R0004—2009《固定式压力容器安全技术监察规程》。

(5) DL/T 5190.2—2012《电力建设施工技术规范　第2部分：锅炉机组》。

(6) DL/T 5190.3—2012《电力建设施工技术规范　第3部分：汽轮发电机组》。

(7) DL/T 5190.4—2012《电力建设施工技术规范　第4部分：热工仪表及控制装置》。

(8) DL/T 5190.5—2012《电力建设施工技术规范　第5部分：管道及系统》。

(9) GB 50205—2012《钢结构工程施工质量验收规范》。

(10) GB 50128—2014《立式圆筒形钢制焊接储罐施工规范》。

(11) GB 5310—2008《高压锅炉用无缝钢管》。

(12) GB/T 20410—2006《涡轮机高温螺栓用钢》。

(13) DL/T 869—2012《火力发电厂焊接技术规程》。

(14) DL/T 715—2015《火力发电厂金属材料选用导则》。

(15) DL/T 785—2001《火力发电厂中温中压管道(件)安全技术导则》。

(16) JB/T 3375—2002《锅炉用材料入厂验收规则》。

(17) JB/T 1611—1993《锅炉管子制造技术条件》。

(18) JB/T 3595—2002《电站阀门一般要求》。

(19) JGJ 82—2011《钢结构高强度螺栓连接技术规程》。

（20）DL/T 678—2013《电力钢结构焊接通用技术条件》。

（21）DL/T 438—2009《火力发电厂金属技术监督规程》。

（22）DL 473—1992《大直径三通锻件技术条件》。

（23）DL/T 515—2004《电站弯管》。

（24）DL/T 531—1994《电站高温高压截止阀闸阀技术条件》。

（25）DL/T 695—2014《电站钢制对焊管件》。

（26）DL/T 752—2010《火力发电厂异种钢焊接技术规程》。

（27）DL/T 850—2004《电站配管》。

（28）DL/T 922—2005《火力发电用钢制通用阀门订货、验收导则》。

（29）DL/T 939—2016《火力发电厂锅炉受热面管监督检验技术导则》。

（30）DL/T 1113—2009《火力发电厂管道支吊架验收规程》。

2. 执行的试验标准

（1）GB/T 232—2010《金属材料 弯曲试验方法》。

（2）GB/T 229—2007《金属材料 夏比摆锤冲击试验方法》。

（3）GB/T 228—2010《金属材料 拉伸试验》。

（4）GB/T 3632—2008《钢结构用扭剪型高强度螺栓连接副型式尺寸》。

（5）GB/T 3632—2008《钢结构用扭剪型高强度螺栓连接副技术条件》。

（6）GB/T 222—2006《钢的成品化学成分允许偏差》。

（7）GB/T 2975—1998《钢及钢产品力学性能试验取样位置及试样制备》。

（8）DL/T 821—2002《钢制承压管道对接焊接接头射线检验技术规程》。

（9）DL/T 820—2002《管道焊接接头超声波检验技术规程》。

（10）NB/T 47013—2015《承压设备无损检测》。

（11）DL/T 439—2006《火力发电厂高温紧固件技术导则》。

（12）DL/T 694—2012《高温紧固螺栓超声波检测》。

（13）DL/T 441—2004《火力发电厂高温高压蒸汽管道蠕变监督规程》。

（14）DL/T 884—2004《火电厂金相检验与评定技术导则》。

（15）DL/T 991—2006《电力设备金属光谱分析技术导则》。

（16）GB/T 11345—2013《焊缝无损检测 超声检测技术、检测等级和评定》。

（17）GB 150—2011《压力容器》。

二、金属监督的范围

（一）汽轮机部分

1. 资料审查项目

对汽轮发电机转子大轴、叶轮、叶片、喷嘴、隔板和隔板套等部件，基建安装时应进行以下资料审查：

（1）制造商提供的部件质量证明书有关技术指标应符合现行国家或行业技术标准；对进口锻件，除应符合有关国家的技术标准和合同规定的技术条件外，应有商检合格证明单。

（2）转子大轴、轮盘、叶轮及护环的技术指标包括：

1）部件图纸。

2）材料牌号。

3）锻件制造商。

4）坯料的冶炼、锻造及热处理工艺。

5）化学成分。

6）力学性能：拉伸、硬度、冲击、脆性形貌转变温度 FATT50 或 FATT20（对护环不要求 FATT）。

7）金相组织、晶粒度。

8）残余应力测量结果。

9）无损探伤结果。

10）发电机转子电磁特性检验结果。

11）几何尺寸。

12）转子热稳定性试验结果。

13）叶轮、叶片等部件的技术指标参照上述指标可增减。

2. 汽轮发电机检验项目

（1）对汽轮发电机转子、叶轮、叶片、喷嘴、护环、隔板和隔板套等部件的完好情况、是否存在制造缺陷进行检验，对易出现缺陷的部位进行重点检查。外观质量检验主要检查部件表面有无裂纹、严重划痕、碰撞痕印，依据检验结果做出处理措施。

（2）若制造商未提供转子探伤报告或对其提供的报告有疑问时，应对转子进行无损探伤。

（3）对转子大轴进行圆周和轴向硬度检验，圆周不少于 4 个截面且应包括转子两个端面，每一截面周向间隔 90°进行硬度检验。同一圆周的硬度值 HB 偏差不应超过 30，同一母线的硬度值 HB 偏差不应超过 40。

（4）各级推力瓦和轴瓦的超声波探伤，应检查是否有脱胎或其他缺陷。

（5）镶焊有司太立合金的叶片，应对焊缝进行无损探伤。

（6）对隔板进行外观质量检验和表面探伤。

（二）锅炉部分

（1）凡是受监范围的合金钢材料及部件，在基建安装时，应验证其材料牌号，防止错用。基建安装前应进行光谱分析，确认材料无误，方可投入运行。

（2）对受监范围的受热面管子，应根据 GB 5310—2008 或相应的技术标准，对管材质量进行检验监督。主要检验管子供应商的质量保证书和材料复检记录或报告，进口管材应有商检报告。报告中应包括：

1）管材制造商。

2）管材的化学成分、低倍检验、金相组织、力学性能、工艺性能和无损探伤结果应符合 GB 5310—2008 中相关条款的规定，进口管材应符合相应国家的标准及合同规定的技术条件。

3）奥氏体不锈钢管应做晶间应力腐蚀试验。

4）管子表面不允许有裂纹、折叠、轧折、结疤、离层、撞伤、压扁及较严重腐蚀等缺陷，视情况对缺陷管进行处理（打磨或更换）；处理后缺陷处的实际壁厚不得小于壁厚偏差所允许的最小值且不应小于管子的最小需要壁厚。

5）管子内外表面不允许有大于以下尺寸的直道缺陷：热轧（挤）管，大于壁厚的 5%，且最大深度为0.4mm；冷拔（轧）钢管，大于公称壁厚的4%，且最大深度为0.2mm。

（3）受热面管子基建安装前，首先应根据装箱单和图纸进行全面清点。检查制造资料、图纸，并对制作工艺和检验的文件资料进行见证（包括材料复检记录或报告、制作工艺、焊接及热处理工艺、焊缝的无损探伤、焊缝返修、通球检验、水压试验记录等）。

（4）受热面管制造商应提供以下技术资料，内容应符合国家、行业标准：

1）受热面管的图纸、强度计算书和过热器、再热器壁温计算书。

2）设计修改资料，制造缺陷的返修处理记录。

3）对于首次用于锅炉受热面的管材和异种钢焊接，锅炉制造商应提供焊接工艺评定报告和热加工工艺资料。

（5）膜式水冷壁的鳍片应选与管子同类的材料，蛇形管应进行通球试验和超水压试验。

（6）受热面管的制造焊缝，应进行100%的射线探伤或超声波探伤，对于超临界、超超临界压力锅炉受热面管的焊缝，在100%无损探伤中至少进行50%的射线探伤。

（7）受热面管子基建安装前，应进行以下检验：

1）受热面管出厂前，内部不得有杂物、积水及锈蚀；管接头、管口应密封。

2）管排平整，部件外形尺寸符合图纸要求，吊卡结构、防磨装置、密封部件质量良好；螺旋管圈水冷壁悬吊装置与水冷壁管的连接焊缝应无漏焊、裂纹及咬边等超标缺陷；液态排渣炉水冷壁的销钉高度和密度应符合图纸要求，销钉焊缝无裂纹和咬边等超标缺陷。

3）膜式水冷壁的鳍片焊缝应无裂纹、漏焊，管子与鳍片的连接焊缝咬边深度不得大于0.5mm，且连续长度不大于100mm。

4）随机抽查受热面管子的外径和壁厚，不同材料牌号和不同规格的直段各抽查10根，每根两点，应符合图纸尺寸要求，壁厚负偏差在允许范围内。

5）不同规格、不同弯曲半径的弯管各抽查10根，弯管的不圆度应符合JB/T 1611—1993的规定，压缩面不应有明显的皱褶。

6）弯管外弧侧的最小壁厚减薄率b［$b=(S_o-S_{min})/S_o$，S_o、S_{min}分别为管子的实际壁厚和弯头上壁厚减薄最大处的壁厚］应满足表4-1，且不应小于管子最小需要壁厚。

表4-1　　最小壁厚减薄率的选取

R/D	$1.8<R/D<3.5$	$R/D\geqslant3.5$
b	≤15%	≤10%

注　R、D分别为管子的弯曲半径和公称直径。

7）对合金钢管及焊缝按10%进行光谱抽查，应符合相关材料技术条件。对于合金元素含量大于5%的合金钢管，应及时将光谱检查造成的弧坑打磨光滑。

8）抽查合金钢管及其焊缝硬度。不同规格、材料的管子各抽查10根，每根管子的焊缝母材各抽查1组；硬度值应符合DL/T 438—2009的规定；若出现硬度异常，应进行金相组织检验。

9）低合金、不锈钢和异种钢焊缝的硬度分别按DL/T 869—2012和DL/T 752—2010中的相关条款执行。若硬度异常，应进行金属组织检查。

10）焊缝质量应做无损探伤抽查，在制造厂已做100%无损探伤的，则按不同受热面的焊缝数量抽查5/1000。

11）用内窥镜检查超超临界锅炉管子节流孔板是否存在异物或加工遗留物。

12）检查与联箱相连的受热面管口的清洁度，根据部位用反射镜或内窥镜进行检查。

（8）弯曲半径小于 1.5 倍管子公称外径的小半径弯管宜采用热弯；若采用冷弯，当外弧伸长率超过工艺要求的规定值时，弯制后应进行回火处理；对弯曲半径大于管子公称外径的奥氏体不锈钢弯管，冷弯后最好进行固溶处理。热弯温度应控制在要求的温度范围，否则热弯后也应重新进行固溶处理。

（9）锅炉受热面安装后应提供的资料包括 DL/T 939—2016 中的要求：

1）锅炉受热面组合、安装和找正记录及验收签证，受热面的清理和吹扫、安装通球记录及验收签证，缺陷处理记录，受压部件的设计变更通知单，材质证明书及复验报告。

2）有关安装的设计变更通知单、设备修改通知单、材料代用通知单及设计单位证明。

3）安装焊接工艺评定报告，热处理报告，焊接和热处理作业指导书。

4）现场组合、安装焊缝的检验记录和检验报告，以及缺陷处理报告。

（10）监理公司应按合同提供锅炉受热面相应的监理资料。

（11）锅炉受热面基建安装后的表面质量、几何尺寸按 DL/T 939—2016 要求，应符合以下标准：

1）管子应无锈蚀及明显变形，无裂纹、重皮及引弧坑等缺陷；施工临时铁件应全部割除，并打磨圆滑，未伤及母材；机械损伤深度应不超过管子壁厚下偏差值且无尖锐棱角。

2）管排等应安装平整，节距均匀，偏差小于或等于 5mm，管排平整度小于或等于 20mm，管卡安装牢固，安装位置符合图纸要求。

3）悬吊式受热面与烟道底部管间膨胀间距应符合图纸要求。

4）各受热面与包覆管（或炉墙）间距应符合图纸要求，无“烟气走廊”。

5）水冷壁和包覆管安装平整，水平偏差在±5mm 以内，垂直偏差在±10mm 以内；与刚性梁的固定连接点和活动连接点的施工符合图纸要求，与水冷壁、包覆管连接的内绑带安装正确，无漏焊、错焊，膨胀预留间隙符合要求。

6）防磨板与管子应接触良好，无漏焊，固定牢靠，阻流板安装正确，符合设计要求。

7）水冷壁、包覆管鳍片应选用与水冷壁管同类的材料。鳍片安装焊缝无漏焊、未熔合；扁钢与管子连接处焊缝咬边深度不得大于 0.5mm，且连续咬边长度不大于 100mm。

8）抽查安装焊缝外观质量，比例为 1%～2%，应无裂纹，咬边、错口及偏折度符合 DL/T 869—2012 要求；安装焊缝内部质量用射线探伤抽查并符合 DL/T 869—2012 要求，抽查比例为 1%。

9）炉顶管间距应均匀，平整度偏差小于或等于±5mm；边排管与水冷壁、包覆管的间距应符合图纸要求；顶棚管吊攀、炉顶密封铁件应按图纸要求安装齐全，无漏焊。

（12）基建安装焊缝的外观质量、无损探伤、光谱分析、硬度和金相组织检验以及不合格焊缝的处理按 DL/T 869—2012 中相关条款执行。

（13）作温度高于 400℃的联箱安装前，应做如下检验：

1）制造商应提供合格证明书，证明书中有关技术指标应符合现行国家或行业技术标准；对进口联箱，除应符合有关国家的技术标准和合同规定的技术条件外，应有商检合格证明单。

2）查明联箱筒体表面上的出厂标记（钢印或漆记）是否与该厂产品相符。

3）按设计要求校对其筒体、管座形式、规格和材料牌号及技术参数。

4）进行外观质量检验。

5）进行筒体和管座壁厚和直径测量，特别注意环焊缝邻近区段的壁厚。

6）联箱上接管的形位偏差检验，应符合相关制造标准中的规定。

7）对合金钢制联箱，逐件对筒体筒节、封头进行光谱分析。

8）对合金钢制联箱，按筒体段数和制造焊缝的20%进行硬度检验，所查联箱的母材及焊缝至少各选1处；对联箱过渡段100%进行硬度检验。硬度值应符合DL/T 438—2009的规定。一旦发现硬度异常，须进行金相组织检验。

9）对联箱制造环焊缝按10%进行超声波探伤，管座角焊缝和手孔管座角焊缝50%进行表面探伤复查。

10）检验联箱内部清洁度，如钻孔残留的“眼镜片”、焊瘤、杂物等，并彻底清除。

（14）对联箱筒体和管座的表面质量要求为：

1）筒体表面不允许有裂纹、折叠、重皮、结疤及尖锐划痕等缺陷，筒体焊缝和管座角焊缝不允许存在裂纹、未熔合、气孔、夹渣、咬边、根部凸出和内凹等缺陷，管座角焊缝应圆滑过渡。

2）对上述表面缺陷应完全清除，清除后的实际壁厚不得小于壁厚偏差所允许的最小值且不应小于筒体的最小需要壁厚。

3）筒体表面凹陷深度不得超过1.5mm，凹陷最大长度不应大于周长的5%，且不大于40mm。

4）环形联箱弯头外观应无裂纹、重皮和损伤，外形尺寸符合设计要求。

（15）联箱筒体、焊缝有下列情况时，应予返修或判不合格：

1）母材存在裂纹、夹层或无损探伤存在其他超标缺陷。

2）焊缝存在裂纹、未熔合及较严重的气孔、夹渣，咬边、根部内凹等缺陷。

3）筒体和管座的壁厚小于最小需要壁厚。

4）筒体与管座形式、规格、材料牌号不匹配。

（16）联箱安装焊缝的外观、光谱、硬度、金相和无损探伤的比例、质量要求按DL/T 869—2012中的规定执行。硬度值应符合DL/T 438—2009的规定；如发现硬度异常，则应进行金相组织检验。

（17）联箱安装封闭前，应用内窥镜进行联箱清洁度检验。

（18）联箱要保温良好，严禁裸露运行，保温材料应符合设计要求。运行中严防水、油渗入联箱保温层；保温层破裂或脱落时，应及时修补；更换的保温材料不能对管道金属有腐蚀作用；严禁在联箱筒体上焊接保温拉钩。

（19）安装单位应向电厂提供与实际联箱相对应的以下资料：

1）联箱型号、规格、出厂证明书及检验结果；若电厂直接从制造商获得联箱的出厂证明书，则可不提供。

2）安装焊缝坡口形式、焊接及热处理工艺和各项检验结果。

3）筒体的外观、壁厚、金相组织及硬度检验结果。

4）合金钢制联箱筒体、焊缝的硬度和金相检验结果。

5）合金钢制联箱筒体、焊缝的光谱检验记录。

6）代用材料记录。

7）安装过程中异常情况及处理记录。

（20）监理单位应按合同要求提供相应的监理资料。

（三）管道部分

（1）国产管件和阀门应满足以下标准：弯管的制造质量应符合 DL/T 515—2004 的规定；弯头、三通和异径管的制造质量应符合 DL/T 695—2014 的规定；锻制的大直径三通应满足 DL/T 473—1992 的技术条件；阀门的制造质量应符合 DL/T 531—1994、DL/T 922—2005 和 JB/T 3595—2002 的规定。

（2）受监督的管子和管件，在工厂化配管前应进行如下检验：

1）钢管表面上的出厂标记（钢印或漆记）应与该制造商产品标记相符。

2）100％进行外观质量检查。钢管内外表面不允许有裂纹、折叠、轧折、结疤、离层等缺陷，钢管表面的裂纹、机械划痕、擦伤和凹陷以及深度大于 1.6mm 的缺陷应完全清除，清除处应圆滑过渡；清理处的实际壁厚不得小于壁厚偏差所允许的最小值且不应小于钢管最小需要壁厚。

3）钢管内外表面不允许有大于以下尺寸的直道缺陷：热轧（挤）管，大于壁厚的 5％，且最大深度大于 0.4mm。

4）钢管的壁厚和管径应符合设计和相关标准的规定。

5）对合金钢管逐根进行光谱分析，光谱检验按 DL/T 991—2006 执行。

6）合金钢按同规格根数的 50％进行硬度检验，每炉批至少抽查 1 根；在每根钢管的 3 个截面（两端和中间）检验硬度，每一截面在相隔 90°检查四点；硬度值应符合 DL/T 438—2009 的规定；若发现硬度异常，则应进行金相组织检验。

7）对合金钢管按同规格根数的 10％进行金相组织检查，每炉批至少抽查 1 根。

8）钢管按同规格根数的 50％进行超声波探伤，探伤部位为钢管两端头的 300～500mm 区段。

9）对直管按每炉批至少抽取 1 根进行以下项目的试验，确认下列项目应符合现行国家或行业标准及国外相应的标准：

a. 化学成分。

b. 拉伸、冲击、硬度。

c. 金相组织、晶粒度和非金属夹杂检查。

d. 弯曲试验。

e. 无损探伤。

（3）受监督的弯头/弯管，在工厂化配管前应进行如下检验：

1）查明弯头/弯管表面上的出厂标记（钢印或漆记）应与该制造商产品标记相符。

2）100％进行外观质量检查。弯头/弯管表面不允许有裂纹、折叠、重皮、凹陷和尖锐划痕等缺陷。

3）按质量证明书校核弯头/弯管规格并检查以下几何尺寸：

a. 逐件检验弯头/弯管的中性面/外/内弧侧壁厚、不圆度和波浪率。

b. 弯管的不圆度应满足：公称压力大于 8MPa 时，不圆度小于或等于 5％；公称压力小于或等于 8MPa 时，不圆度小于或等于 7％。

c. 弯头的不圆度应满足：公称压力大于或等于10MPa时，不圆度小于或等于3%；公称压力小于10MPa时，不圆度小于或等于5%。

4）合金钢弯头/弯管应逐件进行光谱分析，光谱检验按DL/T 991—2006执行。

5）对合金钢弯头/弯管100%进行硬度检验，至少在外弧侧顶点和侧弧中间测3点；硬度值应符合DL/T 438—2009的规定。

6）对合金钢弯头/弯管按10%进行金相组织检验（同一规格的不得少于1件）；若发现硬度异常，则应进行金相组织检验。

7）弯头/弯管的外弧面按10%进行探伤抽查。

8）弯头/弯管有下列情况之一时，为不合格：

a. 存在晶间裂纹、过烧组织、夹层或无损探伤发现其他超标缺陷。

b. 弯管几何形状和尺寸不满足DL/T 515—2004中有关规定，弯头几何形状和尺寸不满足DL/T 438—2009和DL/T 695—2014中有关规定。

c. 弯头/弯管外弧侧的最小壁厚小于按GB/T 9222计算的管子或管道的最小需要壁厚。

d. 金相组织为非正常热处理状态组织。

（4）受监督的锻制、热压和焊制三通及异径管，在配管前应进行如下检查：

1）三通以及异径管表面上的出厂标记（钢印或漆记）应与该制造商产品标记相符。

2）100%进行外观质量检查。锻制、热压三通以及异径管表面不允许有裂纹、折叠、重皮、凹陷和尖锐划痕等缺陷。三通肩部的壁厚应大于主管公称壁厚的1.4倍。

3）合金钢三通、异径管应逐件进行光谱分析，光谱检验按DL/T 991—2006执行。

4）合金钢三通、异径管按100%进行硬度检验。三通至少在肩部和腹部位置各测3点，异径管至少在大、小头位置测3点；硬度值应符合DL/T 438—2009的规定。

5）对合金钢三通、异径管按10%进行金相检验（不得少于1件）；若发现硬度异常，则应进行金相组织检验。

6）三通、异径管按10%进行表面探伤抽查。三通探伤部位为肩部和腹部外表面，异径管探伤部位为外表面，表面探伤按NB/T 47013—2015执行。

7）三通、异径管有下列情况之一时，为不合格：

a. 存在晶间裂纹、过烧组织、夹层或无损探伤发现其他超标缺陷。

b. 焊接三通焊缝存在超标缺陷。

c. 几何形状和尺寸不符合DL/T 695—2014中有关规定。

d. 最小实测壁厚小于最小需要壁厚。

e. 金相组织为非正常热处理状态组织。

（5）对验收合格的直管段与管件，按DL/T 850—2004进行组配，组配后的配管应进行以下检验，并满足以下技术条件：

1）几何尺寸应符合DL/T 850—2004的规定。

2）对合金钢管焊缝100%进行光谱检验和热处理后的硬度检验；若组配后进行整体热处理，应对合金钢管按10%进行硬度抽查，同规格至少抽查1根，硬度值应符合DL/T 438—2009的规定；若发现硬度异常，则扩大检验比例，且焊缝或管段应进行金相组织检验。

3）组配焊缝进行100%无损探伤。

4）管段上小径接管的形位偏差应符合 DL/T 850—2004 中的规定。

（6）受监督的阀门，安装前应做如下检验：

1）阀壳表面上的出厂标记（钢印或漆记）应与该制造商产品标记相符。

2）按质量证明书校核阀壳材料有关技术指标应符合现行国家或行业技术标准，特别要注意阀壳的无损探伤结果。

3）校核阀门的规格，并 100%进行外观质量检验。铸造阀壳内外表面应光洁，不得存在裂纹、气孔、毛刺和夹砂及尖锐划痕等缺陷；锻件表面不得存在裂纹、折叠、锻伤、斑痕、重皮、凹陷和尖锐划痕等缺陷；焊缝表面应光滑，不得有裂纹、气孔、咬边、漏焊、焊瘤等缺陷；若存在上述表面缺陷，则应完全清除，清除深度不得超过公称壁厚的负偏差，清理处的实际壁厚不得小于壁厚偏差所允许的最小值。

4）对合金钢制阀壳逐件进行光谱分析，光谱检验按 DL/T 991—2006 执行。

5）按 20%对阀壳进行表面探伤，至少抽查 1 件。重点检验阀壳外表面非圆滑过渡的区域和壁厚变化较大的区域。

（7）对已设计安装了蠕变变形测点的蒸汽管道，则按照 DL/T 441—2004 进行检验和处理。

（8）对工作温度大于 450℃的主蒸汽管道、高温再热蒸汽管道，应在直管段上设置监督段（主要用于金相和硬度跟踪检验）；监督段应选择该管系中实际壁厚最薄的同规格钢管，其长度约 1000mm；监督段同时应包括锅炉蒸汽出口第一道焊缝后的管段和汽轮机入口前第一道焊缝前的管段。

（9）在以下部位可装设蒸汽管道安全状态在线监测装置：

1）管道应力危险的区段。

2）管壁较薄，应力较大，或运行时间较长，以及经评估后剩余寿命较短的管道。

（10）安装前，安装单位应对直管段、管件和阀门的外观质量进行检验，部件表面不许存在裂纹、严重凹陷、变形等缺陷。

（11）安装前，安装单位应对直管段、弯头/弯管、三通进行内外表面检验和几何尺寸抽查：

1）按管段数量的 20%测量直管的外（内）径和壁厚。

2）按弯管（弯头）数量的 20%进行不圆度、壁厚测量，特别是外弧侧的壁厚。

3）检验热压三通检验肩部、管口区段以及焊制三通管口区段的壁厚。

4）对异径管进行壁厚和直径测量。

5）管道上小接管的形位偏差。

6）几何尺寸不合格的管件，应加倍抽查。

（12）安装前，安装单位应对合金钢管、合金钢制管件（弯头/弯管、三通、异径管）100%进行光谱检验，按管段、管件数量的 20%和 10%分别进行硬度和金相组织检查；每种规格至少抽查 1 个，硬度异常的管件应扩大检查比例且进行金相组织检查。

（13）应对主蒸汽管道、高温再热蒸汽管道上的堵阀/堵板阀体、焊缝进行无损探伤。

（14）工作温度大于 450℃的主蒸汽管道、高温再热蒸汽管道和高温导汽管的安装焊缝应采取氩弧焊打底。焊缝在热处理后或焊后（不需热处理的焊缝）应进行 100%无损探伤。管道焊缝超声波探伤按 DL/T 820—2002 进行，射线探伤按 DL/T 821—2002 执行，质量评定按 DL/T 869—2012 执行。对虽未超标但记录的缺陷，应确定位置、尺寸和性质，并记入技术档案。

（15）安装焊缝的外观、光谱、硬度、金相检验和无损探伤的比例、质量要求按 DL/T 869—2012 中的规定执行。

（16）管道安装完应对监督段进行硬度和金相组织检验。

（17）对管道支吊架的出厂验收、现场开箱验收、安装验收按 DL/T 1113—2009 执行。

（18）管道保温层表面须有焊缝位置的标志。

（19）安装单位应向电厂提供与实际管道和部件相对应的以下资料：

1）三通、阀门的型号、规格、出厂证明书及检验结果；若电厂直接从制造商获得三通、阀门的出厂证明书，则可不提供。

2）安装焊缝坡口形式、焊缝位置、焊接及热处理工艺及各项检验结果。

3）标注有焊缝位置定位尺寸的管道立体布置图，图中应注明管道的材质、规格、支吊架的位置、类型。

4）直管的外观、几何尺寸和硬度检查结果；合金钢直管应有金相组织检查结果。

5）弯管/弯头的外观、不圆度、波浪率、壁厚等检验结果。

6）合金钢制弯头/弯管的硬度和金相组织检验结果。

7）管道系统合金钢部件的光谱检验记录。

8）代用材料记录。

9）安装过程中异常情况及处理记录。

（20）监理单位应按合同规定提供相应的监理资料。

（21）主蒸汽管道、高温再热蒸汽管道露天布置的部分，及与油管平行、交叉和可能滴水的部分，应加包金属薄板保护层。已投产的露天布置的主蒸汽管道和高温再热蒸汽管道，应加包金属薄板保护层。露天吊架处应有防雨水渗入保护层的措施。

（22）主蒸汽管道、高温再热蒸汽管道应保温良好，严禁裸露运行，保温材料应符合设计要求，不能对管道金属有腐蚀作用；运行中严防水、油渗入管道保温层。保温层破裂或脱落时，应及时修补；更换容重相差较大的保温材料时，应考虑对支吊架的影响；严禁在管道上焊接保温拉钩，不得借助管道起吊重物。

（23）工作温度高于 450℃的锅炉出口、汽轮机进口的导汽管，参照主蒸汽管道、高温再热蒸汽管道的监督检验规定执行。

（24）9%～12%Cr 系列钢制管道的监督。

1）直管段母材的硬度 HB 应均匀，且控制为 180～250，同根钢管上任意两点间的硬度 HB 差不应大于 30；安装前检验母材硬度 HB 小于 160 时，应取样进行拉伸试验；纵向面金相组织中的 δ 铁素体含量不应大于 5%。

2）用金相显微镜在 100×下检查 δ 铁素体含量，取 10 个视场的平均值。

3）热推、热压和锻造管件的硬度 HB 应均匀，且控制为 175～250，同一管件上任意两点之间的硬度 HB 差不应大于 50；纵向面金相组织中的 δ 铁素体含量不应大于 5%。

4）对于公称直径大于 150mm 或壁厚大于 20mm 的管道，100%进行焊缝的硬度检验；其余规格管道的焊接接头按 5%抽检；焊后热处理记录显示异常的焊缝应进行硬度检验；焊缝硬度 HB 应控制为 180～270。

5）硬度检验的打磨深度通常为0.5～1.0mm，并以120号或更细的砂轮、砂纸精磨。表面粗糙度 Ra＜1.6μm；硬度检验部位包括焊缝和近缝区的母材，同一部位至少测量3点。

6）焊缝硬度超出控制范围，首先在原测点附近两处和原测点180°位置再次测量；其次在原测点可适当打磨较深位置，打磨后的管道壁厚不应小于最小需要壁厚。

7）对于公称直径大于150mm或壁厚大于20mm的管道，10％进行焊缝的金相组织检验，硬度超标或焊后热处理记录显示异常的焊缝应进行金相组织检验。

8）焊缝和熔合区金相组织中的δ铁素体含量不应大于8％，最严重的视场不应大于10％。

9）对于焊缝区域的裂纹检验，打磨后应用磁粉探伤法进行检验。

10）管道直段、管件硬度高于本标准的规定值，通过再次回火；硬度低于本标准的规定值，重新正火＋回火处理不得超过两次。

（四）高温紧固件的监督

（1）制造厂应提供质量证明书，其中至少包括材料、热处理规范、力学性能和金相组织等技术资料。

（2）对大于或等于M32的高温紧固件的质量检验按GB/T 20410—2006中相关条款执行。高温螺栓的力学性能应符合DL/T 439—2006的要求。

（3）根据螺栓的使用温度按DL/T 439—2006的规定选择钢号。螺母强度应比螺栓材料低一级，硬度HB值低20～50。

（4）几何尺寸、表面粗糙度及表面质量应符合DL/T 439—2006的要求。

（5）经过调质处理的20Cr1Mo1VNbTiB钢新螺栓，其组织和性能要求：

1）硬度值符合DL/T 438—2009的规定。

2）U形缺口冲击功：小于M52的螺栓，A_k≥63J；等于或大于M52的螺栓，A_k≥47J。

3）对刚性螺栓的U形缺口冲击功应比柔性螺栓高16J。

4）按晶粒尺寸分7级，各级平均晶粒尺寸及其组织特征，按DL/T 439—2006规定确定。根据使用条件和螺栓结构允许使用级别见表4-2。

表4-2　20Cr1Mo1VNbTiB钢允许使用的晶粒级别

序号	使用条件	螺栓结构	允许使用级别
1	原设计螺栓材料为20Cr1Mo1VNbTiB	柔性螺栓	5
2	引进大机组采用20Cr1Mo1VNbTib	柔性螺栓	5
3	原设计为540℃温度等级，容量在200MW以下的机组螺栓，如采用该钢种	柔性螺栓	3、4、5、6、7
		刚性螺栓	4、5

（6）对于大于或等于M32的高温螺栓，安装前（包括入库验收）应进行如下检查：

1）螺栓表面应光洁、平滑，不应有凹痕、裂口、毛刺和其他引起应力集中的缺陷。

2）合金钢、高温合金螺栓、螺母应进行100％的光谱检验，检查部位为螺栓端面，对高合金钢或高温合金的光谱检查斑点应及时打磨消除。

3）按DL/T 439—2006的要求进行100％的硬度检验，硬度值应符合相关规定。

4）按DL/T 694—2012的检验和验收标准进行100％的超声波探伤，必要时可按NB/T

47013—2015进行磁粉、渗透探伤。

5）按DL/T 884—2004进行金相组织抽检，每种材料、规格的螺栓抽检数量不少于一件，检查部位可在螺栓光杆或端面处。铁素体类的螺栓材料正常组织为均匀回火索氏体；镍基合金螺栓材料的正常组织为均匀的奥氏体；带状组织、夹杂物严重超标、方向性排列的粗大贝氏体组织、粗大原奥氏体黑色网状晶界均属于异常组织。

（7）对于汽轮机、发电机对轮螺栓，安装前（包括入库验收）应进行如下检验：

1）螺栓表面应光洁、平滑，不应有凹痕、裂口、毛刺和其他引起应力集中的缺陷。

2）合金钢螺栓应进行100%的光谱检验，检查部位为螺栓端面。

3）按DL/T 439—2006的要求进行100%的硬度检验，硬度值应符合相关规定。

4）按DL/T 694—2012的检验和验收标准进行100%的超声波探伤，必要时可按NB/T 47013—2015进行磁粉、渗透探伤。

（五）钢结构焊接接头的监督

1. 焊缝类别的分类原则

（1）焊缝在动载荷或静载荷下，承受拉力、剪力按等强度设计的对接焊缝，对接和角接的组合焊缝为一类焊缝。

（2）焊缝在动载荷或静载荷下，承受压力按等强度设计的对接焊缝、角焊缝和组合焊缝为二类焊缝。

（3）二类焊缝以外的其他焊缝为三类焊缝。

2. 焊缝的内部质量检验

（1）焊缝内部的质量检验应在焊缝的外观检验和焊接接头变形检查合格，且焊缝焊接完成24h后进行，检验方法和检验范围应按表4-3选用。

表4-3　　焊缝内部的质量检验方法和检验范围

焊缝类别	检验方法任选其一	检验范围
一	超声探伤	≥焊缝长度的50%
	射线探伤	≥焊缝长度的20%，且≥300mm
二	超声探伤	≥焊缝长度的30%
	射线探伤	≥焊缝长度的10%，且≥300mm
三	超声探伤 射线探伤	协商执行

（2）超声波探伤方法和射线探伤方法不能准确判断或焊接结构复杂无法探伤时可采用其他无损检测方法。

（3）焊缝内部检验不合格，应按下列要求进行补充检验。

（4）对于一、二类角焊缝和不要求全焊透的组合焊缝，可参照GB 11345—2013进行超声波探伤。

（5）焊缝内部不合格时，应按下列要求补充检验：

1）二类焊缝探伤发现有不允许缺陷时，应在其延伸方向或可以部位作补充检验。如补充检验仍不合格，则应对该焊工在该条焊缝上所有的焊接部位进行检验。

2）技术文件要求用煤油渗漏法检验焊缝的致密性时，试验温度不得低于5℃，并按GB

150—2011《压力容器》的规定进行。

（六）钢结构螺栓的监督

1. 扭剪性高强度螺栓连接副与拉力复验（又称为轴力试验）

复验用的螺栓应在施工现场待装的螺栓批中随机抽取，每批抽取8套，连接副进行复验。

每批指螺栓规格为同一材料、同一炉号，同一长度（当螺栓长度小于或等于100mm、长度相差小于或等于10mm时，螺栓长度大于100mm、长度相差小于或等于20mm时，可视为同一长度）。机械加工热处理工艺及表面处理工艺的螺栓为同一批。

（1）由同一批螺栓、螺母、垫圈组成的连接副为同批连接副。

（2）为保证连接副的轴力，每3000套为一批。

（3）连接副轴力的检验每批抽取8套。

（4）供应部门送达试验室的样品，必须按规格、材质，炉号，批号写清。

2. 高强度螺栓连接摩擦面的抗滑移系数的检验

安装单位分别以钢结构制造批为单位进行抗滑移系数实验，制造批可按分部（子分部）工程划分，规定的工程量每2000t为一批，不足2000t可视为同一批。选用两种及两种以上表面处理工艺时，每种处理工艺应单独检验，每批分三组试件，具体制作按GB 50205—2012，要求进行。

（七）仪表部分

（1）安装前，对各类管材、阀门、承压部件应进行检查和清理；对合金钢材部件必须进行光谱分析并打钢印。

（2）取源部件的材质应与主设备或管道的材质相符，并有检验报告。合金钢材安装后必须进行光谱分析复查并有记录。

（3）还应对各种合金仪表管及合金仪表阀门进行安装前和安装后的光谱检验。

（八）对原材料的监督

（1）材料的质量验收应遵照如下规定：

1）受监的金属材料，必须符合国家标准和行业有关标准要求。进口的金属材料，必须符合合同规定的有关国家的技术标准。

2）受监的钢材、钢管和备品、配件，必须按合格证和质量保证书进行质量验收，合格证或质量保证书应标明钢号、化学成分、力学性能及必要的金相检验结果和热处理工艺等。数据不全的应进行补检，补检的方法、范围、数量应符合国家标准或行业有关标准。进口的金属材料，除应符合合同规定的有关国家的技术标准外，还需有商检合格文件。

3）重要的金属部件，如管子、汽包、联箱、汽轮机大轴、叶轮、发电机大轴、护环等，除应符合有关的行业标准和有关国家标准外，还必须具有部件的质量保证书。

4）对受监金属材料的入厂检验，按JB/T 3375—2002的规定进行，对材料质量发生怀疑时，应按有关标准进行抽样检查。

（2）凡是受监范围的合金钢材、部件，在制造、安装或检修中更换时，必须验证有钢号，防止错用。组装后还应进行一次全面复查，确认无误，才能投入运行。

（3）具有质保书或经过质检合格的受监范围的钢材、钢管和备品、配件，无论是短期或长期存放，都应挂牌，标明钢种和钢号，按钢种分类存放，并做好防腐蚀措施。

（4）技术人员做预算时，除应标明规格、材质外，还应注明执行的标准号（如20号、

20G 标准不同，适用温度范围不同)。

（九）对焊接质量的监督依据

（1）焊接接头分类检查的项目范围及数量按表 4-4 进行。

表 4-4　焊接接头分类检查的项目范围及数量

焊接接头类别	范围	检验方法及比例（%）					
		外观		射线	超声	硬度①	光谱②
		自检	专检				
Ⅰ③	工作压力不小于 9.81MPa 的锅炉的受热面管子	100	100	50		5	10
	外径大于 159mm 或壁厚大于 20mm，工作压力大于 9.81MPa 的锅炉本体范围内的管子及管道	100	100	100		100	100
	外径大于 159mm，工作温度高于 450℃ 的蒸汽管道	100	100	100		100	100
	工作压力大于 8MPa 的汽、水、油、气管道	100	100	50		100	100
	工作温度高于 300℃且不高于 450℃的汽水管道及管件	100	50	50		100	100
	工作压力为 0.1～1.6MPa 的压力容器	100	50	50		100	100
Ⅱ	工作压力小于 9.81MPa 的锅炉受热面管子	100	25	25		5	—
	工作温度高于 150℃且不高于 300℃的蒸汽管道及管件	100	25	5		100	—
	工作压力为 4～8MPa 的汽、水、油、气管道	100	25	5		100	—
	工作压力大于 1.6MPa 且小于 4MPa 的汽、水、油、气管道	100	25	5		—	—
	承受静载荷的负结构④	100	25			—	—
Ⅲ	工作压力为 0.1～1.6MPa 的汽、水、油、气管道	100	25	1		—	—
	烟、风、煤、粉、灰等管道及附件⑤	100	25			—	—
	非承压结构及密封结构	100	10	—		—	—
	一般支撑结构（设备支撑、梯子、平台、拉杆等）	100	10	—		—	—
	外径小于 76mm 的锅炉水压范围外的疏水、放水、排污、取样管子	100	100			—	—

① 经焊接工艺评定，且具有与作业指导书规定相符的热处理自动记录曲线图的焊接接头，A 类钢焊接接头可免去硬度检验。

② 马氏体钢焊接接头能够提供可靠的、可追溯的焊缝用材纪录时，可免做光谱检验。

③ 超临界机组的锅炉Ⅰ类焊缝 100%的无损检测，其中不少于 50%的射线检验。

④ 钢结构的无损探伤方法及比例按设计要求进行。

⑤ 烟、风、煤、粉、灰管道应做 100%的渗油检查或气密性试验；凝汽器管板密封应做 100%渗透试验。

（2）对下列部件的焊接接头的无损检验应执行如下列具体规定：

1）厚度不大于 20mm 的汽、水管道采用超声波检验时，还应进行射线检验，其检验数量为超声波检验数量的 20%。

2）厚度大于 20mm，且小于 70mm 的管道和焊件，射线检验或超声波检验可任选其中一种。

3）厚度不小于 70mm 的管子在焊到 20mm 左右时做 100％的射线检验，焊接完成后做 100％超声波检验。

4）对于Ⅰ类焊接接头的锅炉受热面管子，除做不少于 25％的射线检验外，还应另做 25％的超声波检验。

（3）焊缝进行金属光谱分析。

（4）耐热钢部件焊后应对焊缝金属按照 DL/T 991—2006，进行光谱分析复查。锅炉受热面管子不少于 10％，若发现材质不符，则应对该项目焊缝金属进行 100％光谱分析复查。

（5）对高合金钢焊缝进行光谱分析后应磨去弧灼烧点。

（6）经光谱分析确认材质不符的焊缝应进行返工。

（十）金属材料的选用原则、替代原则及相关规定

1. 选用原则

金属材料的选用原则应综合考虑材料的实用性能、工艺性能和经济性。同时，要确保产品质量，代用材料要征得设计单位和使用单位的同意并做材质确认。

（1）实用性。应根据设计工作温度、压力、受力状况、介质特性及工作的长期性和安全性确定。

（2）工艺性能。应根据部件的几何形状、尺寸、制造工艺及部件失效后修复方法来确定。

具体的选材还要根据不同部件所使用的工况来决定，对于高温、高压环境下所使用的材料，都应该具有足够蠕变性能，持久性能，持久塑性和抗氧化性，安全性能。

2. 替代原则

选择代用材料应满足如下要求：

（1）采用代用材料时，应持慎重态度，要有充分的技术依据，原则上应选择成分、性能略优者；代用材料壁厚薄时，必须进行强度核算，应保证在使用重要任务条件下各项性能指标均不低于设计要求。

（2）修造、安装中使用代用材料时，必须取得设计单位和金属技术监督工程师的认可和总工程师批准；检修中使用代用材料时，必须征得金属技术监督工程师的同意，并经总工程师批准。

（3）采用代用材料后，必须做好技术记录，并存档，同时应相应修改图纸或在图纸上注明。

3. 针对物资供应部门的规定

（1）物资供应部门、各级仓库、车间和工地储存受检范围内的钢材、钢管、焊接材料和备品、配件等，必须建立严格的质量验收和领用制度，严防错收错发。

（2）应根据存放地区的自然情况、气候条件、周围环境和存放时间的长短，按相关规定和材料设备技术文件对存放的要求，建立严格的保管制度，做好保管工作，防止变形、变质、腐蚀、损伤。不锈钢应单独存放，严禁与碳钢混放或接触。

（3）对进口钢材、钢管和备品、配件等，进口单位应在索赔期内，按合同规定负责进行质量验收，并按规格、品种和进口合同号分别保管。

（4）物资供应部门还遵照JB/T 3375—2002的有关规定进行原材料的入厂检验。

（十一）金属监督一般流程

金属试验室作为金属监督的实施部门，主要承担各项工程的金属检验、试验工作，主要采用射线、超声、磁粉、渗透、金相、光谱、机械性能、化学分析等检验、试验手段。

为了金属监督工作的顺利开展，金属试验实行委托制度，由各专业公司填写委托单，试验室对委托项目认可签字，接收，实施检验，合格的出具检验报告，不合格的出具结果通知单，要求委托部门予以处置，并将处理结果反馈金属试验室。需再次检验的重新履行委托手续。

三、超超临界机组新钢种管理

百万超超临界机组锅炉和四大管道大量采用了新型细晶强韧化马氏体耐热钢系列的Super304H、HR3C、T122/P122、T92/P92、T91/P91、T23、WB36等钢种，这种新型高强耐热钢的可焊性较差，对其焊接性、焊接工艺、热处理工艺、检验方法都有极高的要求。

为加强工程中新钢种的现场焊接、热处理、金属检测检验质量的管控工作，按照规程、规范及强制性条文要求，制定专门技术措施，严格规范管理。

（一）相关标准

（1）DL/T 869—2012《火力发电厂焊接技术规程》。

（2）DL/T 438—2009《火力发电厂金属监督规程》。

（3）DL/T 5190.5—2012《电力建设施工及验收技术规范　第5部分：管道及系统》。

（4）DL/T 5190.2—2012《电力建设施工及验收技术规范　第2部分：锅炉机组》。

（5）DL/T 5190.3—2012《电力建设施工及验收技术规范　第3部分：汽轮发电机组》。

（6）DL/T 820—2002《管道焊接接头超声波检验技术规程》。

（7）DL/T 821—2002《钢制承压管道对接焊接接头射线检验技术规程》。

（8）JB/T 3223—1996《焊接材料质量管理规程》。

（9）DL/T 884—2004《火电厂金相检验与评定技术导则》。

（10）DL/T 868—2012《焊接工艺评定规程》。

（11）DL/T 679—2012《焊工技术考核规程》。

（12）DL/T 819—2012《火力发电厂焊接热处理技术规程》。

（13）DL/T 5210.7—2010《电力建设施工技术规范　第7部分：焊接》。

（二）管件、管材入厂加工要求

1. 管件、管材制造厂（供应商）应提供的资料

（1）全部新钢种管材、管件、锻件等采购必须提供制造单位、完整的质量证明书和商检报告。

（2）进厂后按标准对材料进行复检，提供复检结果报告。

（3）成品必须有相应的钢印（材料牌号、规格、热处理炉号、检验标记等）。所有的合格证书按ASME有关标准执行。

（4）为保证管件、管材具有推荐的高温性能，应严格按ASTM中规定的热处理制度进行热处理，热处理工艺过程和参数应填在质量证明书中。

（5）提供P91、P92实际晶粒度检查报告，实际晶粒度不应粗于4级，晶粒度检验次数为每炉号＋每热处理批次一次。

（6）制造厂对P91、P92应按相应的国际规定进行显微组织检验，并提供显微组织照片，检验次数为每炉号＋尺寸（直径×壁厚）＋热处理批次一次。

（7）锻制管件应作宏观侵蚀性检验和磁粉检验，焊制管件应作射线和磁粉检验，热挤压管件作磁粉检验，所有的管件都应作100％超声波探伤和水压试验。所有检查均应提供检验和试验报告。

（8）机械性能应符合ASTM的标准规定，并应做横向机械性能试验，冲击试验为夏比V试验，检验次数同拉伸试验，并提供试验报告。

2. 管件、管材入厂前的检查要求

（1）管件（三通、大小头、弯头等）任何一点最小壁厚不得小于所连接直管的壁厚。

（2）热挤压弯头最小内径所保证的通流面积与接管相等，不得小于所接直管通流面积的95％。三通最小内径所保证的通流面积以与接管相等，不得小于所接管段的90％。

（3）管件、管材端部需封闭坚固严密，防止碰伤，必须满足管道技术规定的要求。

（4）管件内外表面不允许有裂纹、缩孔、灰渣、粘砂、漏焊、重皮等缺陷，表面应光滑，不允许有尖锐划痕，凹陷深度不得超过1.5mm，凹陷处最大尺寸不应大于管道周长的5％，且不大于40mm。三通内角应圆滑过渡；管道内外壁面光滑，无划痕、锈蚀和点蚀、硬伤、重皮、龟裂、焊痕、接口。

（5）对P91、P92管材按炉批号进行10％硬度抽查、100％外径与厚度测量。

（6）所有管件、管材进行100％光谱复查。

3. 配管制作要求

（1）管件施焊的坡口必须满足DL/T 5054—1996《火力发电厂汽水管道设计技术规定》（或相应的国际标准）有关条文的要求，保证与相连接的管道具有相同尺寸的坡口。

（2）锅炉本体内的新钢种焊接必须按照ASME锅炉和压力容器法规第Ⅸ篇关于焊接工艺程序评定合格的工艺进行，试样应采用和工件相同规格的材料制备，且和工件采用同样的焊前、焊后热处理。

（3）“四大管道”所用的新钢种配管焊接工艺评定必须按DL/T 868—2012要求执行，配管厚度大于80mm的管子，必须做厚度大于80mm的焊接工艺评定并合格。

（4）所有的管件焊接接头必须采用全焊透结构。

（5）异种钢的焊接必须在设备制造厂或配管厂内完成。

（6）T91/P91、T92/P92细晶马氏体钢的制造焊口热处理后必须进行100％硬度检验。焊缝金属的硬度HB控制范围为180～250，硬度值HB低于180或高于250为不合格。对于直径大于159mm的管子焊缝硬度检查取样四点（焊缝周长四等份各取一点）。

（7）P91、P92材料的对接焊缝进行10％的金相微观组织抽查，组织应是完全的回火马氏体；对硬度超标的接头进行100％检查。

（三）现场焊接及热处理管理

1. 焊工、热处理工、检验人员要求

（1）新材料焊接的焊工应按照DL/T 679—2012的规定参加焊工技术考核。焊接新型马氏体类钢应取得B类Ⅲ级材料考核合格者，并取得T92/P92钢相应位置合格证书后方可参加实际焊接工作。焊接新型奥氏体类钢应取得C类Ⅲ级材料考核合格者（从事同类钢焊接一年以上）。

（2）焊工现场实际焊接前应进行同一材料的模拟练习考试（P91/P92 钢可用 BⅠ类 ϕ159～ϕ219 管、Super304H 和 HR3C 钢可用 CⅢ类 1Gr18Ni9Ti 管替代，焊材用实际焊接材料），练习考试管考试要求按 DL/T 679—2012 执行，考试时必须有监理旁站见证，并经外观检查和射线检验合格后，才能从事相应新钢种的焊接。

（3）焊接热处理操作人员应经专门培训考核合格并取得资格证书。

（4）检验人员应经专门培训考核合格并取得资格证书，其中超声波检验和射线检验评片和复评应由Ⅱ级及以上人员担任（从事同类钢检验一年以上）。

2. 焊接材料

（1）为了保证焊接材料的使用性能，施工单位除了具备必要的储存、烘干、清理设施之外，还应建立可靠的管理制度并严格执行。

（2）焊接材料选用应考虑的因素。

1）熔敷金属成分、组织和性能应与母材相当。

2）熔敷金属组织均匀，没有偏析，以选用焊芯过渡合金元素为宜。

3）熔敷金属扩散氢含量符合标准值要求。

4）焊条熔化工艺性能良好。

（3）氩弧焊丝使用前应除去表面油、垢等赃物，保持洁净。焊条除桉国家标准规定保管外，使用前应进行烘焙，烘焙温度和时间按使用说明书进行，重复烘焙次数不得超过两次，使用中应放在保温 80～120℃的便携式保温筒内随用随取。

（4）焊条烘焙前做好色标，烘焙时马氏体钢、不锈钢焊条应分箱烘焙。不同烘焙温度的焊条不能放入同一烘箱内烘焙。

（5）P92 钢焊条选用最大直径不得超过 3.2mm。

（6）钨极（棒）宜选用铈钨极或镧钨极，直径为 ϕ2.5。

（7）氩气使用前按批次抽测或验证气瓶上粘贴的产品合格证上标明的氩气纯度，其纯度应在 99.95%以上。

（8）焊材入库前应进行光谱抽查，光谱分析每批次抽 1～2 根（药皮过渡的合金钢焊条至少在堆焊 2～3 层后的熔敷金属上进行），光谱分析结果应有报告。

（9）焊丝、焊条的入库前检查验收→报监理审批（含使用过程中监理的定期或随机检查）→保管→烘焙→发放→使用→回收，应执行 JB/T 3223—1996 的规定。

（10）焊材领用时，焊工不能同时领用两种及以上不同牌号的合金钢焊条，焊工应核对焊材牌号、规格及数量，并签名。

（11）监理对焊材库的检查，每月至少一次，并做好检查记录。

（12）焊材库的计量器具必须校验合格并在有效期内，库房内温度、湿度自动记录仪应常开投运，室内温度应在 5℃以上、相对湿度不超过 60%。

3. 焊接、热处理设备及工器具

（1）新钢种的焊接设备，应选用焊接特性良好、稳定可靠的逆变式或整流式焊机容量应能满足焊接规范参数的要求。

（2）热处理设备必须经计量合格，性能良好，容量符合要求，其测温系统的热电偶、表计、补偿导线等需经校核匹配。热电偶冷端温度应保持稳定，测温点与被处理件接触良好。热处理机输出功率应满足大口径厚壁管热处理的要求。

（3）氩弧焊枪选用气冷式，性能良好，焊枪气保护套管长短能满足焊件要求。输气胶管应耐磨、柔软、不漏气。

（4）氩气减压流量计应选择气压稳定、调节灵活、符合行业或国家标准的产品，并经计量合格。

（5）焊机引出电缆线可选用截面为 50mm^2 焊接专用铜芯多股橡胶电缆，焊钳连接小线可选用截面为 25mm^2 的焊接专用铜芯多股橡胶电缆。电缆线表皮无破损、绝缘良好。焊钳应轻巧、接触良好不易发热且便于更换焊条。

4. 技术准备

（1）新钢种焊接前应按 DL/T 868—2012 规定进行焊接工艺评定。焊接母材厚度大于 80mm 的管子，必须做厚度大于 80mm 的焊接工艺评定并合格。对 P91、P92 的焊接工艺评定要求焊缝硬度 HB 控制范围为 180～250。以评定验证合格的工艺为依据，分别编制作业指导书（报监理审批）、工艺卡，并在开焊前向焊工、热处理工、焊接质检员、安装钳工代表进行技术交底。

（2）焊接技术人员在实施焊接前应编制焊接工程一览表、焊接技术记录、所焊管道的立体单线记录图、焊接过程监控记录表等，并指导实际施焊工作。

（3）焊接质检员在开工前编制焊接质量检验计划（报监理审批）、准备焊工自检记录表和焊接接头表面质量检查验收等记录表，备齐实行焊接过程监督、监控的工器具（如红外测温仪、钳型电流电压表、焊接检验尺等），并监督施焊工作。

（4）焊接监理人员在实施焊接前应编制焊接实施细则，监理必须对新钢种焊口的焊接过程进行旁站，其中 P92 钢 100%；其他新钢种 $\phi \geqslant 168$ 不少于 5%～10%；$\phi < 168$ 不少于 1%，并做好记录。

5. 焊接坡口制备及对口要求

（1）锅炉受热面小直径管道对口应用夹具，大中直径管道对口不可用过桥板点焊在管表面对口，应用与管材相同材质的锲块和焊材点固在坡口中，点固焊前对点焊处按标准要求进行预热，在正式焊接过程中磨去点固焊缝。

（2）除设计规定的冷拉焊口外，其余焊口应禁止强力对口，不允许利用热膨胀法对口，焊接和焊后热处理时，管子应垫牢，禁止悬空或受外力作用。安装管道冷拉口所用的加载工具，需待整个对口焊接和热处理完毕后方可卸载。并且不得对焊接接头进行加热校正。

（3）P91、P92 钢管地面组合焊口的焊接接地线，宜用焊接专用铜芯多股橡胶电缆用夹具夹紧在另侧管口，不可用钢筋等随意搭连在管表面作接地线。

（4）Super304H、HR3C 等钢的焊接环境温度不作规定。T91/P91、T92/P92 钢焊接环境温度应保持在 5℃以上，如环境温度低于 5℃时，应设法提高环境温度，杜绝低温焊接。同时，焊接场所应具有防风、防雨、防雪、防潮、照明等设施。

6. 焊接方法与工艺

（1）必须严格执行以评定合格的工艺编制的作业指导书规定实施焊接。施焊中除要求强化工艺纪律、规范操作过程外，P92 钢焊接施工单位应设焊接技术或具有资质的焊接质检人员实行焊接过程的监控并记录，以保证焊接质量。

（2）小直径薄壁管道采用全氩弧焊方法，大直径厚壁管采用氩弧焊打底、焊条电弧焊填充及盖面的组合方法焊接。

(3) 大直径厚壁管坡口形式无论采取双V形或综合型，均实行多层多道焊接。施焊中注意焊道间的交错和结合，避免出现“死角”，并保持焊道平整。焊缝表面应有“退火焊道”。

(4) 为防止焊缝金属根层焊道氧化，施焊时应在管子内壁充氩气（惰性混合气）保护。充气保护应持续2～3层以上。

(5) P92钢管焊接用焊条采用ϕ2.5、ϕ3.2两种。ϕ2.5焊条施焊1～2层，其余层间填充焊层和盖面焊均采用ϕ3.2。P91、WB36钢管焊接用焊条最大直径ϕ4.0。

(6) T91/P91、T92/P92钢焊条电焊时，所有焊道的厚度不得超过焊条直径，宽度不得超过焊条直径的4倍。

(7) 新钢种焊接预热及热处理推荐温度见表4-5。

表4-5 新钢种焊接预热及热处理推荐温度

钢号	焊前预热温度		层间温度	焊后保温温度	焊后热处理温度
	TIG	SMAW			
P91	100～150	200～300	200～300	100～120	760±10
P92	150～200	200～250	200～250	80～100	760±10
P122	200～250	200～250	200～250	100	740
E911	200～250	200～250	200～250	<100	760
W36	150～200	150～200			590～610
T23	150	150	—	—	—

以上焊接参数垂直固定焊时偏上限选取，水平固定焊及小径管偏下限选取。

(8) 整道焊口的焊接必须一次完成。

(9) 锅炉受热面管屏的小直径Super304H、HR3C、T91、T92等钢管表面测温元件的焊接：

1) 奥氏体Super304H、HR3C等钢焊接应选用与母材相同的焊丝，不做焊前预热和焊后热处理。

2) 马氏体T91、T92等钢焊接应选用镍基焊丝，焊前预热温度为100～200℃，可不做焊后热处理。

3) 采用全氩弧焊方法：测温元件二侧焊在管表面，焊缝长度为8～10mm。焊接时的引弧点、熄弧点应在元件上。

7. 焊接热处理

(1) 预热温度及层间温度的测定，宜选用便携式测温仪器。

测温方法：预热温度在坡口内测量，层间温度在起焊点前50mm处测量。对于P91、P92管道焊接及热处理温度要求全程动态监控。

(2) 工作温度应满足热处理工艺的要求。

加热器布置：直径大于219mm且壁厚大于20mm的管道，加热器应分区控制，并适当增加温度监控点（不少于3点）。有效加热区的温度不均匀性、测点间的温差、管壁内外温差均应小于或等于20℃。

（3）新型钢种的焊接，不得使用火焰加热进行预热或热处理。

（4）锅炉受热面管奥氏体 Super304H、HR3C 等奥氏体类钢的焊接，不做焊前预热和焊后热处理。

（5）为了控制管子焊缝的内外温差，P91、P92、WB36（壁厚≥55mm的管道）钢种焊接热处理应使用中频感应加热器。

（6）焊口遇到三通、弯头、大小头和短管等，焊缝两侧加热长度能满足热处理要求时，按正常规范要求执行。否则，加热范围应扩大到支管（母管）等邻近管道，采用整体加热的方法来满足热处理要求。

四、安装前后的检查

（1）焊工应按照 DL/T 5210.7—2010 规定，清理当天所焊焊口（缝）表面的药皮、飞溅，在焊口（缝）边缘管子上用记号笔写上代号，进行焊口（缝）表面质量的自检，并当日填写焊工自检表。班组（队）逐日检查焊工自检表及进行焊口（缝）表面质量的互检或检查，Ⅲ级焊接质检员和焊接监理人员对焊口（缝）表面质量进行 100%的平行检查或专检。

（2）新钢种的设备、管件及附件，安装前必须进行 100%的光谱半定量分析检查。安装后对焊口（缝）进行 100%的光谱半定量复查。合金总含量超过 10%时，光谱分析后必须同时磨去表面的弧光灼烧点。

（3）P91、P92 材质的管道安装焊口对口前坡口管端做 100%MT（磁粉检验）或 PT（射线检验），以将管端裂纹消除在安装前，焊口组对前必须将试剂清洗干净。焊后焊缝及焊口两侧各 200mm 范围做 100%MT 或 PT；

（4）对 P91、P92 钢主蒸汽、热端再热蒸汽、高低压旁路（减温减压阀前）等管道的所有管子、阀门、三通、弯头、大小头母材做 100%的壁厚测厚、硬度、金相微观检查。

（5）对 P91、P92 钢主蒸汽、热端再热蒸汽、高低压旁路（减温减压阀前）等管道对接焊口 100%金相微观检查，微观组织为板条清晰的回火马氏体。

（6）T92/P92、T91/P91 钢的主蒸汽管道、再热蒸汽管道、高压导汽、中压导汽、高低旁路出口（阀前）和相关的支管（二次阀前）：母管安装焊口 100%RT（检验射线）和 100%UT（超声波检验）检查，相关支管（二次阀前）的安装焊口 100%RT 检查。焊口热处理后焊缝及焊口二侧母材各 200mm 范围做 100%MT 或 PT 检验。为了保证焊接过程的质量，壁厚大于或等于 70mm 的焊口焊至 20mm 左右时不做分层 RT 检查。

（7）新钢种的锅炉受热面本体设备及汽水管道二次门内包括二次门后第一道安装焊口：100%RT。

（8）T92/P92、T91/P91 钢的安装焊口热处理后必须进行 100%硬度检验。焊缝金属的硬度 HB 控制范围为 180～250，硬度值 HB 低于 180 或高于 250 为不合格。对于直径大于 159mm 的管子焊缝硬度检查取样四点（焊缝周长四等份各取一点）。

五、不合格品的处置

（1）供应商未提供质保证明书、合格证、监督及检查报告等质量文件或提供不全，产品应拒收。

（2）管件、管材入厂前的复查发现不符合标准要求时，抽查项目应扩大做 100%检查，仍有不符合的产品，该批产品应作退货处理。

（3）锅炉制造厂在设备制造过程中出现的质量问题及返修，应按制造厂质量控制程序要求执行。

（4）P91、P92管子在配制和安装过程中出现的质量问题，应分析产生的原因，并提出整改措施和方案。焊缝质量不合格者应提出返修方案，返修后的质量应达到相关规定的要求，返修次数不得超过二次。

（5）除P91、P92钢以外的新钢种焊接过程中出现的个别焊口不合格时，按标准和规范要求返修。

（6）焊缝热处理后硬度检查不合格，应分析产生不合格的原因，重做热处理，重做热处理次数不得超过二次，并对该焊缝做100%金相微观组织分析，金相微观不合格或硬度检查仍不合格应对该焊缝割除处理，重新按工艺要求进行焊接。

（7）割除或挖补缺陷时，不得使用火焰切割或碳弧气刨的方法。

（8）处理后的焊缝应按相关要求重新检查。

第二节　基建阶段突出问题与监督重点

一、基建阶段突出问题及金属监督重点

相对于亚临界锅炉，超（超）临界锅炉的承压部件在投运初期发生的失效概率要高得多。监督检验中发现了一些常见性、多发性的设备制造缺陷，也有一些采用新材料、新工艺后出现的一些新问题，具有明显的超超临界机组新特征。导致这些承压部件过早失效或产生安全隐患的主要因素有选材不当或材质不佳，内壁清洁度达不到预期要求，工艺不当或执行工艺不严，检验方法或检验过程控制存在疏漏，认识不足、制造和安装质量不高等，因此，做好基建阶段的金属监督工作至关重要。

二、优化用材，把好设计、制造选材关

对锅炉厂投标书中提供的锅炉承压部件（特别是高温部件）用材情况应仔细进行审查，辨清与招标书中差异部分并要求及时进行澄清，同时查清高温高压管道上的接管座选材是否与母管相配套，材质代用是否有充分的技术依据，是否符合DL/T 715—2015规定。是否超许用温度，是否有足够的余度，特别是考虑到抗蒸汽氧化的温度使用。另外，还要对一些特殊材料的组织性能如T91/P91、T92/P92材质的铁素体含量、硬度，Super304H、TP347HFG晶粒度、表面处理状态尽可能提出明确的要求。现场检查中经常一些材质金相、硬度不符合要求；服役使用后由于材质温度余度不足，导致氧化皮剥落堆积严重。如TP347H钢用在超临界机组高温受热面上，运行2万h左右发生氧化皮大量剥落并在弯管底部积聚例子不胜枚举。另外，鉴于目前T23材料焊缝失效较多，且对失效原因的认识仍然不是非常明确的前提下，对T23材料的选用应持谨慎态度。

三、抓好设备监造，确保设备制造水平

选好设备监造单位，审核好监造大纲，包括对监造人员资质、监造制度、规范、技术要求。要细化监造协议，重点关注材料来源和入厂验收情况，防止以国产替代进口，或者假冒进口等情况的出现；国内部分管件生产单位规模小、人员素质低、设备配置落后、技术积累不足，制作的P91等管件存在硬度值偏低或偏高、硬度值不均匀、组织异常等缺陷，给机组安全运行带来很大隐患。明确重要部件及易出问题的制造工序的过程监督措施，高度重视清洁度见证点的设置。同时，加强人员力量，保证监造人员的数量和专业搭配，确保重要部

件和容易出问题的制造工序有人在现场跟踪。另外，驻厂监造人员的工作内容和职责要明确，对现场监造工作应当实施业绩考核，避免现场监造人员仅仅起着联络员的作用。拓宽监造领域，把设备制造的过程、现场容易出现问题的地方都纳入监造范围，如联箱管座角焊缝超声波探伤（UT），受热面缩径管、弯管、大小头、三叉管等射线探伤，附焊件焊缝进行渗透抽检等。针对钢结构、受热面、联箱、管道、管件、附件出现的习惯性、多发性缺陷，制定专门的监造细则，明确项目、验收要求等。抓好受热面、联箱、管道的清洁度管理和控制，把好焊接质量关。图 4-1～图 4-4（见文后插页）所示为监造过程中一些常见缺陷示例。

四、做好入场验收，控制安装过程质量

由于目前基建单位人员素质不同程度下降，外包作业增多等因素，现场安装质量有待提高，所以必须加强安装过程质量控制，做好事前谋划、事中控制和事后分析总结，才能较好保证安装质量。

1. 验收要求

（1）材料的复核和确认，防止错用材料。对合金钢承压部件及焊缝 100%进行光谱复核。重点关注光谱联系单列出的部件是否齐全，厂家图纸上未标出的拼接管段是否全部进行了光谱复核。对焊接材料要加强领用与施焊过程的监督检查，防止打底与填充层发生错用材料；对一些有怀疑的也要进行复核。现场检验中发现多起联箱接管座材料代用混乱、材料代用无设计更改单、无代用说明书等，给安装带来一系列问题。某厂 600MW 超临界锅炉低温过热器进口联箱检查孔端盖设计应为 SA182F12CL. 1，经现场光谱分析为碳钢。设计为 WB36 的主给水管道，部分供货材质为 P22 材料。

（2）把好承压部件宏观质量检查关。

（3）把好焊接、热处理质量关。

1）做好受热面焊接工艺及工艺评定的审查与确认。

2）对现场焊接、热处理工艺参数执行情况进行随机抽查。

3）加强焊接、热处理工作的及时性监督，焊接过程不应无故中断，焊完后热处理应及时跟上，如焊接过程出现中断或热处理不能及时跟上时应进行消氢热处理。

4）要高度重视焊前预热、层间温度和焊后热处理温度的控制，同时要关注焊接速度、焊层厚度情况。

5）对 9%～12%Cr 钢焊接冷却过程要关注马氏体转变温度的控制。

6）坚决制止强制对口、强行矫正等野蛮施工行为。

（4）把好清洁度质量关。

1）制定安装和试运行期间清洁度控制和检查专项方案，包括组装过程的见证点设置，通球后的吹扫及封堵措施。

2）提高冲管效果。

3）冲管后对异物的检查，如对所有节流孔、水冷壁分叉管等异物容易堵塞的部位进行射线检查。

（5）做好金属检验工作。做到应检必检、检验及时、方法得当、工艺优化、效果明显可靠等。

2. 主蒸汽母材分层缺陷及产生的原因

T92 联箱下接管母材分层缺陷如图 4-5 所示（见文后插页），水冷壁裂纹如图 4-6 所示

（见文后插页），P92 母材分层缺陷如图 4-7 所示（见文后插页），P92 母材分层缺陷超声波信号如图 4-8 所示（见文后插页）。

（1）主蒸汽母材分层缺陷：主蒸汽管 P92 钢，发现在离坡口端部 180mm 内，3/4 周向分布，深度距外表面 64～68mm，存在较严重的母材内部缺陷 9 处，长度为 40～300mm、宽度为 20mm，缺陷在离坡口端面 80mm 以内整圈分布，缺陷性质类似于面积型断续块状平行于表面的分层折叠缺陷。常规射线探伤及超声波斜探头检测效果不明显。采用超声波直探头及测厚仪检验效果较好。GB/T 20490—2006《承压无缝和焊接（埋弧焊除外）钢管分层缺陷的超声检测》适用于上述缺陷的检验，可以作为检验依据。

（2）缺陷产生的原因：钢胚浇铸过程工艺不当或切冒头不足，钢胚内存在气孔类缺陷，或热挤压、冲孔成型后剪边不足存有缺陷。厂家出厂验收的自动超声横波检验工艺对该类缺陷不敏感，端部 200mm 盲区面漏检，致使不合格管段出厂。

做好设备监造阶段和安装阶段金属监督工作，是保证机组投运以后运行状况好、可靠性高的重要基础，超超临界机组运行参数高，对服役部件要求也高，正是因为重视上述阶段的工作，采取了有效措施，解决了基建阶段刚性梁焊缝缺陷、水冷壁节流孔缺陷、管屏变形、厂家焊口大面积不合格，主蒸汽管道母材 P92、再热器管子 T91 母材分层欠缺，主蒸汽 P92 厂家焊缝表面裂纹等设备制造缺陷。加强新型耐热钢 P92/P122 等的焊接工艺评定与施工焊接质量的控制，严格按照规程规范要求进行金属检验。

第三节　运行阶段突出问题与监督重点

一、金属技术监督概述

随着电力工业的飞速发展，火力发电厂大容量、高参数的发电机组日益增多，对金属监督工作提出了更高更严格的要求。

火电厂运行机组受监督范围内的金属部件，如主蒸汽管道、再热蒸汽管道、压力容器、重要转动部件、紧固件、锅炉受热管件等，都在高温、高压和腐蚀性介质作用下长期运行，因此会发生金属材料组织和性能的变化，甚至可能引起某些金属部件的失效，一旦金属部件失效就会引起事故，有时甚至会发生严重事故，直接影响到电厂的安全经济运行。

近几年高温高压电厂金属设备事故频繁：600MW 汽轮机叶片根部裂纹，叶片弹簧断裂；300MW 机组高压汽缸螺栓在运行不到一年就发生断裂；125MW 机组主蒸汽管道与再热蒸汽在经过长期运行后，在连接焊根部发现了不少裂纹性质的缺陷等。锅炉受热面管件的爆泄事故尤为突出，占金属设备事故的 88%～90%，为了防止金属设备事故的发生，做好防患措施，就必须了解和掌握高温金属部件长期运行的主要变化及其变化规律，必须加强金属技术监督工作。

金属技术监督工作是保证电力设备安全、经济、稳定运行的一项主要措施。各发电、供电和电力建设、修造等单位要严格执行 DL/T 438—2009《火力发电厂金属技术监督规程》和网局颁布的《金属技术监督条例》，切实做好金属监督工作。

金属技术监督工作应贯彻安全第一，预防为主的方针，并实行专业监督与群众监督相结合，不断发现设备缺陷与隐患，采取防患措施，提高设备健康水平。

金属技术监督工作要对设备的选型、设计、制造、安装、调试、试生产、运行、停用、检修及技术改造实行全过程技术监督管理，及时发现问题采取有效技术监督措施，减少与杜绝在上述各个过程中的金属设备的失效与损坏。

金属技术监督的目的是在对金属受监督设备与部件在全过程管理各个阶段中，防止由于金属材料和焊接质量问题引起的各类事故，延长设备的使用寿命，保证机组安全可靠运行。

二、基层单位金属技术监督管理模式

厂（公司）级监督工作在厂长（经理）领导下由总工程师具体负责。在生产管理部门设金属监督专职（责）人员负责本单位金属监督工作的归口管理。在各厂（公司）总工程师领导下认真贯彻上级有关规程标准、规定、制度和指示；建立健全金属技术监督网络，每年至少召开二次监督网会议；按时完成金属监督工作的月报、设备异常情况信息报表、季度与年度总结，结合设备具体情况制订本单位的金属监督工作实施细则或条例；做好本单位新机组基建过程中的金属监督全过程管理；参与主要设备事故调查与分析，制订反事故措施；配合有关部门提出机炉检修、运行中金属监督和试验项目，并做好金属监督检查和一般试验鉴定工作；做好对金属材料、备品备件和焊接质量的监督与管理；建立和健全本单位金属监督记录、资料、台账、档案等基础工作；开展技术革新，学习和推广新技术，不断提高测试技术水平。

金属技术监督网络组织由锅炉检修、运行、汽轮机、化学、金属测试、物资供应、焊接、钢铁仓库等部门组成，负责本部门的日常监督工作。

金属监督范围之广，监督项目之多、任务之重，仅靠专业人员监督是不够的。事故调查实践表明电厂金属部件损坏大量的事故往往都涉及设备结构的合理性，设备的选材、材料本身的冶金特点，制造与安装质量、运行水平、检修与改造过程中的工作，以及相关专业的工作质量等，它们都有可能影响到金属部件的安全稳定性与使用寿命。因此，要使金属监督范围内的金属部件能够安全使用，以保证机组安全运行，决不单单是一个金属专业的事情，而需要与锅炉、汽轮机、化学、材料供应、焊接、金属测试等相关专业的技术力量相互配合，共同把一项工作做好。所以监督网络作用是极其重要的。

在金属监督网络中，锅炉专业主要任务是：加强受监设备和部件和检查、巡视、防止超温超压；汽轮机专业做好转动部件监督；化学专业控制好汽水品质，做好防腐结垢工作；材料供应部门，要做好钢材、钢管和备品配件的质量验收、保管和发放工作，严防错收错发；焊接专业要把好焊接质量和热处理关、金属试验室则要负责做好金属测试、检验工作。正是依靠网络中的各专业在日常工作中分头把关，在网络活动中互通信息，相互配合，共同分析、研究和解决发现的问题，才能使金属监督工作落实到位，从而保证机组的安全稳定运行。

三、技术监督

（一）技术监督内容

（1）工作温度大于和等于450℃的高温金属部件，如主蒸汽管道、高温再热蒸汽管道、过热器管道、再热器管道、联箱，工作温度为435℃的导汽管、汽缸、阀门、三通，工作温度为400℃螺栓等。

（2）工作压力大于和等于6MPa的承压管道和部件，如水冷壁管、省煤器、联箱、给水管道等，工作压力大于3.9MPa的汽包，100MW以上机组低温再热蒸汽管道。

（3）汽轮机大轴、叶轮、叶片和发电机大轴、护环等。

（二）金属技术监督任务

（1）做好监督范围内各种金属部件在制造、安装和检修中的材料质量和焊接质量的监督以及金属试验工作。

（2）检查和掌握受监部件服役过程中金属组织变化、性能变化和缺陷发展情况，发现问题及时采取防爆、防断、防裂、防磨措施。调峰运行的机组的重要部件应加强监督。

（3）参加受监金属部件事故的调查和原因分析，总结经验，提出处理对策并督促实施。

（4）逐步采取先进的诊断技术和在线监测技术，以便及时、准确地掌握及判断受监金属部件寿命损耗程度和损伤状况。

（5）建立和健全金属技术监督档案。

（三）金属部件的技术监督

1. 主蒸汽管道、高温再热蒸汽管道的监督

主蒸汽管道、高温再热蒸汽管道的设计必须符合 DL/T 5054—1996《火力发电厂汽水管道设计技术规定》的有关要求。

在蒸汽温度高的水平段上设置监察段，进行组织性质变化及蠕变监督，监察段上不允许开孔和安装仪表插座，也不得安装支吊架。蠕变监督及设计等按 DL/T 441—2004《火力发电厂蒸汽管道蠕变测量导则》规定进行。管道安装完毕移交生产前，由施工单位与生产单位共同对各组点进行第一次测量，做好技术记录。

管道保温层要良好，对露天布置的部分及与油管平等、交叉和可能滴水的部分，必须加包金属薄板保护层。露天吊架处应有防雨水渗入保温层的措施。严禁在管道上焊保温拉钩，不得借助管道起吊重物。

直管和弯管安装时应由施工单位逐段进行外观、壁厚、金相组织、硬度等检查，对弯管背弧外表面进行探伤。管道安装完毕，施工单位会同生产单位共同对管道进行不圆度测量，做好技术记录，测量位置应有永久性标记。

主蒸汽管道、高温再热蒸汽管道，特别是弯头、弯管、三通、阀门和焊缝等薄弱环节，应定期进行运行中巡视检查。对超设计使用的管道更应注意检查，每值至少巡视一次，发现泄漏或其他异常情况时必须及时处理，并做好记录。

主蒸汽管道、高温再热管道不得超过设计的温度、压力的上限运行，如超温时，则应做好记录，启动和运行中应严格执行暖管和疏水措施，认真控制温升、温降速度，并监视管道膨胀情况。

主蒸汽管道可能有积水的部件如压力表管、疏水管附近，喷水减温阀下部、较长的死管及不经常使用的联络管，应加强内壁裂纹检查。

200MW 以上机组主蒸汽管道、再热蒸汽管道（包括热段、冷段），运行 10 万 h，应对管系及支吊架情况进行全面检查和调整。

超过设计使用期限合金钢主蒸汽管道、再热蒸汽管道、当蠕变相对变形达 1%或蠕变速度大于 1×10^{-5}%/h 时，应进行材质鉴定。

2. 受热面管子的监督

受热面管子安装、施工单位应根据装箱单和图纸进行全面清点，注意检查表面有无裂纹、撞伤、压扁、砂眼和分层等缺陷。

检修时，锅炉检修部门应有专人检查受热面管子有无变形、磨损、刮伤、鼓包、腐蚀、

蠕变变形及表面裂纹等情况，发现如上情况时要及时处理，并做好记录。

壁温大于450℃的过热器管和再热器管，在壁温最高处设监视段，取样周期为5万h，监督壁厚、管径组织、碳化物、脱碳层和力学性能变化。当发现下列情况之一时，应及时更换：

(1) 合金钢过热器和再热器管外径蠕变变形大于2.5%。

(2) 碳素钢过热器和再热器管外径蠕变变形大于3.5%。

(3) 表面有氧化微裂纹。

(4) 管壁减薄到小于强度计算壁厚。

(5) 石墨化达4级（碳钢和钼钢）。

3. 高温螺栓的监督

(1) 高温螺栓的力学性能应符合GB 3077—1999《合金结构钢技术条件》要求。

(2) 根据螺栓使用温度选择钢号。螺母材料一般比螺栓材料低一级，硬度值HB为20～50。

(3) 汽缸螺栓和中心孔较大的其他螺栓、中心孔加热必须采用电热元件或热风器，禁止使用火嘴直接加热。

(4) 高温螺栓紧固力不宜过大、汽缸新螺栓应根据制造厂规定的应力紧固。

(5) 高温合金钢螺栓使用前必须进行100%光谱复查，M32以上的高温合金钢螺栓使用前必须100%做硬度检查。

(6) 大修时，对大于和等于M32的承压高温合金钢螺栓进行无损探伤，如发现裂纹及时更换。使用5万h应做金相检验，必要时做冲击韧性抽查，以后检查周期根据钢种控制在3万～5万h。

(7) 25Cr2Mo1V和25Cr2MoV钢螺栓抽查结果应符合下列要求：

1) 硬度HB为241～277。

2) 金相组织为无明显网状组织。

3) 调速汽门、自动主汽门、电动主汽门及截门的螺栓的冲击韧性$a_k>60J/cm^2$，流量孔板、导管法兰和汽缸的螺栓的冲击韧性$a_k>35J/cm^2$。

4. 汽包的监督

施工单位在安装汽包时应进行下列检查：

(1) 查阅制造厂所提供的质量证明书及质量检验记录等技术资料，如资料不全或对质量有怀疑时，应由施工单位会同有关单位进行复核检查，必要时应要求制造厂参加复检；下降管管座焊缝应进行100%的超声波探伤。

(2) 其他焊缝应尽可能去锈进行100%的目视宏观检查，必要时可按20%比例进行无损探伤抽查。

(3) 锅炉投入运行5万h时，锅炉检修部门应对汽包进行第一次检查，以后检查结合大修进行，检查内容如下：

1) 集中下降管和座焊缝进行100%的超声波探伤。

2) 筒体和封头内表面去锈后尽可能进行100%宏观检查。

3) 筒体和封头内表面主焊缝、人孔加强焊缝和预埋件焊缝表面去锈后，进行100%的目视宏观检查；对主焊缝应进行无损探伤抽查（纵缝至少抽查25%，环缝至少抽查

10%)。

(4) 检查发现裂纹时，应采取相应的处理措施。发现其他超标缺陷时，应进行安全性评定。

(5) 碳钢或低合金钢高强度钢制造的汽包、安装和检修中严禁焊接拉钩及其他附件。发现缺陷时不得任意进行补焊，经安全性评定必须进行补焊时，应制定方案，经主管局审批后进行。若需进行重大处理时，处理前还需报部及地方劳动局备案。

(6) 锅炉水压试验时，为防止锅炉脆性破坏，水温不得低于锅炉制造厂所规定的试水压温度。

(7) 在启动、运行、停炉过程中要严格控制锅炉汽包壁温度上升和下降的速度。高压炉应不超过 60℃/h，中压炉不超过 90℃/h，同时尽可能使温度均匀变化，对已投入运行的有较大超标缺陷的汽包，其温度升降速度还应适当减低，尽量减少启停次数，必要时可视具体情况，缩短检查的间隔时间或降参数运行。

5. 联箱、管道的监督

运行时间达 10 万 h 的高温段过热器出口联箱、减温器联箱、集汽联箱，由锅炉检修部门负责进行宏观检查。应特别注意检查表面裂纹和管孔周围处有无裂纹，必要时进行无损探伤。以后检查周期为 5 万 h。

工作压力大于或等于 10MPa 的主给水管道、投产运行 5 万 h 时，应做如下检查：

(1) 对三通、阀门进行宏观检查。

(2) 对弯头进行宏观和厚度检查。

(3) 对焊缝和应力集中部位进行宏观和无损探伤。

(4) 对阀门后管段进行壁厚测量。

检查周期为 3 万～5 万 h。

200MW 以上机组的给水管道运行 10 万 h 时，应对管系及支吊架情况进行检查和调整。

6. 汽轮发电机转子监督

对汽轮机大轴、叶轮、叶片和发电机大轴、护环等重要高速运转部件，在安装前施工单位应查阅制造厂提供的有关技术资料，并进行外观检查。若发现资料不全或质量有问题，应要求制造厂补检或采取相应处理措施。对容量大于或等于 200MW 的汽轮发电机大轴，若制造厂未提供详细的检查资料，必须进行无损探伤（含中心孔部位）检查。

大修中对汽轮机大轴、叶轮、叶片和发电机大轴、护环进行外观检查，并对如下重点部位进行无损探伤：

(1) 汽轮机叶片根部和中部。

(2) 套装并用轴向键叶轮的键槽部件。

(3) 转子表面应力集中部位，尤其是调节级叶轮根部 R 处和热槽等热应力集中部位。

(4) 汽轮机、发电机大轴中心孔部位，尤其对国产 200MW 机组和使用时间超过 10 万 h、容量为 50MW 以上的机组，必须检查发电机护环，尤其是内表面。

(5) 大型机组超速试验时，大轴温度不应低于该大轴的脆性转变温度。

7. 大型铸件的监督

大型铸件如汽缸、汽室、主汽门等安装前应由施工单位核对出厂证明和质量保证书，并进行检查，发现裂纹应查明长度、深度和表面情况，由施工单位会同制造厂等有关单位研究制订处理措施，并实施。

检修时由汽轮机检修部门负责进行汽缸、汽室、主汽门等部件的内外表面裂纹的检查，发现裂纹应根据具体情况进行处理。检查周期如下：

（1）新投产的机组运行至 5 万 h 进行第一次检查，以后的检查周期为 3 万～5 万 h。

（2）运行时间超过 10 万 h 且从未检查过的机组，应在最近一次检修时进行检查，以后的检查周期约为 3 万 h。

（四）焊接质量监督

凡属金属监督范围内的锅炉、汽轮机承压管道和部件的焊接工作，必须由按 DL/T 679—2012《焊工技术考核规程》考试合格的焊工担任。

凡焊接金属监督范围内的各种管道和部件，应严格执行 DL/T 5210.7—2010《电力建设施工质量验收及评定规程　第 7 部分：焊接》规定。

凡焊接大量受监范围内管子、重要转动部件的其他重要部件时，应制订焊接工艺措施，焊前宜进行练习和准许性考试。

焊接金属监督范围内的部件，所用焊接材料必须有质量保证书或经过鉴定确系合格品才能使用，禁止使用生锈的焊条、焊丝及药皮变质、剥落的焊条。不能使用未经鉴定的电石气和纯度不高的氩气。

对制造厂焊接的焊缝，安装单位应核对合格证件，并做外观检查。受热面管子在安装前还应切取焊缝进行检验，水冷壁、省煤器、过热器和再热器管子如果是机械焊接，应按每种材料、每种规格、每种焊接方法，分别切取焊缝试样两个。如果是手工焊接，也应按每种堆积按每个焊工，分别取两个焊缝试样进行检验，检验不合格时应加倍切取焊缝试样再检验，如仍不合格，则应通知制造厂并报上级研究处理。

由于各种原因无法对制造厂焊缝进行割管检验，在征得电厂同意并报请主管部门批准后，也可用射线探伤方法代替割管。抽拍率为：机械焊接应按每种材料、每种规格、每种焊接方法抽拍 2%；手工焊接应按每种材料、每种规格、按每个焊工抽拍 5%。检验不合格，应加倍拍片；如仍不合格，则应通知制造厂并报上级研究处理。

金属监督范围内的部件应向承包单位提出必须由按 DL/T 679—2012 考试合格的焊工焊接，焊口应按 DL/T 5210.7—2010 进行质量检验，检验结果返回单位时应附焊接技术记录和检验报告，否则应按规定重新进行检验。

各单位应成立焊工考试机构，领导焊工考试工作。

（五）金属材料的技术监督

（1）受监的金属材料，焊接材料必须符合国家标准或部颁标准，进口的金属材料、焊接材料必须符合合同规定的有关国家的标准。

（2）受监的金属材料、备品、备件必须按合格证和质量保证书进行质量验收。合格证或质量保证书应标明钢号、化学成分、力学性能及必要的金相检验结果和热处理工艺等，数据不全的应补检。检验方法、范围、数据应符合合同规定的有关国家的技术标准。

（3）汽包、联箱、汽轮机大轴、叶轮、发电机大轴、护环除应符合有关部颁标准外，还必须具备质量保证书。

（4）凡受监的钢材、部件在制造、安装或检修更换时，必须采用光谱分析（或其他方法）验证其钢号，严防错用，组装后还应进行一次全面复查，确认无误后才能投入运行。

（5）采用代用材料时，应持慎重态度，有充分的技术依据；原则上应选择成分、性能略优者，还必须进行强度核算，保证在使用条件下，各项性能指标均不低于设计要求。

（6）修造、安装中使用代用材料、必须取得设计单位和金属技术监督工程师的许可并经总工程师批准；检修中使用代用材料，必须经金属技术监督工程师的同意，并经总工程师批准。

（7）材料代用后必须做好技术记录并存档，同时应相应修改图纸或在图上注明。

（8）各级仓库、车间和工地储存金属监督范围内的金属材料、备品备件等，必须建立严格的质量验收、保管和领用制度。对进口钢材、无缝钢管和备品配件等，进口材料单位应在索赔期内负责按合同规定进行质量验收，并按规格、品种和进口合同号分别保管。

（9）经过质量检验的钢材、钢管和备品配件、无论长期或短期存放都应涂色或写标号、分开堆放，并做好防锈工作。

（10）焊条、焊丝及其他焊接材料，应设专库储存。各种焊条、焊丝要分门别类堆放，并按有关技术要求进行管理。保管过程中要每天检查库内温度和相对湿度，相对湿度应控制在60％以下，并经常检查焊条药皮是否受潮、脱浇、龟裂、条芯是否锈蚀。

（11）合金钢材和合金钢备品备件，除检查质保书、协议书或出厂证明书以外，应逐件进行光谱分析验收。合金钢高温螺栓还应逐个进行硬度、粗糙度验收。

（六）火力发电厂应建立和健全的金属技术监督档案

1. 原始资料技术档案

（1）制造、安装移交的有关原始资料。

（2）受监金属部件的用钢资料。

（3）机组超参数运行时间，启停次数和运行累计时间等资料。

2. 专门技术档案

（1）主蒸汽管道、高温再热蒸汽管道蠕变监督档案。

（2）主蒸汽管道普查和材质鉴定档案。

（3）过热器管和高温再热器的蠕变形测量和监察管的试验档案。

（4）高温螺栓的试验检查、更换档案。

（5）重要转动部件检查档案。

（6）大型铸件的检查档案。

（7）焊接质量技术监督档案。

（8）事故分析及异常情况档案。

（9）反事故措施及各部件缺陷处理情况档案。

3. 管理档案

（1）全厂金属技术监督组织机构和职责条例汇编。

（2）上级下达的金属技术监督规程、导则以及厂级编制的金属监督实施细则汇编。

（3）金属技术监督工作计划、总结等档案。

（七）机组检修时的金属监督项目

机组检修时的金属监督项目见表4-6。

表 4-6 机组检修时的金属监督项目

序号	部件名称	检查项目	检查内容	检查周期	负责单位	备 注
1	主蒸汽管道和高温再热蒸汽管道直管	蠕胀测量	蠕胀速度	D	电厂金属	应有专人、专用工具
		外观	裂纹、重皮凹坑划痕等	B	电厂检修	
		壁厚		B	电厂金属	
		金相	金相组织	B		
		碳化物	碳化物中合金元素	一般割管时做		
		硬度		B		
2	主蒸汽管道弯头、再热蒸汽管道弯头	几何尺寸	椭圆度	B	电厂金属	
		测厚	壁厚（外弧）	C		
		外观	裂纹、重皮划痕凹坑等	C	电厂检修	
		无损探伤	裂纹	C	电厂金属	
		蠕胀测量	蠕胀速度	A	电厂金属	装有蠕变测点
3	主蒸汽管道、再热蒸汽管道焊口	外观和无损探伤	焊缝表面缺陷及焊口内在质量	C	电厂金属	
			高合金异种钢焊口表面缺陷及焊口内在质量	D	电厂检查	电厂检查根据情况委托电厂金属进行
		硬度	焊缝和母材硬度，抽查 20%	C	电厂金属	
4	主蒸汽管道再热蒸汽管道三通和阀门壳体	外观	裂纹	D	电厂检修	
		无损探伤	裂纹	必要时	电厂检修 电厂金属	电厂检修根据检查情况委托电厂金属进行
5	主蒸汽管道和高温再热蒸汽管道监视段	蠕胀测量	蠕胀速度	A	电厂金属	应有专人、专用工具
		金相	金相组织	D	电厂金属	
		元素分析碳化物分析	化学成分、碳化物中合金元素含量和碳化物相结构	割管时做	电厂金属	
		力学性能（常温高温）	σ_b、σ、δ、a_k	割管时做	电厂金属	
6	导汽管（锅炉出口、汽轮机进口）	蠕胀测量	蠕胀速度	D	电厂金属	装有蠕变测量点（截面）的
		椭圆度测量	椭圆度	D	电厂金属	
		金相	金相组织	D	电厂金属	
		外观和无损探伤	裂纹、重皮凹坑、外伤等	D	电厂检修 电厂金属	

续表

序号	部件名称	检查项目	检查内容	检查周期	负责单位	备 注
7	再热器	外观检查	有无变形、磨损、鼓包、裂纹等	A	电厂检修	
		胀粗测量	胀粗度	A	电厂检修	
		割管鉴定	化学成分、力学性能、金相、壁厚管径、脱碳层和碳化物相分析等	D	电厂金属	碳钢、钼钢含石墨化检查
8	水冷壁省煤器	外观检查	有无变形、磨损、裂纹等	A	电厂检修	
9	联箱（过热器出口减温器集汽）	外观	表面管孔周围和焊口在无裂纹	D	电厂检修	
		蠕胀测量	蠕胀速度	D	电厂检修	装有蠕变测点的
		内窥镜检查	隔板有否脱落	E	电厂金属	单机≥300MW
		无损探伤	焊缝内外质量	E	电厂金属	
10	汽包	宏观检查	筒体、封头内表面裂纹、凹坑、腐蚀等	A	电厂检修	
			筒体、封头内表面主焊缝和预埋件焊缝	A	电厂检修	
		无损探伤	集中下降管座焊缝超声波探伤	D	电厂金属	
			纵、环缝无损探伤抽查，探伤比率：纵缝≥25%，环缝≥10%	D	电厂金属	对已有作100%超声波探伤并有报告的可部分抽检或对有缺陷的部件进行复查
11	M32 以上高温紧固件	硬度		A	电厂金属	
		金相	金相组织	D	电厂金属	
		力学性能	σ_b、σ、δ、a_k	必要时	电厂金属	
		光谱	Cr、Mo、V 等元素成分	更换时进行	电厂金属	
		无损探伤	裂纹	A	电厂金属	
12	工作压力≥10MPa 的主给水管道	宏观检查	三通、阀门弯头、焊缝有无裂纹	D	电厂检修	
		壁厚	弯头、阀门后管段减薄	D	电厂金属	
		无损探伤	焊缝质量	E	电厂金属	

续表

序号	部件名称	检查项目	检查内容	检查周期	负责单位	备注
13	汽缸、叶轮、主轴、叶片隔板等，发电护环	外观检查叶片、工作部分及根部无损探伤	裂纹	A	电厂检修 电厂金属	
		装有并用轴向键叶轮的键横槽无损探伤	裂纹	A	电厂检修 电厂金属	电厂检修：根据外观及运行情况委托电厂金属进行
		发电机护环无损探	裂纹	A	电厂金属	
		汽缸、汽室主汽门等部件内外表面的宏观检查	裂纹	D	电厂检修	
		汽轮机、发电机中心，孔超声波探伤和宏观检查	裂纹	F	电厂检修 电厂金属	

注 A. 每次大修。

B. 在超设计使用期，最迟不超过使用期的 1.5 倍时间内，结合大修一次或分批检查完，此后每次大修抽查。

C. 在超设计使用期，最迟不超过使用期的 1.5 倍时间内，结合大修一次或分批检查完，以后检查周期根据具体情况确定。

D. 投运 5 万 h 后第一次检查，以后检查周期一般为两个大修周期。

E. 投运 10 万 h 后第一次抽查 20%，若有异常应扩大检查范围，以后检查周期根据具体情况确定。

F. 投运 10 万 h 后进行无损探伤，以后检查周期一般为两个大修周期。

四、金属在高温长期运行过程中的变化

火力发电厂高温金属部件长期在高温和应力下运行，其金属材料会发生一系列与常温下工作的机械部件完全不同的变化。例如，高温高压蒸汽管道和过热器管经长期运行，会发生管径的增大和钢材强度降低等蠕变变形和相应的组织性质变化。因此，主蒸汽管道或过热门器管在运行初期强度是够的，但随着运行时间的增加，会引起强度的降低，严重时甚至会发生爆管事故。又如，高温高压螺栓在运行中，会发生初紧应力随时间的推移而减小，因此高温管道法兰螺栓或高压汽缸结合面螺栓在开始运行时初紧应力是够的，可以保证法兰不漏汽，但久而久之，汽密性不够了，法兰就会产生漏汽。再如，汽轮机叶片在高温运行中，不但要考虑高温强度，而且还必须考虑钢材的疲劳性能。汽轮机叶片在运行初期，其间隙是合理的，但由于高温和应力的长期作用，叶片会发生蠕变变形，间隙会变得不够，将影响汽轮机的安全运行等。不掌握这些现象与变化规律，就无法保证发电机组金属部件的安全运行，也就无法保证电厂的安全经济运行。

金属在高温下长期运行过程中的主要变化有：

（1）金属的蠕变断裂和应力松弛。

（2）金属在高温长期运行中发生的组织性质变化。

（3）金属在高温下的氧化与腐蚀。

（一）金属的蠕变断裂和松弛

1. 金属的蠕变

（1）金属的蠕变现象。金属在高温下，即使其所受的应力低于金属在该温度的屈服点，在这样的应力长期作用下，也会发生缓慢的连续的塑性变形，这种现象被称为“蠕变现象”，所发生的变形称为“蠕变变形”（通常把管径方向的蠕变变形称为“蠕变胀粗”或“蠕胀”）。

对于碳素钢，在300～350℃才出现蠕变现象；对合金钢，在400℃以上会出现蠕变现象，并且随着合金成分不同，开始出现蠕变的温度也不同。

（2）金属的蠕变曲线。蠕变现象通常用“变形-时间”（ε-τ）坐标上的曲线来表示，这种曲线称为蠕变曲线。尽管不同的金属和合金在不同条件下所得的蠕变曲线不尽相同，但它们都有一些共同特征，把这些共同特征表示出来的蠕变曲线被称为典型蠕变曲线。典型蠕变曲线如图4-9所示，它是描述在恒定温度、恒定拉力下金属的变形随时间的变化规律。

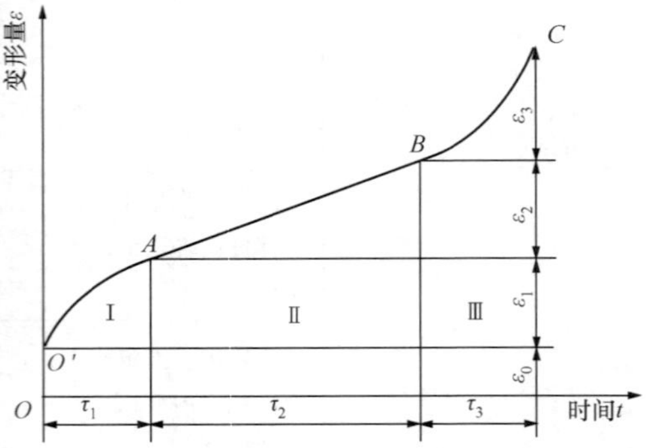

图4-9 典型蠕变曲线

典型蠕变曲线可以分为以下四个部分：

1）瞬时伸长至O'，它是在加上应力的瞬间发生的。假如外加应力超过金属在试验温度下的弹性极限，则这部分瞬时伸长中既包括弹性变形，又包括了塑性变形。

2）蠕变第一阶段（曲线$O'A$，即Ⅰ）。这一阶段的蠕变是非稳定的蠕变阶段，它的特点是开始蠕变速度较大，但随着时间的推移，蠕变速度逐步减小，到A点，金属的蠕变速度达到该应力和温度下的最小值并开始过渡到蠕变的第二阶段。由于这一阶段蠕变有着减速的特点，所以也把蠕变第一阶段称不蠕变的减速阶段。

3）蠕变的第二阶段（曲线AB，即Ⅱ）。这一阶段的蠕变是稳定阶段的蠕变，它的特点是蠕变以固定的且对于该应力和温度下是最小的蠕变速度进行，这就在蠕变曲线上表现为具有一定倾斜角度的直线段。蠕变第二阶段又称为蠕变的等速阶段或恒速阶段。

4）蠕变的第三阶段（曲线BC，即Ⅲ），当蠕变进行到B点时，随着时间的进行，蠕变以迅速增大的速度进行，这是一种失稳状态。直到C点发生断裂。至此整个蠕变过程结束。由于蠕变第三阶段有蠕变不断加速的特点，所以也被称为蠕变的加速阶段。

在试验条件下，做一条典型蠕变曲线可以只用几千小时，但是，在实际运行条件下，运行的工件，例如在额定参数下运行的主蒸汽管道，其整个蠕变过程（就是它的运行时间）是很长的，通常为十几年到几十年。而蠕变第三阶段的时间有可能约占整个过程的总时间的40%～50%。

通常，把蠕变第二阶段的蠕变速度作为设计和使用高温部件（包括金属监督）的依据，并建立第二阶段的蠕变速度与金属温度、应力的关系。在正常的使用条件下，高温金属部件的使用期限只能在蠕变第三阶段发生以前，因此总是把蠕变第二阶段终了时的蠕变变形量作为金属在使用时的极限变形量。但是考虑到蠕变第三阶段的时间与总的时间相比占的比例很大，因此，对于发电厂的某些高温部件，例如主蒸汽管道，认为只能使用到第二阶段终了的这一看法与实际情况是相差甚远的。

（3）金属的蠕变极限。为了说明金属材料在高温下抵抗蠕变变形的能力，引入蠕变极限概念。工程所用的蠕变极限称为条件蠕变极限。条件蠕变极限的含义是：条件蠕变极限是一个应力，在这个应力的作用下，金属在一定温度于规定时间内产生的规定的总的变形量或者引起的规定蠕变速度。

对火力发电厂的高温金属部件，条件蠕变极限作了以下具体规定：

1）在一定温度下，能使钢材产生 1×10^{-7}mm/（mm·h）的第二阶段蠕变速度的应力，称为该温度下蠕变速度为 1×10^{-7} 的蠕变极限。

2）在一定温度下，使钢材在 10^{5}h 工作时间内发生 1%的总蠕变变形量的应力，称为该温度下在 10^{5}h 内变形为 1%的蠕变极限。

汽轮机的叶片、叶轮、隔板和汽缸等部件，在运行时不允许有较大的变形，因此有较严格的蠕变变形量要求，这些部件在强度计算时是以蠕变极限作为强度计算指标的。

（4）温度波动与复杂应力条件下对蠕变的影响。在设计发电机组高温金属部件时，是以在恒定温度下，在单向拉伸蠕变试验机上试验所得到的数据为依据的。但在实际运行工况下，常常会发生温度波动，金属部件也不只受拉力作用，还受到温度波动的影响，受力情况复杂。

与恒定的温度条件下相比，温度波动使金属蠕变极限降低。

主蒸汽管的内压试验要比单向拉伸蠕变试验更接近于实际运行情况，但试验曲线相似，差异较小，这有助于将单向拉伸力下的蠕变试验与主蒸汽管运行时产生的蠕相联系起来，对金属监督工作有着重要的意义。

2. 金属的持久强度与蠕变断裂

（1）持久强度。蠕变试验仅仅是测定第二阶段的变形速度或蠕变的总变形量，还不能反映钢材在高温断裂时的强度和韧性，而持久强度不但能反映钢材在高温断裂时的抵抗能力，同时还能反映钢材在高温断裂时的塑性。试验表明：许多钢材和合金在短时试验时塑性可能很高，但是经高温长期试验后，钢的塑性有显著下降的趋势，有的持久塑性仅达 1%～2%（即出现了所谓蠕变脆性现象），这种情况在作持久试验时能很好地反映出来。因此要全面评定钢材的高温性能，除了进行蠕变试验外，还必须作持久试验，测定钢材的持久强度。

所谓持久强度是指钢材在高温和应力的长期作用下抵抗断裂的能力。在锅炉设计中是以零件在高温运行 10 万 h 断裂时的应力作持久强度。

10 万 h 是相当长的时间，对钢材进行高温持久试验时，一般是不可能进行到 10 万 h，再来确定其断裂的应力，而通常是试验到 5000～10 000h，再外推到 10 万 h 断裂时的应力。

外推法是将在不同试验应力相对应的断裂时间数据描绘到应力——时间双对数坐标上，再将坐标得到的直线外推到 10 万 h 的应力，即为持久强度值。

由于外推法所得数据与钢材实际持久强度值存在差异，所以要求试验时间尽可能增加，以最大限度地增加设计值的可靠性。

（2）金属的蠕变断裂。当金属经过了蠕变第三阶段后，即发生蠕变断裂。蠕变断裂有两种基本类型：一种是晶间断裂（沿晶断裂）；另一种是晶内断裂（穿晶断裂）。晶间断裂是在高温蠕变时普遍存在的断裂现象，断裂时裂纹沿晶界发展，试样在断裂时的变形比晶内断裂小。晶间断裂属于脆性断裂的形式。晶内断裂时裂纹穿过晶粒，断裂时试样总伴随较大的塑性变形，并产生明显的缩颈，属于韧性断裂。

关于蠕变的断裂理论主要有应力集中理论与空位聚集理论。

1）应力集中理论。这个理论认为晶间断裂是由于晶粒交界处应力集中引起的。如果应力超过了晶界结合力，就产生了裂纹。当晶界继续滑动使裂纹扩大到临界尺寸时，裂纹就能继续发展而造成晶间断裂。

2）空位聚集理论。这个理论认为空位聚集是产生晶间断裂的原因，认为在应力与热振动的共同作用下，晶格空位能够运行，当空位聚集在与应力方向垂直的晶界达到足够的数目时，晶界的结合力就受到破坏，产生孔洞，在应力的继续作用下，空洞联结而形成裂纹，最后造成晶间断裂。

3. 金属的应力松弛

金属在高温和应力状态下，如维持总变形不变，随着时间的延长，应力逐渐降低的现象称为应力松弛。

在火力发电厂发电设备中，处于松弛条件下工作的零部件有螺栓、弹簧、汽封弹簧片等。在松弛过程中，由于弹性变形减小，塑性变形增加，所以应力降低，最后就不能保证结合面的密合。因此，实际上金属的松弛过程就是金属在高温下弹性变形自动转变为塑性变形的过程。

由于电厂高温紧固件在运行使用过程中有松弛现象，所以要达到最小密封应力的要求，一般有以下两种途径：

（1）当初紧应力一定时，选择抗松弛性能高的，以保证紧固件在经运行后，其初紧应力不小于最小密封应力。

（2）当所用材料一定时，提高初紧应力，以保证紧固件经运行后的应力不小于最小密封应力。

但是，提高初紧应力受材料本身的强度限制，为此仍以选择抗松弛性能高的材料为好。

（二）金属在长期运行中的组织性质变化

无论奥氏体钢或珠光体钢，在高温下长期运行，不但会发生蠕变、断裂和应力松弛等形变过程，而且还会发生内在的组织和性质的变化。这一点和室温下使用的钢材完全不同，在室温条件下，钢的组织和性质一般均较稳定，不随使用时间而改变。

锅炉、汽轮机高温部件所用钢材在高温下长期运行中发生的组织性质变化主要有珠光体球化和碳化物聚集、碳钢和钼钢石墨、热脆性、合金元素在固溶体和碳化物相之间的重新分配。

1. 珠光体球化和碳化物聚集

（1）珠光体球化和碳化物聚集是所有珠光体耐热钢，如 20 号优质碳素钢、12CrMo、15CrMo、12Cr1MoV、12Cr3MoVSiTiB（п11）、12Cr2MoWVB（钢）102、10CrMo910 或其他相应钢种，在电厂长期高温运行下最常见的一种内在组织变化形式。

珠光体球化是指钢中原来的珠光体中的片层状渗碳体（在合金钢中称为合金渗碳体或合金碳化物）在高温下长期运行过程中，逐步改变其形状，由片层状改变为球状碳化物，球化后的碳化物通过聚集长大，使小球变为大球的过程。

钢材在高温下运行，珠光体的球化和碳化物的聚集是必然发生的。因为，片状渗碳体的表面积与体积的比值比球状碳化物的表面积与体积的比值大得多，也就是说，在同样体积情况下，片状渗碳体比球状渗碳体具有更大的表面积，即片状渗碳体比球状渗碳体具有更高的表面能。在自然界中，能量高的状态总要向能量低的状态变化，因此片层状渗碳体在有温度作用下总是要力求变为球状，小球要力求变为大球，这是珠光体耐热钢金属部件长期在高温下运行过程中的必然变化规律。

珠光体耐热钢发生球化后，使钢的室温强度极限和屈服极限下降，同时也使钢的抗蠕变能力和持久极限下降。当20号碳素钢发生严重球化后其强度极限与屈服极限，分别可下降约160MPa，15CrMo、12Cr1MoV钢严重球化后，约下降100MPa。含0.5%Mo钢在482℃使用20年以后蠕变极限与持久强度分别降低到46%与52%；如果在538℃使用20年后，蠕变极限与持久强度分别降低到23%与45%。可见，使用温度越高，碳化物球化现象越严重，高温性能也越差。

（2）影响珠光体球化的因素。

1）温度与时间的影响。温度与时间是影响钢材球化的最主要的外因，因为球化过程是原子的扩散过程，而原子的扩散，又主要是由温度和时间所决定的。温度和完全球化的时间可由一指数关系表示，即

$$t = Ae^{b/T} \tag{4-1}$$

式中 t——球化达到一定程度所需的时间，h；

A——决定于钢化学成分和晶粒度的系数；

b——常数（对珠光体钢 b=33 000）；

T——绝对温度。

从式（4-1）可以看出，要达到同一极化程度，湿度越高所需的球化时间应越短。

2）化学成分的影响。钢的化学成分对珠光体球化也有较大的影响。由于球化过程是与碳的扩散速度有关，因此，凡能形成稳定碳化物的合金元素，都能减缓珠光体球化过程。在同一温度下，在防止珠光体球化方面，Cr—Mo—V钢比Cr—Mo钢稳定，Cr—Mo钢比碳钢稳定。W、Nb、Ti等元素在钢中也是强碳化形成元素，因此这些元素也能阻碍珠光体球化的发展。

3）塑性变形及晶粒度的影响。塑性引起的加工硬化及晶粒的细化，都将会促进球化过程。例如，0.5%钼钢在500℃球化时，粗晶粒钢需要24 000h，细晶粒钢只需要16 000h，而对经剧烈变形的钢仅需要5000h。

为此，在相同工况条件下，原始状态为退火组织的珠光体球化程度要比正火组织的珠光体球化程度轻，经冷变形的钢材比未冷变形的钢材的球化过程要快。

2. 钢材石墨化

在高温应力长期作用下，碳钢和含钼的低合金耐热珠光体组织中的渗碳体（即 Fe_3C）分解为铁和游离碳（即石墨），这个过程就称为石墨化。

石墨化现象可用以下反应式表示，即

$$Fe_3C \rightarrow 3Fe + C(\text{石墨}) \tag{4-2}$$

式（4-2）中的碳呈游离状态聚集在一起而存在于钢中，石墨的强度和塑性都几乎为零。当游离状态的石墨析出后，就好像在钢中出现了孔洞和裂缝，而造成了钢材内部的应力集中，使强度和塑性显著下降，脆性增加，严重石墨化会引起爆管事故。由石墨化引起的爆管事故在国内外均有发生。美国在1943年用含0.5%钼的低合金热钢作高压主蒸汽管道，在505℃温度下仅运行五年半就发生了爆管事故。后经分析证明，爆管原因主要是在管道焊缝

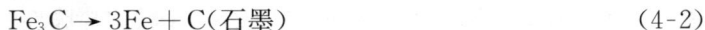

热影响区已产生严重石墨化现象，石墨沿晶界析出，引起了钢材的脆化。管道断裂前未发生显著变形，属于脆性断裂，这一事故造成了厂房的严重损坏，并造成人员死亡。某厂中压机组 20 号钢主蒸汽管道在运行 118 000h 后已发生了较为严重的石墨化现象，钢中总含碳量为 0.195%，石墨碳化含量已高达 0.092%～0.101%，石墨碳含量占钢中总碳量的 47.18%～51.79%，强度极限指标降至最小 352.8MPa（36kg·f/mm^2），与 20 号钢强度极限最小值 411.6MPa（42kg·f/mm^2）比较，已下降 8.3%～14.3%，运行约 57 000h 的三通已接近中度石墨化，当时对主蒸汽管道作了换管处理。

一般碳钢在 450℃以下，含 0.5%钼钢约在 480℃以上运行几万小时后就可能出现石墨化现象，且在钢的下临界温度 A_{c1}以下温度越高，石墨化过程也越迅速。

除温度的影响外，化学成分对石墨化影响较大，铝（Al）和硅（Si）是促进石墨化元素。当钢冶炼时，Al 作为脱氧剂加入钢中，若每吨钢加入量达 0.6～1kg 时，在大多数情况下会发生石墨化；当碳钢和钼钢冶炼时脱氧不用 Al 或加 Al 不足 0.25kg/t 钢时，则实际上不会出现石墨化。某厂中压机组主蒸汽管道在运行 11.8 万 h 后发生了较为严重的石墨化现象，其中一个很重要的原因就是其含 Al 量高，作为耐热钢含 Al 量不应超过 0.025%，而该厂主蒸汽管材经分析其酸溶 Al 量高达 0.038%，大大高于控制含量，从而大大促进了该厂主蒸汽管道石墨化过程的发展。

同样，钢材组织晶粒度大小和冷变形均影响石墨化过程。由于石墨易沿晶界析出，所以粗晶粒钢比细晶粒钢的石墨化倾向小，在相同温度情况下，正火钢比退火钢的石墨化倾向大，冷变形后促进石墨化过程。为此对有石墨化倾向并具备石墨化工作条件的钢管在冷弯后必须进行热处理。

在高压蒸汽管道中，石墨化还最易发生在焊缝热影响区部位。尤其是热影响区中温度在 A_{c1}附近（700～730℃）的不完全重结晶段，更有利于 Fe_3C 分解，从而利于石墨化过程的进行。

3. 钢的热脆性

钢在一定温度区域（400～500℃）长期运行后会产生冲击韧性显著降低的现象，这种脆化现象就被称为钢的热脆性。

呈现热脆性的钢在高温下冲击韧性值并不降低，只有当在室温时才呈现出脆性，与其正常试样相比 a_k值下降 50%～60%，甚至下降 80%～90%。

几乎所有的钢都有产生热脆性的倾向，珠光体钢在热脆性发生的同时，强度和塑性等其他性能一般不发生变化；而奥氏体钢则相反，在热脆性发生变化的同时，还往往发生强度和塑性等其他性能的变化。碳钢只有在塑性变形情况下才能出现热脆性。

比较多的观点认为，珠光体钢的热脆性和回火脆性是一致的。但同时钢的脆性敏感性还取决于钢的化学成分，尤其是合金元素磷（P）及氮（N）等杂质元素的含量，磷、氮存在增大的热脆倾向；钨（W）和钒（V）是属于减弱热脆性的元素。

使钢材产生热脆性的温度区间是 400～500℃，这一温度区间正好是发电设备的锅炉、汽轮机许多金属部件所处的工作温度范围，因此发电设备用钢，应特别注意热脆性的发展。电厂高温运行金属部件中，25Cr2Mo1V 钢高压螺栓，在长期的运行过程中会产生热脆性现象，表现为经运行后钢的室温冲击韧性 a_k值明显降低，并由此而发生脆断。脆断的螺栓其金相组织均可看到新析出的黑色网状晶界，这表明该钢种在高温长期运行所发生的热脆性过程中，沿钢中高温奥氏体晶界有新相析出，这种新相的析出，增加了钢的脆性。

4. 合金元素的再分配

电厂高温金属部件在长期运行过程中，不但会发生珠光体球化、石墨化、热脆性，随着运行时间的推移，还会发生钢中合金元素在固溶体与碳化之间重新再分配。

在高温长期运行下，钢中合金元素要力求从固体向碳化物转移，从而使固溶体（铁素体）中合金元素贫化而使钢材产生软化，使钢的强度、蠕变极限和持久强度降低。

在发生合金元素在固溶体与碳化物中含量变化的同时，在长期运行中还会发生碳化物结构类型、数量和分布形式的变化，一般情况下，原始状态主要是 M_3C 型碳化物，经过长期高温运行后，碳化物将由 M_3C 型转变为 M_7C 和 $M_{23}C_6$ 型。M_7C_3 和 $M_{23}C_6$ 型是复杂结构的碳化物，它们中合金元素含量的百分比要比 M_3C 高，使合金元素在固溶体中的浓度相应下降。

在高温长期作用下，低合金热强钢全产生软化现象，产生软化的根本原因就在于固溶体中的合金元素向碳化物转移与碳化物本身的球化所造成。固溶体中合金元素贫化以钼元素最为剧烈。因此钢中含碳量越高，钢中强碳化形成元素越少，钢材的软化速度也就越快。当钢中加入强碳化形成元素（Nb、V、Ti）时，被强化的固溶体的合金元素再分配扩散过程就会大为减缓。如果钢中同时加入 V 和 Nb，钼的扩散就会更趋缓慢，因此研制和使用耐热性能稳定的钢种可减缓锅炉钢管经长期运行后产生软化，即可以减缓合金元素从固溶体向碳化转移。

（三）金属在高温下的氧化与腐蚀

1. 金属的氧化与脱碳

（1）高温下的氧化。火力发电厂高温金属部件在运行中与烟气、空气接触，会使金属表面发生反应，例如锅炉过热器管的外表面与烟气接触，主汽管外面与空气接触，在接触时与金属化合成氧化膜，这就是氧化过程。氧化是通过氧的扩散来进行的。假如生产的氧化膜是牢固的，那么在生成氧化膜后，氧化过程就会减弱，金属就得到保护。假若氧化膜不牢固、疏松，那么生成的氧化不断剥落，氧化过程就会继续进行下去。

金属的氧化发展速度与温度、时间、气体介质成分、压力、流速、钢材化学成分、形成的氧化膜的强度等因素有关。通常认为：温度越高，时间越长，气体介质中氧的分压越高，流速越大，则金属的氧化发展速度越大。钢中加入 Cr、Al、Si 等元素，生成的氧化膜致密而牢固，可以使钢材的抗氧化性提高。

对火力发电厂用钢来讲，氧化现象首先是铁元素的氧化。碳钢在 570℃以下，生成氧化膜是由 Fe_2O_3 及 Fe_3O_4 组成，Fe_2O_3 和 Fe_3O_4 都比较致密，空隙少，因而可以保护钢以免进一步氧化。当超过 570℃时，碳钢的氧化膜由 $Fe_2O_3+Fe_3O_4+FeO$（FeO 在最内层）三层组成，其厚度比为 1∶10∶100，即氧化膜主要由 FeO 组成，FeO 是不致密的，因此破坏了整个氧化膜的强度，这样，氧化过程得以继续不断地进行下去。

氧化过程中，氧向金属内部扩散首先是沿着晶界进行的，例如对珠光体钢，氧就通过铁素体晶界向里扩散。因此，在检查主蒸汽管道表面时，常常可以在多相镜下看到深度为一个晶粒大小的沿晶氧化裂纹。对管道来讲，这样的小裂纹并不影响其安全运行；但是对高参数的高温用钢，如高温管道必须考虑钢材的抗氧化性，否则会因氧化而受到破坏。

钢的抗氧化腐蚀级别见表 4-7。

表 4-7 钢的抗氧化腐蚀级别

级别	腐蚀速度（mm/a）	抗氧化性分类
1	≤0.1	完全抗氧化性
2	>0.1～1.0	抗氧化性
3	>1.0～3.0	次抗氧化性
4	>3.0～10.0	弱抗氧化性
5	>10.0以上	不抗氧化性

（2）钢的脱碳。锅炉受热面管子或高温蒸汽管道的金属在运行中也会发生脱碳现象。当过热器与烟气接触，而烟气中又含有大量的氧气时，就会使炉管表面产生脱碳。

当处于氧化气氛中，钢管是否会发生脱碳，就需视氧化和脱碳的反应速度而定，只有当脱碳反应速度大于氧化反应速度时，钢管才会产生脱碳现象。

锅炉钢管表面脱碳一般来自两个方面：一是钢管在制造轧制及热处理时造成的脱碳层；二是在运行中钢管与烟气或空气接触产生的脱碳。脱碳会使钢的强度降低，尤其是降低钢的疲劳强度。火力发电厂使用的一些弹簧，若在制造时表面存在脱碳，则会大大降低其使用寿命。

2. 硫的腐蚀

（1）高压锅炉水冷管壁的硫腐蚀。这种腐蚀现象主要发生在锅炉燃烧区域水冷壁管的外表面，其主要原因有以下几方面：

1）煤粉中的黄铁矿（FeS_2）燃烧受热分解出自由硫原子，其反应式为

$$FeS_2 \longrightarrow FeS + [S]$$

2）烟气中存在一定浓度的 H_2S 和 SO_2，两者化合也会产生自由硫原子，其反应式为

$$2H_2S + SO_2 \longrightarrow 2H_2O + 3[S]$$

3）自由硫原子与约350℃湿度的水冷壁钢管中的铁作用发生反应，即

$$Fe + [S] \longrightarrow FeS$$

4）硫化铁继续与氧发生反应，即

$$3FeS + 5O_2 \longrightarrow Fe_3O_4 + 3SO_2$$

高压液态排渣锅炉，若燃用含硫量高的煤种，水冷壁管往往会产生硫腐蚀。硫腐蚀一般会造成很大的危害，一旦发生，将给锅炉正常运行造成很大的威胁。采用渗铝钢管，可有效地防止水冷壁管产生硫腐蚀。

（2）过热器管的高温硫腐蚀。这种高温硫腐蚀是由熔融态的灰黏结在过热器壁上所引起的。由于沉积在过热器管壁上的灰中含有硫及碱性物，它们形成碱性复合盐，当温度在550～700℃时，复合硫酸盐处于熔化状态，和管子金属发生反应，造成过热管子腐蚀。

3. 应力腐蚀

应力腐蚀是在应力与腐蚀介质作用下引起的一种腐蚀性破坏。当金属表面氧化破裂时，导致部分裸露金属承受更大的应力，在腐蚀性介质（蒸汽或烟气）渗入下发生电化学作用而迅速被腐蚀。

应力腐蚀的特点必须是应力与介质同时存在，共同作用，相互促进，才会引起这种破坏。锅炉受热面管子、蒸汽管道、汽轮机叶片、叶轮、汽缸、螺栓等都会发生应力腐蚀损坏

现象。应力腐蚀裂纹多数是沿晶分布的，也有穿晶的，或是沿晶、穿晶混合型的。

4. 腐蚀疲劳

在交变应力与腐蚀介质（蒸汽或烟气）作用下的破坏应称为腐蚀性疲劳破坏。汽轮机叶片、轴类、弹簧等部件常常会发生腐蚀疲劳损坏。锅炉设备中有些金属部件会因为经常发生温度的变化而引起交变热应力，而在交变热应力和介质作用下产生的损坏称为腐蚀性热疲劳损坏。

腐蚀性疲劳裂纹通常是横向的，并且是穿晶型的，裂纹端部圆钝，裂纹内充满腐蚀产物。

5. 氢腐蚀

火力发电站锅炉水冷壁管向火侧有时会发生氢腐蚀爆管现象。当运行中管内发生汽水分层并蒸汽停滞时，锅炉给水质量不佳、杂质在高温区管内壁沉积并结成盐垢时或发生局部腐蚀时等，都会导致局部管壁温度升高，从而使管壁处的水蒸气与钢管中的铁发生反应生成氢原子（当蒸汽和高于 400℃的铁接触就会发生这种反应）。生成的氢原子如不能很快被水、汽带走，氢就会进一步进入钢内与钢中碳化三铁继续作用生成甲烷，其反应式为

$$3Fe+4H_2O \longrightarrow Fe_3O_4+8[H]$$

$$[8H] \longrightarrow 4H_2$$

$$Fe_3C+2H_2 \longrightarrow 3Fe+CH_4\uparrow$$

甲烷气体的形成一方面使钢材产生严重脱碳，使钢材强度降低，另一方面又将在钢材内部形成很大的局部压力，以致形成严重的氢腐蚀裂纹。

第四节 检修阶段突出问题与监督重点

超超临界机组发展非常迅速，但是由于基础薄弱，材料制造、安装、运行、控制等方面及人员水平存在不足，在服役过程中先后出现了一些问题，下面介绍超超临界服役中常见的频发性缺陷，三大锅炉厂产品各有优、缺点，有些类型的缺陷与厂家特殊的炉型结构有关，有些缺陷与选用某种材质有关，还有些缺陷与电厂的运行控制和监督能力有关。

一、四氧化三铁的析出

以日本三菱为代表的超临界以上锅炉炉膛采用内螺纹管垂直水冷壁，具有阻力小、结构简单、安装工作量较小、水冷壁在各种工况下的热应力较小等一系列优点。根据炉膛水平方向热负荷分配曲线，装设不同节流孔圈调节各水冷壁回路的流量，并将节流孔圈移到水冷壁联箱外面的水冷壁管入口段，入口短管采用的较粗管子，将其嵌焊入节流孔圈，再通过二次三叉管过渡的方法，与较小的水冷壁管相接，这样节流孔圈的孔径允许采用较大的节流范围，可以保证孔圈有足够的节流能力，装设水冷壁中间混合联箱和采用节流度较大的装于联箱外面的较粗水冷壁入口管段的节流孔圈，对控制水冷壁的温度偏差和流量偏差均非常有利，节流孔板设计图如图 4-10 所示。为保证水冷壁出口工质温度的均匀性，适合于变压运行。但是伴随着众多的优点，采用内螺纹垂直管圈水冷壁也存在着一些问题，节流孔板的垢物聚结与汽水工质品质有关，铁离子含量较多的炉水，垢物聚结的可能性较大，节流孔板进水侧垢样形貌如图 4-11 所示（见文后插页）。加强运行中铁离子监测，控制好汽水品质是防止垢物聚结的重要前提。锅炉停炉放水时带压放水，启动时通过水冷壁炉前、后分配联箱适

当放水排污，是减少垢物聚结的有效手段。华能玉环电厂通过反复研究，制定了定向加氧技术方案并实施，较好地控制了四氧化三铁的析出与在节流孔处的聚集。

二、水冷壁管子和鳍片的开裂

超超临界百万机组在服役过程中，水冷壁管子和鳍片开裂的问题相当多，而且非常严重。Π 型炉和塔式炉是否使用 T23 材质，在表现上有所区别。

1. 塔式炉

塔式炉结构复杂应力大，使用 T23 材质，危害尤其明显，特别是焊接残余应力大及启停炉变化速率过大，极易导致开裂造成泄漏如图 4-12、图 4-13 所示（见文后插页）。

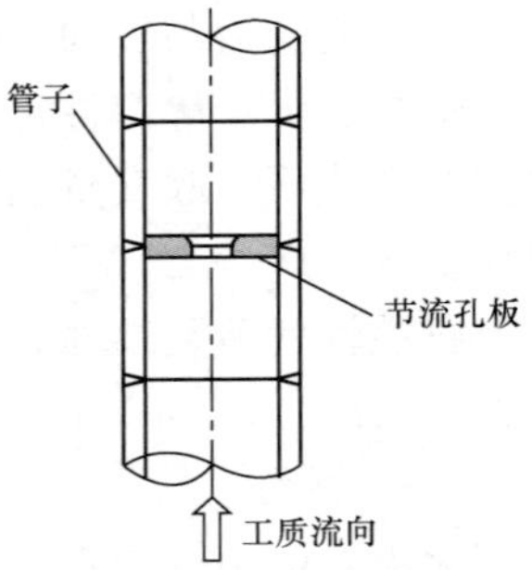

图 4-10　节流孔板设计图

泄漏区域主要集中在标高 40m 至标高 70m 左右（过渡段往下）的螺旋段水冷壁。鳍片角焊缝较多，泄漏处数占总处数的 59.3%，尤其是四个转角弯管处鳍片的角焊缝；其次是刚性过渡梁与水冷壁管之间的角焊缝，约占 28.1%；再次是密封盒处的垫板与管之间的角焊缝，约占 6.3%；工地焊缝泄漏比例为 81%，还有就是停炉后启机过程较多发。T23 开裂分布统计如图 4-14 所示。

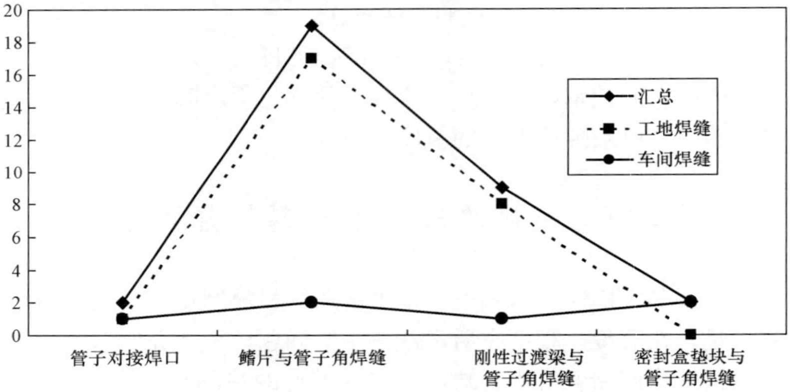

图 4-14　T23 开裂分布统计图

（1）原因分析：由于水冷壁管采用 T23，该材料对焊接质量相关要素更敏感，所以可能与焊后焊缝已存在缺陷（如弧坑裂纹、咬边、焊缝成形不良等）诱发有关。刚性梁附件角焊缝、转角处弯管角焊缝、密封盒角焊缝刚性拘束度大，易产生焊接缺陷。同时，可能与锅炉投运期间调频、调峰速率过快有关。

（2）预防措施：T23 水冷壁，焊接工艺要严格按照超超临界塔式锅炉 T23 水冷壁工地安装焊接工艺执行。同时对焊后焊缝进行检查，重点检查以下区域：标高 40m 至 70m 左右的螺旋段水冷壁进行 100%目视检查及 10%MT；所有刚性过渡梁与 T23 水冷壁管之间的角焊缝，包括工地焊缝、车间焊缝，进行 100%MT；密封盒四个角处与 T23 管之间的角焊缝，进行 100%MT；对接焊口两侧 200mm 为重点检测区。过渡段工地焊口处密封板焊缝进行 10%MT。同时，注意启停速率，做好检修中检查，必要时结合大修水压试验。新建机组水冷壁已大多不再采用 T23 材质。

2. 其他

其他炉型和材质的水冷壁，如哈尔滨锅炉厂（简称哈锅）的Ⅱ型炉和 T12 材质，也在运行中多次发生鳍片开裂，大多分布在前、后墙，燃烧器区域为主；非机械损伤、焊接质量引起的，以随机分布为主；温度、燃烧、宽鳍片等因素引起的，以 2 号、3 号角分布较多，如图 4-15、图 4-16 所示（见文后插页）。

（1）原因分析：各种因素（如燃烧方式，燃烧调整、煤质、水冷壁局部挂焦、局部喷涂等）造成的水冷壁壁面热负荷不均与过热，及由于鳍片冷却和管子内蒸汽冷却不一致，导致的管屏与鳍片之间的膨胀热应力，温度应力较大。炉膛热负荷沿炉宽分布示意如图 4-17 所示。

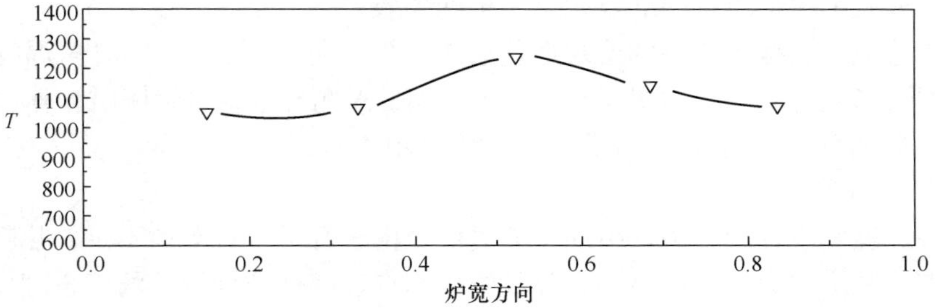

图 4-17　炉膛热负荷沿炉宽分布示意图

（2）预防措施：实施鳍片施工的专门工艺控制措施，严格鳍片质量管理，包括特殊气候条件下焊接作业特殊技术措施，及抢修过程工艺执行要求；调修、检修中继续坚持放水检查和上水检查制度，细化检查措施，加强对 2 号、3 号角等燃烧器区域重点部位的检查；开展煤质劣化、燃烧切圆方式、燃烧调整、挂焦、喷涂、一次风配比等因素对水冷壁壁面热负荷不均及吸热偏差影响研究；提出、实施降低管屏热应力要求、措施。

三、高温腐蚀

超超临界机组在服役后由于煤质差、燃烧调整等各种因素，水冷壁和过热器系统高温腐蚀均有不同程度存在，有些区域特别严重，涉及的管屏材质主要为 T12、TP347H、Super304H 和 HR3C，管子宏观上外壁损伤不明显，壁厚未见异常减薄迹象，腐蚀的程度在炉膛内有一定的规律，2 级过热器与燃烧器切圆方向有一定对应关系，顺着切圆方向，稍严重。3 号过热器、4 号过热器主要产生在炉膛靠近 A、B 两侧附近，中部程度较轻。过热器外表面腐蚀个别严重部位呈现溃疡状凹坑（0.2mm 以内），多数呈现斑驳状，部分呈现疏松的腐蚀垢层形貌，其中二级过热器 TP347H 管子腐蚀较为严重。管屏腐蚀较为严重的部位基本上均集中在管子下弯头部位的直管和水平管积灰较为严重的部分，且腐蚀层与金属基体界面处呈现出较为新鲜的黄（绿）色特征。积灰的水溶液及外壁垢层中均含有一定量的氯元素，这表明积灰中的氯元素可能对管子的外壁腐蚀有促进作用，如图 4-18～图 4-21 所示（见文后插页）。

腐蚀的原因有局部热负荷高、燃烧壁面还原性气氛、煤质差、含硫量较高及煤场喷淋的水中氯离子含量较高。

四、水冷壁及尾部烟道吹损

机组在服役过程中，频繁发生了水冷壁吹灰器区域、锅炉尾部烟道吹损，图 4-22、图

4-23 所示（见文后插页）为尾部吹损示意图。

吹损的主要原因：哈锅更改了锅炉设计，使尾部吹灰器距离管屏间距变小，吹灰器厂家与锅炉厂家吹损压力设置不一样，未按照锅炉厂家建议参数设置，同时燃烧煤质较差，灰分多，增加了吹灰频次。

预防的主要措施：尾部吹灰器改用部分声波吹灰器代替；降低和减少吹灰压力、频次和时间；吹灰气源改造，增加吹灰前疏水等措施，提高气源过热度，防止蒸汽带水；增加防磨瓦；水冷壁吹灰器区域的局部喷涂等措施，加强检修中防磨防爆检查。

五、主蒸汽、热段管道接管座焊缝

超超临界机组由于服役参数高，应力大，负荷变化频繁等各种因素，上述高温高压管道的接管座角焊缝及第一道对接焊缝也发生了早期失效。

高温高压管道上联接小管路的宏观形貌见图 4-24（见文后插页），离角焊缝最近的第一道对接焊缝裂纹形貌见图 4-25（见文后插页）。热段 A 侧排空管接管座磁粉检验缺陷显示见图 4-26（见文后插页），其管座内开孔裂纹形貌见图 4-27（见文后插页）。

1. 裂纹原因分析

（1）对接焊缝发生Ⅳ型开裂，引起早期失效，由于管子布置柔性不足，热膨胀及端点附加位移造成管子二次应力过高；另外，部件结构不良，部件结构设计的不合理导致现场热处理效果差，结构应力与二次应力重叠等原因诱发高应力蠕变失效。

（2）排空管接管座外壁沿圆周方向的裂纹为内壁裂纹诱发产生，内壁裂纹在扩展过程中沿着管座角焊缝熔合线这一薄弱环节扩展表现出来。从内壁裂纹宏观形貌可以分析裂纹是由温差引起的热疲劳裂纹。由于排空管在运行中基本处于不开启状态，管内蒸汽不流动，极易在沿着热段管子开孔的厚度方向形成较大的温差。阀门安装位置、管路走向、阀门不紧、保温不良等因素会加大这种温差。从接管内壁的氧化皮形貌和厚度上也可以验证这一点，沿着管子进入热段方向，越进入热段氧化皮越严重，远离热段的就相对很薄，而氧化皮的生成跟温度有很大的关系，温度越高，氧化皮生长得越厚。正常内部存在流动高温蒸汽的管子，无论外壁如何保温，总是沿着厚度方向存在一个温度下降梯度，只是这个梯度有大有小，蒸汽温度、流动性、保温效果、时间等会影响温度梯度。梯度越大，温度应力越大，P91 等马氏体材质合金含量越高，温度应力诱发裂纹的敏感性越强。

2. 预防措施

（1）消除焊接接头Ⅳ型蠕变开裂。主要采取改善部件结构，降低结构应力，方便焊接热处理质量控制，优化检验方案，改善支吊架布置，增加柔性，降低系统应力。

（2）消除热段排空管裂纹，主要采取减少管子开孔处温差，一次阀移装就地，改善焊接热处理工艺保证质量，局部加强保温，阀门内漏排查等措施降低温差。

六、锅炉防磨防爆检查

超超临界机组由于锅炉受热面选用材料等级的提高，与常规机组相比，所承受的温度和压力更大，由此造成的受热面磨损、腐蚀等问题也更突出。利用检修机会，对受热面内部进行全面检查，也是避免“四管”（水冷壁管、过热器管、省煤器管、再热器管）泄漏的有效手段。

为确保机组安全经济运行，减少锅炉“四管”泄漏次数，应结合各火电厂的实际情况，编制相应的“四管”防磨防爆管理办法及实施细则。防磨防爆防泄漏的目标是应保证一个检修期内（一年），锅炉“四管”不发生因磨损泄漏、过热爆管、机械损伤、检修质量等原因造成机组非计划停运。

锅炉“四管”防磨防爆防泄漏工作应实行三级管理，逐级负责制，做到“分工明确、责任到人、检查到位、监督到位”。从运行、检修、检测、监督各个环节进行全过程控制，以机组大、小修防爆检查为主，结合机组停运情况，实行“逢停必查”的原则。通过开展技术革新，学习推广新技术，不断提高机组防磨防爆技术水平。

1. 锅炉“四管”检查内容

（1）水冷壁和下降管：炉膛观火孔等周围水冷壁管磨损、腐蚀检查，水冷壁管结渣、腐蚀、超温、磨损检查，高温区定点测厚，水冷壁支吊架、挂钩检查，喷燃器区域及吹灰孔周围检查。水冷壁防磨防爆及尾部检查如图 4-28 所示（见文后插页）。

（2）过热器、再热器：管排磨损及蠕变胀粗、鼓包检查，管外壁宏观检查，穿墙管碰磨情况检查，吹灰器吹损情况检查，壁温测点检查及校验，吊卡及固定卡检查与调整，膨胀间隙检查。

（3）省煤器：防磨装置检查及整理，磨损情况检查，省煤器出、入口联箱管座焊口抽查，管排及其间距变形情况检查。

2. 锅炉受热面检查部位

（1）存在相互接触和摩擦，易产生局部机械磨损的部位：穿墙管、水平受热面（低温过热器、低温再热器、省煤器）与悬吊管接触部位、管卡处管子等。

（2）易产生冲刷磨损的部位：燃烧器喷口本身及附近水冷壁、看火孔、人孔门、穿墙管等易产生漏风的部位。

（3）处在流速和飞灰浓度高的部位：省煤器、水平烟道内过热器上部管段、卧式布置的再热器等，特别是出列的管子、易产生烟气走廊部位的管子。

（4）易因膨胀不畅而拉裂的部位和炉顶穿墙而未加套焊接的管子：水冷壁四角管子、燃烧器喷口和孔、门弯管部位的管子，工质温度不同而连接在一起的包墙管，与烟、风道滑动面连接处的管子等，炉顶末级再热器、过热器等穿墙而未加套管焊接的管子。

（5）受蒸汽吹灰器汽流冲刷的管子及水冷壁或包墙管子上开孔安装吹灰器部位的邻近管子。

（6）可能会发生长期超温爆管的管子：屏式过热器、高温过热器和高温再热器等经常有超温记录的管子，异种钢接头附近低耐温级别材质迎火面管子。

（7）易发生爆漏的各种焊口：承受荷重部件的承力焊口，如过热器、再热器穿墙管焊缝；联箱管座焊口；异种钢焊口；变形严重的受热面管排；试运期间发生过爆管部位、补焊过的管子。

3. 检查要求

（1）锅炉受热面管排排列应整齐，管距均匀，必要时可用加装结构合理的定位装置来保证。凡是为了方便检修而拉弯的管排一律要恢复原位，防止个别管子出列而造成严重磨损，原有的管架、定位装置也应恢复正常。水冷壁管局部向炉内突出，应检查原因，向外鼓出超过管径时应采取措施，消除后再拉回原位。

（2）尾部烟道侧管排的支架和防磨罩应结合停炉进行检查，凡脱落、歪斜、鼓起、松动翻转、磨穿、烧损变形的均更换处理。对因结构不合理、曾经发生泄漏的类似部位，应制定改造方案，在机组检修中进行整改，消除泄漏隐患。

（3）检修中应彻底清除残留在受热面上的焦渣、积灰以及遗留在受热面的检修器材、杂物等。

（4）加强锅炉本体、烟道、人孔、看火孔、炉底水封槽等处的堵漏工作，减少漏风，降低烟速，消除对管子的疲劳损伤及漏风形成的涡流所造成的管子局部磨损。

（5）对超温管段和运行时间接近金属监督规程要求检查时间的管段，应割取管样进行试验，以确保其剩余寿命。

（6）按化学监督和金属监督要求割管检查炉膛高热负荷区水冷壁内壁结垢腐蚀情况，对下部省煤器入口段应割管检查腐蚀情况，对末级过热器、再热器出口段应割管作金相检查。

（7）不允许存在超标缺陷和危害性缺陷。

4. 更换条件

检查受热面管子有下列情况之一时应进行更换。

（1）壁厚减薄 30%。

（2）碳钢管胀粗超过 3.5%D（管道直径），合金钢管超过 2.5%D。

（3）腐蚀点深度大于壁厚的 30%。

（4）高温过热器表面氧化皮超过 0.6mm。

（5）表面裂纹肉眼可见。

（6）石墨化大于或等于 4 级。

5. 加强巡检、及早发现四管漏泄

当受热面爆破时，由于大量汽水外喷将对锅炉运行工况产生较大的扰动，爆破侧烟气温度将明显降低，使锅炉两侧烟气温度偏差增大，给参数的控制调整带来困难。

水冷壁发生爆管时，还将影响锅炉燃烧的稳定性，严重时甚至会造成锅炉熄火。当受热面发生泄漏或爆破后，如不及时调停处理，还极易造成相邻受热面管壁的吹损，并对空气预热器、电除尘器、引风机等设备带来不良的影响。

七、检修监督项目策划与管理

1. 项目策划

（1）为满足温度、压力参数要求，大量使用了新型耐热钢材料：T23、T92/P92、T122/P122、sup304h、Hr3c。

（2）早期的机组使用进口材料，后续工程大多采用了国产化的新型耐热钢，这些国产化的材料长期性能需要验证。

（3）超超临界机组的数量远远超过了国外数量，新型耐热钢材料运行经验很少，难以掌握其长期运行后的性能变化。

（4）超超临界在建设的大发展、大跃进过程中，制造、安装分包现象很多，监造不到位现象比较普遍，质量难以保证，同时安装过程工期紧、检验工作量大、检验不到位等因素，金属设备的质量问题引发的不安全事件增多。

（5）新建机组多，检验力量，技术人员，运行经验，科研成果共享资源少，有效举一反三，避免类似事件发生措施少。

（6）已服役机组材料、设备故障频发，新问题不少，监督任务艰巨。

2. 项目管理

检修管理上重视修前分析、修中控制、修后总结评价。

(1) 重视修前的招投标文件编写，把有关的金属监督要求，焊接要求很明确清晰的传递给检修施工单位。

(2) 选好金属监督检验单位，自基建以来，始终长期与西安热工研究院材料部进行合作，较强责任心和较好的技术队伍，为机组检验提供了保证。

(3) 检修过程控制，审核好检验大纲、方案、关键的检验工艺均按电厂要求执行。

(4) 重要部件焊接消除缺陷均编制专门的方案措施。

(5) 外来焊工上岗练习考试。

(6) 检验单位作为二级验收参加“检验意见单”缺陷消除三级验收封闭。

(7) 修后总结评价，固化经验、亮点，提出下次检验意见。

第五节 火力发电厂金属事故分析

一、锅炉爆管分析

1. 过热爆管

(1) 超温与过热。锅炉受热面管子及蒸汽管道用钢都有使用温度范围，例如，当过热器壁温小于或等于 500℃、蒸汽管道金属壁温小于或等于 450℃时，可选用 20 号优质碳素钢。管子与管道壁温分别增高至 580～590℃时，应选用 12Cr1MoV 钢种或 12Cr2Mo 钢。当前高温高压机组从 50MW 到 600MW 机组的主蒸汽管道与再热蒸汽管道热段均采用该钢种。美国钢号 P22（小管径用钢 T22)、德国钢号 10CrMo10、日本钢号 STPA24（小管径用钢 STBA24)，均属于该钢种，该钢种最常用的温度是 540～555℃。但是不能将各种钢材最高使用温度作为额定使用温度，而应把管子的设计运行温度或电厂运行规程规定的运行温度作为管子的额定温度，超过此温度界限称之为超温。除特殊情况之外，超温一般是指运行而言，超温的结果必然引起管子过热，甚至发生爆管。

对运行设备所提到的过热概念与钢铁热处理理论中所提到的过热概念是完全不同的。前者为分析锅炉爆管现象而提出的概念，与高温运行金属部件的使用寿命相联系，为说明爆管时金属断裂的本质而产生的。如长期过热（或称长时过热）是对蠕变断裂而言的；而短时超温过热则是一种高温快速拉断过程。热处理理论中所谓的过热概念，是指钢在进行热处理过程中加热时，由于加热温度过高（通常超过 1000～1100℃）使奥氏体晶粒粗大，并在一定的冷却条件下产生魏氏体组织，致使钢的冲击韧性降低。这种缺陷可通过重新热处理而得到消除。

(2) 过热爆管。过热爆管一般发生在锅炉受热面管子上，当管子的实际运行温度超过了允许的设计运行温度，就会引起金属过热，导致管材蠕变加速，并使钢的持久强度下降，从而使管子的使用寿命在未在达到设计使用寿命之前就提早损坏。这种损坏现象称为金属超温过热损坏，由此而引起的爆管属于超温过热爆管。

引起过热的原因较多，设计、制造、安装、运行、热控、化学等方面因素都可能引起管子过热。设计结构因素，如蒸汽流量分配不均匀，烟气温度分配偏差与流速不均匀，热偏差造成管屏、管间温度不均匀，传热面积设计偏差，水循环与水动力不稳定，燃烧煤种设计不合理，管子用钢设计选材不当等。制造、安装施工因素主要有错用钢材与管内留有异物，运行因素有变负荷运行（尤其是过负荷运行），吹灰器安装、检修、投用不当，燃烧中心偏移，误操作、误判断等。热控因素如仪表自动化程度差、仪表失灵等。化学因素主要有化学监督不力，汽水品质不好而致使管内结垢等。

1）长时超温爆管。锅炉受热面管子在高温、应力长时期作用下，会引起蠕变变形。在规定限度内小量的蠕变变形是允许的，对正常运行影响不大。如果运行中某些原因使管壁温度超过了设计温度，在高温长时期作用下，由于金属原子扩散速度增加，导致钢材结构的变化，蠕变速度加快，持久强度下降，使用寿命达不到设计要求而提早爆破损坏，即为长时超温爆管，也称为长期过热爆管或一般性蠕变损坏。

长时超温爆管过程中，钢材长期在高温和应力的作用下，由于产生了碳化物球化、碳化物沿晶界聚集长大等组织变化，在晶界上先产生微裂纹，当这些微裂纹扩展甚至连续起来承受不了管内介质的压力，就发生了爆破。由于长时超温其管壁温度总是在钢的下临界点（A_{c1}）温度以下，虽然有介质的冷却作用，但是除了上述的组织变化外，还不会发生相变。

长时超温爆管一般发生在高温过热器管出口段的外圈向火侧。过热器管子爆破事故约有70%是由于长时超温而引起的。水冷壁管、凝渣管、省煤器管等管子偶然也会发生这类爆破损坏现象。

爆破口的特征如下：

长时超温爆管的破口呈粗糙脆性断口，一般口较小，管壁减薄不多，管子胀粗也不很显著，爆破口附近往往有较厚的氧化铁层，常伴有密集的纵向裂纹。爆破口的这些特征是与钢材在长时超温运行过程中，组织结构不断发生变化和介质的不断腐蚀有关。由于组织的变化和腐蚀，首先产生微细的蠕胀裂纹和应力腐蚀裂纹；在继续超温运行过程中微裂纹不断地形成和发展，最后由于裂纹的扩展，引起了爆管事故。蠕变微裂纹一般是在沿晶界处，特别是三晶粒结合处先行产生。

除运行工况恶化或其他因素引起的受热面管超温因素外，由于制造、安装过程错用钢材或管内留有异物使管内受堵而引起长时超温爆管的情况时有发生。

错用钢材实例：当发生错用钢材时，对于被错用的使用温度较低的钢材来说，实际上是一种较大幅度的超温行为，例如，错将20号碳钢管当作12Cr1MoV钢用于540℃额定温度下，按碳钢管用于受热面管子最高使用壁温为480℃计，则对于错用的碳钢管来说，相当于长期在超温60℃工况下运行，因此会加速蠕变损坏，引起爆管。

某电厂125MW高压机组5号锅炉法兰夹层加热管（炉外管），发出嘶嘶漏汽声后不久破断。按设计要求，加热管材质应为12Cr1MoV低合金钢，规格为76mm×8mm，采用W/D工艺与热压弯头焊接，但事故发生后经光谱分析鉴定，加热管实际为碳钢，说明安装单位在基建过程中未严格把好管材检验关，因此错用了钢材。

管内留有异物使管子受堵引起长时超温爆管实例如下：

【例4-1】某电厂3号炉（200MW高压机组）1985年12月投产前，大屏过热器从1986～1988年先后共发生了7次爆管，11根爆管均发生在大屏管U形弯头部位，破口形貌具有长时超温过热的特征，金属组织严重球化，最后查到爆管是由于管内残留一片30mm×5mm的圆形铁片引起的，圆形铁片冲到哪只弯头，哪只弯头就过热爆管。经分析认为这很可能是制造单位对联箱钻孔时，加工碎片掉入联箱内引起的。这种事故只有制造单位加强质量监督才能予以消除。

【例 4-2】某电厂 1 号炉（125MW 高压机组）1993 年 7 月投产。对流过热器在投产后运行 150h 就在弯头部位发生局部过热爆管，后不久连续 3 次爆管，经分析认为爆管的最大可能是管内存在异物造成的，因此，该电厂采取有力措施，对第 3 次爆管附近数排管子进行割管检查，结果发现安装通球阶段将 2 号钢球遗留在管内将管子几乎堵住，从而使管子受热工况严重恶化，这是一起典型的安装时有关部门管理不严所造成的锅炉爆管事故。

【例 4-3】某电厂 300MW 亚临界高压机组 2 号炉屏式再热器在 168h 试运行期间，屏式再热器下弯头在 12 天中连续两次发生爆管，第一次爆管，管内有明显的泥砂堵塞现象；第二次爆管，管内仍可见到黏土与铁屑的混合物。弯头底部内壁因管内异物堵塞，管壁传热严重恶化，管子严重过热，原来的正常组织严重球化。

为此在第 2 次爆管后，对爆管段底部黏土进行 X 光拍片试验，观察黏土等杂物在底片上能否有反映，拍照结果，从底片上能清晰地反映管子内部黏土杂物堵塞情况，并进一步证实 X 光拍片检查异物可信，最后决定对 30 排管子全部采用 γ 射线进行拍片检查，结果共查出 50 根管子弯头底部有不同程度的沉渣，加上爆管的 2 根共 52 根，占屏式再热器总数的近 12.4%。

【例 4-4】某电厂 2 号亚临界高压机组（600MW）于 1994 年投入运行，至 1995 年 11 月份第 1 次大修，1996 年 3 月大修后投入运行。1996 年 8 月 11 日发生末级过热器爆管，爆管部位在右数第 27 根烟气出口侧最外圈管子弯头下部外弯弧处，末级过热器上部采用 TP304 不锈钢管材，下部采用 T22 低合金耐热钢管材，两种管材外径相同、内径不同，T22 管材规格为 ϕ50.8×12.19mm。爆口具有严重过热特性，金相分析结果金属组织严重过热球化，在未真正查出引起管子过热的原因情况下，新弯管子在运行 4 天半后又发生爆破，爆破部位与上一次完全相同。爆破就发生在新管相同部位的弯头下部，两次爆管爆破口形貌也几乎完全一样，具有严重过热的特征。第二次爆管后从技术人员到厂领导都取得了一个比较一致的看法，即认为管内一定有异物堵塞，且管内受堵情况比较严重，否则不会在如此短的时间又一次发生新管子爆破。因此经这次爆管后研究决定，不查出异物，机组决不投入运行。由于分析与决策正确，终于在炉后 T12 与 T22 钢管不等径焊口处查到一只对角线尺寸为 27mm 的六角螺母，而 T22 管内径恰好是 26.42mm，六角螺母在管内所处位置正好将管子全部堵死，使管子蒸汽流动受阻，两次爆破都发生在弯头部位。这是一起典型的因在制造或安装过程中将异物留在管内而引起的爆管事例。

2）对长时超温爆管的金属监督与检查。为防止锅炉受热面管子发生长时超温爆管应做好以下几方面工作：

a. 严格按机组设计额定运行参数（温度与压力）正确选择相应匹配的钢材，避免选择低档钢材。

b. 严格按设计运行温度或运行规程规定的温度运行，一旦发现有超温情况，应及时分析原因，采取对策，消除引起超温的因素。

c. 加强制造与安装阶段的金属技术监督全过程管理，防止错用钢材与堵管情况发生。

d. 加强防爆检查，对易发生过热的受热面管如过热器、再热器、水冷壁高热负荷区，应结合大修认真进行检查，观察管壁颜色变化，如氧化皮形成情况、测量管径外胀粗情况。

e. 设置监视段，按有关规程要求进行定期割管、进行力学性能试验与金相组织分析，以预测管子热强性能和组织结构变化。

3）短时超温爆管。锅炉受热面管子在运行过程中，由于冷却条件的恶化，管壁温度在短时间内突然上升，到达了钢的下临界点温度 A_{c1} 以上，或达到了钢的上临界点温度 A_{c3} 以上。钢在这样高的温度下短时抗拉强度急剧下降，在介质压力的作用下，温度最高的向火侧首先产生塑性变形，管径胀粗、管壁减薄，随后发生剪切断裂而爆破。爆破时，由于介质对炽热的管壁产生激冷作用，在爆破口往往有相变或不完全相变的组织结构，这种爆破称为短时超温爆管，也称为短时过热爆管。

短时超温爆管大多数发生在水冷壁管燃烧带附近有喷燃器附近的高热负荷部位管子向火侧。

a. 爆破口特征。短时超温爆破口一般胀粗较为明显，管壁减薄很多，爆破口呈尖锐的喇叭形，其边缘很锋利，具有韧性断裂的特征。爆破口附近有时有氧化铁层，有时没不有。

短时超温爆破口的这些特征与超温爆管时产生较大的塑性变形，使管壁减薄，因而承受不了介质的压力而引起的剪切断裂有密切关系。

短时超温爆管的过程类似高温短时拉伸试验，首先在管壁温度最高的一侧胀粗，管壁减薄，减薄管壁处增大，在局部部位形成剪切拉断裂纹而爆管。爆破口附近的氧化铁层厚度，则要从运行情况来分析。如果管子一直是在设计温度下运行，氧化铁层就较薄。如果曾经在超温过热情况下运行过一段时间后再发生短时超温爆管，则氧化铁层就较厚，而且爆破口的背部（即背火侧）还会出现碳化物球化等组织变化。

b. 短时超温爆管的组织结构和性能的变化。因为短时超温爆管温度要高于钢材的 A_{c1} 临界点，甚至有时要达到或超过 A_{c3} 临界点，因此要发生相变，如果爆管后又被介质迅速地冷却了下来，因此就好像进行了不同程度的淬火处理。爆破口处可得到马氏体、贝氏体及屈氏体之类的淬硬组织；如果水冷壁管迅速超温时，管内无炉水，事故过程又始终未进水，则对水冷壁管来说就好像进行了炉内退火处理，得到相变的珠光体加铁素体组织；如果在短时超温爆管前，管子已经历过一段长时超温过热的过程，则在爆破口背部或在爆破口附近，会出现碳化物球化的组织变化。组织结构变化后，力学性能也会发生变化，如果爆破口由于炉水的激冷作用发生了淬火效果，则爆破口附近的硬度会有较大幅度的提高。

c. 短时超温爆管的监督与检查。

（a）了解运行工况，查明短时超温爆管原因，分清人为与设备事故责任。

（b）对爆破口进行重点分析，了解宏观、微观变化特征，分析超温幅度，是分析事故的基础；提高运行人员素质与技术水平，防止误判断与误操作；提高仪表自动化程度，完善热控检测手段。

2. 材质不良引起的爆破

这种损坏主要是由于在制造、安装和检修阶段管理不严，使用了有制造缺陷的管子所造成的，因而在各类受热面管子上都可能发生。

近几年由于电站锅炉发展迅速，用材品种多，来源广，加上选材及检验工作中的不严，因材质不良引起的事故有所增长。

钢材制造缺陷主要有偏析、夹杂物、发纹、疏松、残余缩孔、过热和过烧、脱碳、折叠、拉痕等。而最常遇到的材质缺陷则是折叠与拉痕，其次是偏析与脱碳。无论是脱碳、折叠或拉痕等制造缺陷的存在，均严重削弱了管壁强度，在高温和应力长期作用下，缺陷部位还容易引起应力集中，产生裂纹，致使承受不了介质与压力的作用而爆破。

有缺陷的管子爆破时，爆破口往往是沿缺陷豁开，裂纹较直，无任何变形。爆破口边缘一般由两部分组成：即原有缺陷部分边缘粗糙呈脆性；在工作压力作用下拉开部分则呈韧性断面。

有缺陷的管子爆破时金相组织不发生任何变化。

以下举几个因材质问题而引起事故的例子。

【例 4-5】某电厂一台 125MW 高压机组过热器悬吊管在水压试验时泄漏，裂纹起源于管子对接焊缝，并向吊攀焊接处发展，经分析发现，引起裂纹原因，除裂纹部位存在二次施焊的焊接残余应力外，管材本身存在严重组织偏析，凡有裂纹处无珠光体组织，即裂纹在贫区产生、发展，并在贫碳区萌生新的细裂纹。

【例 4-6】某电厂 5 号（125MW）高压机组于 1996 年 1 月进行水压试验过程中，当升压至 7.94MPa 时，一根省煤器管发生泄漏。经分析泄漏管裂纹源为外壁，并向内壁发展，而裂纹是由于管外壁本身存在严重的制造缺陷“拉痕”而引起。在接痕开口处还嵌有竹丝，外表再刷上油漆，因此在未发生爆管之前，缺陷完全被掩盖，分析认为这是一起因制造单位质量意识差而引起的人为事故。

在金属监督工作中应严格把好钢材质量关，给机能安全运行打下坚实的基础。

对材质不良引起爆管泄漏事故的监督与检查如下：

（1）加强材料入库时质量验收工作。

（2）加强在制造、安装、检修过程中，对使钢管的质量复检工作。

（3）加强对钢材在制造、安装、检修等各个环节使用中的全过程管理与全面的质量检查与验收工作。

3. 腐蚀性热疲劳损坏

锅炉受热面管子的某些部位，在腐蚀介质的长期作用下，经过反复加热和冷却后，往往会出现裂纹。裂纹形成的原因是在反复加热和冷却的过程中，钢材经过了反复的膨胀和收缩，因而产生了交变热应力，引起疲劳裂纹。疲劳裂纹特别容易产生在有缺口（如表面毛糙、划痕、腐蚀坑等）的区域。因为在这些区域腐蚀速度较大，所以称为腐蚀性热疲劳裂纹损坏。

锅炉受热面管子的汽水分层、省煤器管汽塞、过热器管带水、减温减压阀门间歇性开启等，都会造成温度的波动，因此，这些地方的零部件特别容易产生腐蚀性热疲劳裂纹损坏，一般都是产生不太大的裂纹，短而且粗，断面粗糙，呈脆性状态，没有收缩减薄现象，也很少发生爆管事故。

当应力较小、腐蚀作用占优势时，裂纹端部就圆钝；当应力较大、腐蚀作用较轻时，则裂纹端部就变小。

4. 氢脆爆管

氢腐蚀主要与运行及化学监督工作有关，主要发生在水冷壁高热负荷区管子的向火侧部位。化学监督工作不力、水汽品质不好，导致管内壁结垢与炉水 pH 值低呈酸性是造成水冷壁管大面积氢腐蚀的主要原因。由于氢腐蚀引起的爆管，不仅使管材强度极限下降，而且使钢材塑、韧性严重降低，脆性大，所以由氢腐蚀引起的爆管也称为氢脆爆管。

（1）氢脆爆管宏观特征：爆破口呈特有的“窗口形”形貌，破口边缘呈钝边，无明显管壁减薄现象，爆口两端管径也无明显胀粗与减薄，呈脆性爆破。

（2）氢脆爆管微观组织特征：金属组织发生严重的脱碳，脱碳处产生严重的晶间裂纹，脱碳现象与伴随的晶间裂纹从管子向火侧内壁开始向外壁发展，越接近管子内壁脱碳越严重，晶间裂纹越多；相反，越接近管子外壁则金相组织越趋正常。

【例 4-7】 某电厂 3 号炉（50MW 高压机组）水冷壁管，累计运行近 8 万 h 就发生一次典型的氢腐蚀爆管，从冷灰斗斜坡到喷燃器二次风标高位置均有发生。所有泄漏管内壁均已发生严重溃疡性垢下腐蚀，并由于炉水 pH 值偏酸性，从而发生氢腐蚀。主要原因是除氧器溶解氧与凝结水溶解氧合格率非常低（曾在 2 个月中 3 次合格率为 0），在热负荷较高部位，使管子内壁先产生溃疡性腐蚀。随后半年时间炉水经常偏酸性（pH 值最低为 5.08），因而进一步造成氢腐蚀而促成爆管与多根管子泄漏。

【例 4-8】 某电厂 1 号炉（125MW 机组）水冷壁管于 1993 年也发生过氢腐蚀爆管事故，且涉及范围广，涉及的管子多，仅第 1 次就换管 340 根（换管标高为 11～17m），造成了很大的经济损失。发生氢腐蚀的部位基本上与上例相同，均发生在炉膛燃烧热负荷偏高区域，先集中在 13～14m 标高频繁发生管子泄漏，后向冷灰斗斜坡约 9m 标高发展，因此到 1994 年为止，该厂将剩下的 108 根管子均进行了更换。引起这次水冷壁大面积氢腐蚀泄漏事故主要有两大因素：

（1）凝汽器长期泄漏。

（2）再生水系统原始设备设计不合格。

凝汽器长期泄漏使炉水 pH 值下降呈酸性，形成了水冷壁管发生氢腐蚀的必要条件；再生水系统设备设计不合理，为给水的污染并带进杂质创造了先决条件，从而也给管子在运行过程中造成结垢下腐蚀创造了条件。垢下腐蚀与酸性的运行环境，就极易使管子受到氢损害。

二、汽轮机叶片损坏与防止措施

汽轮机因叶片断裂而造成的事故也是时有发生的。它直接影响了机组的安全运行与经济效益。

叶片损坏最常见的形式是疲劳损坏，但引起疲劳的原因却十分复杂，大致可分为以下几种类型。

1. 机械疲劳损坏

机械疲劳损坏主要有超负荷短期疲劳损坏、长期疲劳损坏和接触疲劳损坏。

（1）超负荷短期疲劳损坏是指叶片在运行过程中，受到外界较大应力或较大的激振力，导致叶片只经受了较短的振动周期。例如，由于运行不正常，疏水系统发生故障，使水进入汽轮机内，叶片遭到水的冲击而承受较大的应力，随即很快损坏；或是由于设计不良、安装不好，存在较大的低频激振力（如转子平衡不佳而产生的振动；隔板结构或安装不良，使叶片受到周期力；喷嘴损坏，使叶片受力不均等），当低频激振力与叶片的自振频率相同时就引起共振，会很快导致叶片共振断裂。它们的断面由于受力较大、破坏时间较短而呈现断口表面粗糙，疲劳贝壳纹（又称“前沿线”）不明显，在断面上疲劳区面积往往小于最后断裂的静撕断区，在断口四周伴有宏观的塑性变形，经受水击叶片断口还呈现“人”字形花纹的特征。

（2）长期疲劳损坏是指叶片运行过程中在承受低于叶片原始疲劳极限应力的情况下，经过较长时间（远大于 10^7 次）才发生的一种机械疲劳损坏。如当叶片或叶片组存在某种高频振型（如切向 A0、A1、B0、B1，轴向 A0 及扭振等）而发生共振损坏；因叶片表面的若干缺陷，如夹杂、腐蚀点坑、划痕等而使叶片局部区域应力集中而提早发生疲劳损坏；由于运行不正常，如低频运行、超负荷运行、低负荷运行等使叶片某些级的应力升高，从而促使叶片的疲劳强度降低，导致提早损坏，这类疲劳损坏形式在电厂叶片事故中最为常见。它们的宏观特征通常具有断口平整和贝壳纹清晰特点，断面呈细瓷状结构，疲劳区域面积一般均大于静撕断区面积。当应力水平稍高时，疲劳区域面积会小；反之，叶片综合应力水平较低。破坏时间较长的断口，疲劳区域面积会大大超过静撕断面积，甚至不出现静撕断区。因而也可由此来推断叶片受载应力的大小。此种损坏类型的裂纹，属穿晶型，在断口电子图像的工况中可看到有疲劳条纹花样，显微组织一般不发生变化，但是由于叶片长期处在高温交变应力的工况下作业，因此，疲劳的积累，会引起叶片材料疲劳强度的下降，在运行的实际条件下，介质温度的变化、腐蚀点坑的出现、叶片表面盐垢的冲蚀等会不同程度地影响叶片的疲劳强度，即使是在合格的振动频率下工作，叶片还是有可能发生这一类型的损坏事故的。

（3）接触疲劳损坏是指叶根由于存在某一振型的振动而相互接触摩擦，使毗邻的两种金属产生往复的微量位移，在接触应力作用下发生疲劳的一种机械疲劳损坏。当介质中含氧量较多时，会促进这种摩擦氧化过程，从而加速叶根的疲劳损坏。接触应力的来源，往往是因为叶根齿设计不合理或安装不良所产生的。叶根的接触面因振动而进行循环往复的摩擦，造成根部表面层材料晶体滑移和硬化，摩擦到一定次数，导致出现显微裂纹，并不断扩展，最终发生疲劳断裂。

接触疲劳的宏观断口具有贝壳状特征，并往往伴有因摩擦氧化而产生的斑痕。

2. 应力腐蚀与腐蚀疲劳损坏

（1）应力腐蚀损坏。应力腐蚀是叶片材料在拉伸应力和腐蚀介质的共同作用下发生的破坏现象。即使是在低的应力水平和弱的腐蚀介质中，也能产生应力腐蚀的损坏。铬镍系的奥氏体叶片材料，晶界由于碳化物析集造成的贫铬，极易在一定介质下（Cl^-介质）产生沿晶破坏。

（2）腐蚀疲劳损坏。腐蚀疲劳是指叶片在腐蚀介质受交变应力作用而出现疲劳损坏的一种破坏现象。与应力腐蚀不同的是，在一般的腐蚀条件下（不需要特定的介质），材料承受了交变应力后，就可能产生腐蚀疲劳破坏。因此，腐蚀疲劳破坏的特征介于机械疲劳与应力腐蚀之间。当交变应力较大，裂纹发展较快时，以机械疲劳破坏为主，裂纹穿晶进行，宏观断口具有典型的贝壳状结构。当裂纹发展缓慢，则以应力腐蚀为主，裂纹沿晶进行。宏观断口为颗粒状，贝壳纹不明显。

3. 防止叶片断裂措施

防止超负荷疲劳损坏的措施是设法消除低频共振及防止水击的发生。防止长期疲劳损坏的主要措施有消除共振、提高叶片制造质量和安装质量、改善运行条件。消除低频、过负荷、低负荷，腐蚀和水击等不合理的运行工况，都是延长叶片使用寿命的主要途径。

防止应力腐蚀的有效措施主要是改善叶片用材质量，消除残余组织应力，改善蒸汽品质，同时避免叶片产生某一振型的共振。

防止叶片腐蚀疲劳破坏的措施主要是设法提高叶片材料的耐腐蚀性能，尽量减小交变应力水平，同时改善蒸汽品质。

三、汽轮机转子事故与处理

1. 转子变形

大型汽轮机的转子由于出厂时残余应力偏高，装运时安装不当，新机组安装欠妥或运行不当，例如动、静零件发生单侧摩擦而局部膨胀，热套下单侧骤冷而产生局部大的热应力等，均可能导致转子的永久性变形。对给水泵汽轮机的碳钢转子，当发生塑性变形时，可采用局部加热法和热套机械加热法予以校正，但这种方法由于加热不均匀而使轴内部产生较大的内应力。因此，对于大功率的机组的合金钢转子，不能采用这种工艺直轴。目前国内多采用“松弛法”进行直轴校正。

2. 叶轮变形

由于制造时尺寸误差较大及运行不当，会使叶轮与隔板在运行中发生摩擦致使叶轮变形。叶轮变形也可以采用“松弛法”进行校正。

（1）叶轮的开裂。汽轮机叶轮是大型高速转动部件之一，工作时处于复杂的应力状态，往往在长时运行过程中，轴向键槽处易出现裂纹，当裂纹达到一定的深度时，将会导致整个叶轮的飞裂。国内外曾发生过多起叶轮飞裂事故，产生了严重的后果，已引起有关方面的重视。叶轮出现裂纹严重威胁着机组的安全运行。叶轮裂纹的部位常产生在轴向键槽的一角处并多出现在最后的几级，特别是末级。引起开裂的原因经研究与下述因素有关：

1）裂纹的源点键槽处是应力高度集中的地方，根据已开裂的若干台叶轮统计表明，键槽部位机械加工粗糙，加工中残留的刀痕及由于停机腐蚀而形成腐蚀点坑等缺陷，往往是造成叶轮应力腐蚀裂纹的主要根源。

2）叶轮材料的强度偏高，塑性和韧性偏低，综合性能较差，会使材料脆性增加，对裂纹起促进作用。

3）机组停机保养不善或介质中腐蚀性较大，使机组受不同程度的腐蚀，是导致应力腐蚀裂纹产生的原因之一。

据此，提出防止叶轮开裂事故的建议与措施，主要有以下几方面。

a. 加强机组停机时的保养工作，防止各类腐蚀的产生。

b. 对键槽的加工表面粗糙度必须符合要求，并注意检查。

c. 对高强度叶轮材料的锻件，要求提高冶炼质量，并注意有足够的塑性与韧性。

d. 运行时的水质应符合技术要求。

e. 对叶轮进行定期超声波探伤检查。

（2）转子的裂纹。转子是汽轮机主要高速转动部件之一，它经常处在弯矩、扭矩和交变载荷的工况下工作，因此转子的裂纹或断裂均会造成严重的事故。国内外曾发生过多起转子断裂的严重事故。根据国内外若干次转子断裂实例的分析与研究，引起转子裂纹的原因大致有以下几种：

1）结构不良。在两截面交界处的过渡圆角太小或圆角机械加工粗糙，以及残留有尖锐的刀痕、刻痕等缺陷，导致严重的应力集中，在交变载荷作用下发生断裂。此类断裂的事故在电厂中曾发生过多起。某电厂一台高压 50MW 机组在汽轮机大轴的推力盘处发生断裂，事故后经分析，主要是推力盘的变截面过渡圆角处加工粗糙，存在着尖锐的刀痕、鱼鳞状的撕裂痕，导致高度的应力集中，就如裂纹一般，最终疲劳折断。

2）由于接触腐蚀，导致产生裂纹或疲劳断裂。如某一机组主轴由于电化学腐蚀作用在其表面产生大量接触腐蚀裂纹，形状粗钝，分布密集，在该区域内伴有大片腐蚀麻点，由于发现及时未造成事故。

3）因其他原因使大轴存在夹渣、孔洞等缺陷而导致断裂。例如，有一台小机组汽轮机主轴，因法兰热套处圆角堆焊质量差，存在夹渣等缺陷，在长期运行后产生应力集中，终于发生了疲劳折断。

防止转子裂纹的产生，主要还是从改善结构和机械加工角度出发，特别是保证大轴变截面处的过渡圆角的表面粗糙度，必须予以足够的重视。

断裂后的转子，一般可采用焊接的方法予以修复。对于存在内部缺陷的大型汽轮机转子，由于尺寸大，加工费用昂贵，需要视缺陷的具体情况监护运行或降级使用，不可轻易报废。目前，可充分应用断裂力学原理来研究有缺陷零部件裂纹的扩展速度与扩展阻力，可以预测和控制零部件的工作应力及有效寿命，充分发挥材料的潜力。

四、汽轮机汽缸的开裂问题

汽轮机在运行过程中汽缸开裂的现象时有发生。裂纹产生的部位大多都是在温度梯度大、厚度变化大的地方。特别是在法兰与汽缸壁的过渡及各调节汽门汽道之间，容易产生比较严重的裂纹。在汽缸的其他部位有时也有裂纹产生，不过这种裂纹的形成和发展往往与某些铸造缺陷有关。

产生汽缸裂纹的原因是很复杂的，但总的说来不外乎内因和外因两个方面。内因包括汽缸的结构、材质、工艺等方面的原因。外因包括温度条件及应力状态等方面的原因。汽缸在结构上如果拐角的半径小、壁的薄厚差别大而又过于陡峭，则容易导致应力集中及热应力增大，在一定条件下就会导致裂纹的产生。

防止汽缸开裂主要措施与方法如下：

（1）提高汽缸用钢冶炼与铸造质量，避免冶炼过程中产生白点，夹杂物偏析等缺陷；提高铸造工艺质量，消除和降低材质内部铸造缺陷，如裂纹、气孔、缩孔、疏松等。因为这些缺陷既削弱了钢的基体又是应力集中点，更容易引起部件在使用过程中开裂。

（2）提高汽缸铸件在热处理后的组织与性能的均匀性，避免钢的持久强度与持久塑性降低与材料应力集中敏感性增加。

（3）汽缸在运行过程中的温度条件、受力状态是导致汽缸开裂的外因。由于在高温高压作用下材料会发生组织变化，并由此引发蠕变。当温度发生频繁波动，并由此产生交变热应力时，容易导致裂纹的形成与发展。因此，从运行角度而言，减少温度波动，减小交变热应力，是避免汽缸裂纹产生的唯一有效措施。

五、螺栓的断裂与防止

螺栓在运行过程中有时要发生脆断的事故。造成螺栓脆断的原因很多，归纳起来主要有以下几个方面：

1. 材料冶金质量方面的原因

材料的冶金质量不好，例如有过多的非夹杂物，有发纹、偏析、疏松等宏观缺陷，有导致脆化的脆性相析出，有过多的低熔点吸附元素如铅、铋等元素残留于晶界，这些都是导致螺栓提前失效的重要原因。因此，保证冶金质量及防止在轧制和热处理过程中产生带状组织、晶粒不均匀及其缺陷，是防止螺栓提前损坏的前提。

2. 热处理工艺方面的原因

提高钢的奥氏体化温度及降低回火温度，会导致金属材料在使用过程中发生脆化，持久塑性甚至会降低至10%以下，因而材料对应力集中极为敏感，很容易导致螺栓的过早断裂。当然，如果奥氏体化温度过低或回火温度过高，固溶体的合金化不充分，碳化物过于粗大，材料虽可能有较满意的塑性，但材料的蠕变极限、持久强度及抗松弛性都很差，对于螺栓的长期安全工作也是不利的。因此，螺栓的热处理工艺是否恰当，是防止螺栓过早断裂的重要环节。

3. 结构形式方面的问题

螺栓和螺纹的结构形式、加工质量对螺栓的过早断裂均有重大影响。例如直杆螺栓，由于螺纹与螺栓光杆部分过渡处无过渡圆角，或倒圆半径过小，因此在过渡部分存在着严重的应力集中，在运行中很容易发生断裂。为了避免工作杆与螺纹间过渡区的应力集中，在设计上应加大倒圆半径或改为“细腰”螺栓，以缓和应力集中。

由于螺栓的螺纹相当于缺口的作用，螺栓是处在应力集中条件下工作的零件，所以螺纹根部圆角太小，会在此缺口处存在较高的应力峰值，促使螺栓发生过早的脆性破坏。另外，螺纹的结构形式对螺栓应力集中的敏感性有很大的作用。在这方面，梯形螺纹结构对应力集中敏感性较尖口形螺纹结构小。尖口形螺纹结构易于在紧固时产生裂纹和在运行中脆性断裂，尤其是经长期高温运行后，金属材料的高温持久塑性显著降低，更易于导致螺栓断裂。螺栓加工质量对使用寿命影响也较大。

4. 紧固时的应力和紧固方法问题

在紧固螺栓时过大的初紧力或热紧时加热方法不当，也是加速螺栓断裂的一个原因。

在装卸螺栓时，有些电厂往往用大锤锤击。锤击时容易在螺栓的某些部位造成大的应力集中而引起裂纹。这是螺栓脆断的原因之一。

有时也会因安装不当，因减少初紧应力而使螺栓承受载荷的丝扣过少，容易使已拧紧的部分受力过大，应力过分集中而破坏。

试验研究表明，材料的强度和硬度指标偏高，容易导致材料的持久塑性降低。必须注意对螺栓应尽可能地进行缓慢的均匀加热。Cr-Mo-V 钢在 150～390℃时的冲击韧性最高，因此对于该钢种的螺栓而言，应在此温度范围内进行紧固或拆卸。

如果安装螺栓时发生偏斜，会使螺栓承受不均匀的附加轴向应力，从而促使螺栓提前断裂。为了防止螺栓偏斜，可在螺母下加锥面或球面垫圈以补偿螺栓或法兰面的偏斜，消除附加的弯曲应力。

5. 在长期运行过程中出现网状组织及冲击韧性降低的问题

对脆断螺栓的金相分析及力学性能试验表明，螺栓的脆断，往往和网状组织的出现（析出新相）及材料的冲击韧性降低有直接关系。

为了保证螺栓的安全运行，可以根据机组的运行情况和螺栓的拆装次数，对螺栓加强定期监督，发现有问题时，选择有代表性的螺栓作冲击试验。如果冲击韧性指标低于允许范围时，应进行恢复性热处理。

所谓恢复性热处理，是将已经出现网状组织及硬度升高、冲击韧性降低了螺栓，采用该螺栓材料原来的热处理工艺再进行一次热处理。进行了恢复性热处理后，发现螺栓的韧性又提高了，脆性减小了，因此可以重新工作。用恢复性热处理来重新提高螺栓的韧性，恢复其工作性能，是一种较为经济的措施，已在不少电厂中应用。

第五章

典型缺陷与失效案例

国内超超临界锅炉主要由哈尔滨锅炉厂（简称哈锅）、上海锅炉厂（简称上锅）、东方锅炉厂（简称东锅）三大锅炉厂制造（为方便描述，下面以 A/B/C 厂代替），所依托的外方技术路线不同，在炉型和热负荷选择上有较大差异，见表 5-1。由于设计及制造方面的差异，三大锅炉厂的产品在实际运行中，先后出现了不同的问题，如图 5-1～图 5-4 所示（见文后插页），A 厂制造的锅炉水冷壁采用节流孔圈设计，由于制造、安装清洁度及运行过程给水品质等，节流孔圈容易堵塞造成超温爆管；B 厂制造的机组水冷壁较多采用 T23 材质，该类钢由于焊接工艺及设计、结构应力等原因，容易导致水冷壁焊缝及鳍片开裂。一些厂的联箱、管道、三通出现了较多的 P92 焊缝开裂以及异种钢接头早期失效等现象，HR3C 管子弯部垂直段爆裂、SUp304H 氧化皮剥落等，加强对这方面的分析比较，有利于针对性采取措施改良设计、制造工艺，提高锅炉设备的可靠性和安全性，促进超超临界机组的快速发展，下面对一些典型的缺陷和案例进行分析。

表 5-1　　国内超超临界锅炉参数

项目	BMCR	A 厂	C 厂	B 厂塔式	B 厂 Ⅱ 型
炉膛容积	m^3	28008	29810		
炉膛截面热负荷	MW/m^2	4.55	4.5	4.87	4.49
炉膛容积热负荷	kW/m^3	81.6	80	69	72.12
燃烧器区壁面热负荷	MW/m^2	1.64	1.6	1.1	1.65

第一节　T92/P92、T122/P122 许用应力下降

T122/P122（HCM12A）是日本住友金属开发的 12%Cr 新型马氏体耐热钢，其 1997 年出现在 ASME 中，Cr 含量为 10%～12.5%，是在原 F12（X20CrMoV121）的基础上发展起来的，通过降低碳含量改进焊接性，并降低 Mo 含量，提高 W 含量，同时加入 1%的 Cu，抑制 δ 铁素体的形成，从而得到更高的韧性和强度，由于提高了 Cr 含量，所以抗氧化能力得到了较大提高。在日本通产省《发电用火力设备技术基准》中，根据 Cr 含量的不同，将其分为单相钢 SUS410J3TB（10%～11.5%）、双相钢 SUS410J3DTB（11.51%～12.5%），双相钢中由于 Cr 当量较高，除回火马氏体外，还存在有 δ 铁素体，从而导致其高温持久强度低于单相钢。

华能玉环电厂的 1 号和 2 号机组的过热器出口联箱采用 CASE2180（P122）材料，按照 ASME1997 年的数据，CASE2180 的许用应力比 T91 有较大的提高，满足设计要求，但当时所采用的大量短时数据，导致了持久蠕变断裂强度的过高评估，随着长时试验数据的增多，ASME 和《发电用火力设备技术基准》均不断调低了它的持久蠕变断裂强度，修正后的数据见表 5-2、表 5-3。

表 5-2　　ASME 对 CASE2180（TUBE）化学成分、高温许用应力的调整

案例编号	发布时间	Cr 含量（%）	工作温度下许用应力		
			1，100℉（593℃）	1，150℉（621℃）	1，200℉（649℃）
CASE2180-1	1997 年 5 月	10～12.5	12.9ksi（88.95MPa）	9.3ksi（64.12MPa）	6.2ksi（42.75MPa）
CASE2180-2	1999 年 5 月	10～12.5	12.9ksi（88.95MPa）	9.3ksi（64.12MPa）	6.2ksi（42.75MPa）
CASE2180-3	2006 年 4 月	10～11.5	12.9ksi（88.95MPa）	9.3ksi（64.12MPa）	6.2ksi（42.75MPa）
CASE2180-4	2006 年 8 月	10～11.5	10.6ksi（73.09MPa）	7.2ksi（49.64MPa）	4.5ksi（31.03MPa）

表 5-3　　《发电用火力设备技术基准》对 CASE2180（TUBE）化学成分、高温许用应力的调整

钢号	发布时间	Cr 含量（%）	工作温度下许用应力（MPa）			
			575℃	600℃	625℃	650℃
SUS410J3TB（单相钢）	2002 年	10～11.5	102	83	61	42
	2005 年		102	66	46	27
SUS410J3DTB（双相钢）	2002 年	11.51～12.5	94	72	53	33
	2005 年		94	52	25	16

从表 5-3 可以看出，T122/P122 管材高温持久强度在 600℃以上，下降幅度较大，达 20%以上。

根据 Mats Hättestrand 等研究文献资料表明：维持 T122 等马氏体耐热钢持久强度的重要因素是纳米级 MX 相，但是长时服役后 MX 相转变为 Z 相，析出相颗粒明显长大，对板条界的钉扎作用、板条内自由位错运动的阻碍作用逐渐减弱，板条亚结构回复，自由位错密度下降，这些微观组织的变化，导致室温和短时高温力学性能下降，使持久强度明显下降。

T122/P122 比 T92/P92 性能下降较快很重要的一个因素就是服役后 MX 相转变为 Z 相和析出相长大较快造成的。研究表明 650℃比 600℃下 Z 相析出快一倍。至于为什么 P122 比 P92 含 Cr 量上升后，Z 相析出较快，还未见有关研究报道，调整后的 T122/P122 合金含 Cr 量上限下调，范围更窄。

由于机组设计较早，工程设计时使用的 ASME 锅炉、压力容器规范的案例给出的 P92/P122（第二版数据），与目前修订后的 P122 第五、P92 第六版数据（第六版已删除 P122 数据，待对合金进行进一步研究优化）有较大的差异，使管道、管子按原数据选用厚度不足，成为“薄壁管”，其中 P122 高温许用应力下降的幅度 621℃达到 20%以上，远超 P92 下降幅度，见表 5-4。

表 5-4 **P92，P122 高温许用应力数据变化**

温度（℃）	P92 许用应力（MPa）			P122 许用应力（MPa）		
	原数据	2006 年数据	变化比（%）	原数据	2006 年数据	变化比（%）
538	126.2	126.2	0.0	127.6	127.6	0.0
566	114.5	108.3	−5.4	115.8	99.3	−14.3
593	89.6	82.7	−7.7	88.9	73.1	−17.8
621	66.2	59.3	−10.4	64.1	49.6	−22.6
649		38.6		42.7	31.0	−27.4

华能玉环电厂设计使用的 T122/P122 设计、制造时采用的是表 5-2 中 CASE2180-2 数据，炉侧主蒸汽管根据当时的数据，计算壁厚 P122 应该是 88.5mm；实际制造壁厚为 102mm，（ P92 设计 83.1mm，制造 95mm）比设计厚度厚，满足当时要求。但是与按照新数据设计制造厚度相比，明显不足。哈锅制造的嘉兴电厂 7 号机组与此情况相同，炉侧主蒸汽 P92 规格为 ϕ559×104，与按照新数据设计的壁厚相比小 10mm 以上。根据早期日本住友金属介绍，钢管容积比，以 P91 为 100，则 P92 为 61mm，P122 为 66mm，也就是 P122 的钢管要比 P92 厚 8%，考虑到高温服役许用应力不同的下降幅度，目前若用 P122 应比 P92 厚 18%以上。如此推算 P122 要达到 123mm，华能玉环电厂 1 号、2 号炉的炉侧主蒸汽 P122 实际薄了 21mm；机侧 P92 华东院按照原数据校核设计厚度为 ID349×72mm，实测厚度 76cm，比按照最新的数据校核的最少设计壁厚 81.9mm 薄 5.9mm。焊缝区域由于内部坡口关系，该处有一条薄的环带，增大了风险。

特别是 3 号、4 号锅炉主蒸汽管存在 8 个 P122/P92 异种钢接头，联箱异种钢，接管异种钢构成薄弱环节，比 1 号、2 号机组风险稍大。

与同期建设的某电厂比，管道、联箱的厚度换算起来看是差不多厚。从收集的该电厂校核结果资料意见及目前实际运行看，该电厂是降低参数运行。由于煤质较差，机组出力不足，负荷最高只能带到 950MW。机组实际运行参数压力≤25MPa，温度≤600℃。

某 B 电厂 T122 使用在末级过热器出口段，规格 57×11.3（最外圈编号 16 管子）和 48×10.8（编号 1～15 管子）两种，设计温度 613℃，压力 28.8MPa。依据新版的 ASME 和 METI 标准中 T122 的高温许用应力数据，按 ASME 动力锅炉建造规则 PG27.2.1 公式，对上述两种规格管子在设计和目前负荷运行实际参数等各种工况下最小壁厚核算，结果见表 5-5。

表 5-5 **B 厂末级过热器出口管 T122 管子壁厚校核**

温度（℃）	运行压力（MPa） 设计压力（MPa）	许用应力	编号 1～15 管子 48×10.8 壁厚余量（%）	编号 16 管子 57×11.3 壁厚余量（%）
600	24.8	67	39.60	23.00
	28.8		23.69	8.98
621	24.8	49.64	9.83	−3.23
	28.8		−2.11	−13.75

续表

温度（℃）	运行压力（MPa） 设计压力（MPa）	许用应力	编号1～15管子48×10.8 壁厚余量（%）	编号16管子57×11.3 壁厚余量（%）
625	24.8	46	3.5	−8.8
	28.8		−7.6	−18.6
630	24.8	43.4	−0.98	−12.75
	28.8		−11.46	−21.99
635	24.8	41	−5.15	—
	28.8		−16.43	—

目前监督内容如下：

（1）加强检修监督检验：T122/P122服役后，在满足规程规范的基础上，结合华能玉环电厂特点，进行金属监督项目和方法的安排，考虑到首座电厂，探索性、风险性都比较高，检查的项目、数量、要求，都超出规范的要求，在每次机组检修时对主蒸汽、联箱等高温高压管道，根据管系应力计算比较集中的6个部位和异种钢接头部位，作为必查位置，其他部位制订滚动计划，在一个大修周期内全部检查完成。检查的方法有金相组织、硬度、焊缝超声波、表面磁粉等。对弯头的外弧面、三通等也进行了抽查。检查发现的缺陷主要有表面微裂纹、焊缝内部超标缺陷等。

（2）支吊架系统检测和调整，降低系统应力。

（3）在线监督与评估。

（4）优化运行，减少负荷变化速率，降低运行产生的管道系统膨胀热应力。

第二节　新型耐热钢T91/P91、T92/P92、T122/P122材质不合格

一、P91热段管道（及弯头）硬度不合格

ASME规范以及相关的P91、P92、厂家提供的材料手册中只给出材料的硬度上限值≤250，对下限值不做规定，但是华能国际电力股份公司组织制定了《华能电厂P91/P92钢焊接质量检验导则》，对P91和P92的硬度值验收标准规定：钢管母材、管件的硬度HB为180～250，硬度低于175或高于250为不合格；华能玉环电厂在基建及检修中曾检查发现硬度不合格的P91管道、管件。其中基建中发现3个部件，2010年检修中检查发现1个部件硬度偏低。考虑到硬度与材料机械性能的相关性，对部分不合格管件送回配管厂重新热处理，其他由于工期关系予以监督运行；检修中检查发现的硬度值仅为120～130的部件由于缺乏备件监督运行，待2014年检修中予以更换，见表5-6。

二、P122联箱铁素体含量超标

如果P91/P92/P122金相组织中铁素体含量较高，将导致其性能在运行过程中较快地下降，但是相应的规程规范中并没有给出允许的铁素体含量标准值，给实际工作带来不便，玉环电厂基建中共发现4个部件的金相组织中铁素体含量较高，其中2号机组2个热段部件做了返处理，1号机组2个四级过热器联箱为日本制造，在技术协议中并没有明确的对铁素体含量的要求，经多方交涉并上报股份公司协调，予以监督使用。部件详见表5-7。其他两台

机组并未发现类似情况。

表 5-6　　硬度异常部件

缺陷性质	机组编号	部件名称	发现问题	处理情况	材质	备注
硬度	1	A侧三过出口联箱至四级过热器入口联箱连接管W2第二个顺气流	硬度值HB略偏高(270～280)	监督运行	P91	基建
		71m层电梯口热段管道1.2m长	硬度值HB略偏低(120～130)	监督运行，2014年更换	P91	检修中发现
	2	再热蒸汽管道66A/2 5766A002	硬度值HB略偏低(150～170)	监督运行	P91	基建
		再热热段异径三通(20LBB12BR001-20)	硬度值HB略偏低(160～170)	监督运行	F91	基建
	3	热段部件弯头部件	硬度值HB略偏低(160～170)	返厂处理	F91	基建

表 5-7　　金相组织异常部件

缺陷性质	机组编号	部件名称	发现问题	处理情况	材质	备注
金相组织	1	四级过热器出口联箱2个联箱母材、焊缝	焊缝金相组织存在块状铁素体，含量超过8%	监督运行（工期限制）	P122	焊缝明显些
	2	再热热段管道W(20LBB11BR001-1)	金相组织为马氏体加铁素体	返厂处理	P91	
		再热热段管道W(20LBB12BR001-1)	金相组织为马氏体加铁素体	返厂处理	P91	

某厂1号锅炉四级过热器出口联箱（材料P122、规格ϕ559×126）；左1、2、5、6焊缝铁素体平均含量较高，大于或等于8%，最严重达12.78%，如图5-5所示（见文后插页），2号锅炉的四级过热器左侧出口联箱，存在类似情况。

ASME对P92铁素体含量规定不超过5%。ASME规范对P122钢管没有明确的铁素体含量控制要求，根据住友金属相关资料，P122管道一般要求获得完全马氏体组织，小管中可以有少量铁素体，但已表明会显著降低持久强度。

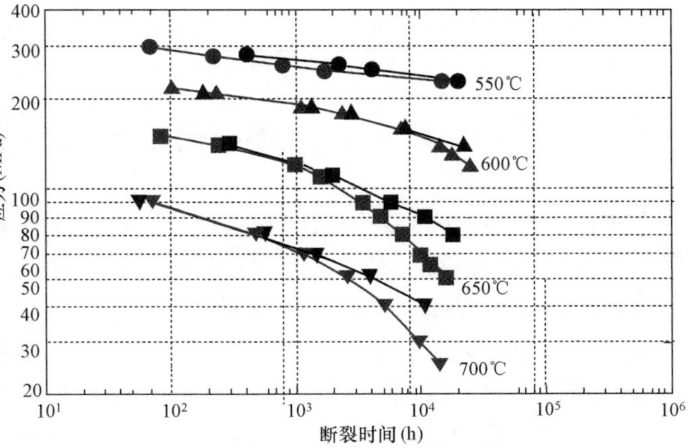

图5-6　单相与双相T122钢的持久强度

（箭头指向为单相组织T122钢）

日本金属所Kimura等人研究了T122钢单相和双相组织对持久强度的影响，如图5-6所示。试验温度升高，双相组织T122钢的持久强度拐点出现得越早，持久强度下降越明显。因此，δ 铁素体出现降低持久强度的作用是非常明显的。

由于新型钢在服役和试验室性能试验过程中出现的一些问题，对其化学成分也做了一些调整，特别是 Cr 和微量元素一些细微的调整，以提高材料性能，合金成分调整前后对比见表 5-8。

表 5-8　合金成分调整前后对比　%

钢号		CASE2179-3	CASE2179-6
T122/P122	Cr	10.00～12.50	10.00～11.50
	Al	≤0.04	≤0.02
	Ti	未规定	≤0.01
	Zr	未规定	≤0.01

玉环电厂基建中共发现 4 个部件的金相组织中铁素体含量较高，其中 2 号机组 2 个热段部件做了返厂处理，1 号机组 2 个四级过热器联箱为日本制造，在技术协议中并没有明确的对铁素体含量的要求，经多方交涉并上报股份公司协调，予以监督使用，详见表 5-9。其他两台机组并未发现类似情况。华能玉环电厂的上述部件焊缝部位将成为薄弱环节。

表 5-9　金相组织异常部件

缺陷性质	机组编号	部件名称	发现问题	处理情况	材质	备注
金相组织	1	四级过热器出口联箱 2 个联箱母材、焊缝	焊缝金相组织存在块状铁素体，含量超过 8%	监督运行（工期限制）	P122	焊缝明显些
	2	再热热段管道 W (20LBB11BR001-1)	金相组织为马氏体加铁素体	返厂处理	P91	
		再热热段管道 W (20LBB12BR001-1)	金相组织为马氏体加铁素体	返厂处理	P91	

第三节　新型耐热钢的运行失效案例

自国内首台超超临界百万机组投运以来，已经运行 8 年了。但是对这些新型钢材，仍然缺乏足够的认识，在新材料的国产化过程中，在制造、安装过程的焊接、热处理工艺和运行后的组织性能变化规律金属监督分析评估上，需要不断掌握规律，总结经验。由于超常规的大量发展及集中大量上项目，一些单位对新材料消化吸收不足，研究不透，一些设计、制造单位选材用材不当，配管厂及施工单位对规范规程执行不严，导致一些建造中或运行后 T92/P92 出现了管道、联箱焊缝开裂，表面裂纹等早期失效现象时有发生，应引起高度重视。

一、P92 焊缝开裂

某电厂 2 号锅炉，高温再热器、高温过热器联箱为日本制造，材质为 P122，在运行 1 年后检修中，射线和超声检查均发现多个焊缝存在大量不同深度的裂纹，如图 5-7 所示（见文后插页），其中 10 个焊口需要挖补或切割消除缺陷，P92 和 P122 虽然都是高 Cr 耐热钢，但焊接工艺并不完全相同，电厂和制造厂分析裂纹的原因倾向于日本方面焊接工艺存在问题。

某电厂 3 号锅炉投运 4 个月，B 侧再热器出口管道（材质为 SA-335P92，规格为 ϕ836×46mm，运行温度 600℃、压力 27.46MPa）出锅炉后第一只弯头处水压堵阀与直管段，运行中发现对接焊缝有贯穿性裂纹，在安装焊缝中间部位，5 点～10 点周向方向位置，6 点位置处裂纹已穿透焊缝，外表面裂纹长度为 650mm 左右，如图 5-8 所示（见文后插页）。

缺陷产生的原因：焊缝裂纹都发生在弯头处水平段对接焊缝仰焊处，形式结构和系统布置结构呈现应力较大重叠的位置，其中焊缝硬度较高，热影响区硬度合格，焊缝裂纹可能是原始缺陷或裂纹在启、停过程的热应力和运行过程内压应力的作用下逐步发展起来的，运行中管道下部承受轴向附加拉应力，促进了裂纹的扩展。同时也可能存在焊接工艺方面的问题，包括在仰焊时，焊接操作困难，焊接的线能量，焊层厚度控制较难；一些施工单位吊焊位置采用 ϕ4.0 焊条盖面，在工艺控制上较为困难；没有严格执行焊接、热处理工艺等。

P92 钢主蒸汽管道焊缝磁粉检测经常发现焊缝表面存在微裂纹，如图 5-9 所示（见文后插页），该类缺陷 P92 配管厂较为普遍存在。经过大量的试验分析，该类裂纹既非常见的焊接热裂纹，也非延迟裂纹（氢致裂纹），而是 P91/P92 钢焊缝的高应力马氏体在潮湿环境作用下产生的应力腐蚀，应进行打磨消缺处理，如图 5-10 所示（见文后插页）。

产生缺陷的主要原因是焊后没有及时进行热处理。若焊后热处理不能及时进行，需进行后热处理，应采取特殊措施防潮，否则即使进行了严格的后热处理，焊缝表面仍会产生微裂纹。

预防措施主要是及时按照规范进行热处理，若焊后不能及时进行热处理，需进行后热处理，后热处理必须采取特殊措施防潮，否则焊缝表面仍会产生微裂纹。加强检修过程检验，对缺陷打磨热处理现场处理并复检合格，同时对缺陷进行跟踪复检。

二、新型钢 Super304H、HR3C 爆管

Super304H 、HR3C 钢在实际使用中也出现了一些问题，特别是在国产化过程中，由于制造工艺问题及缺乏对材料的长期性能评价，出现了爆管开裂等早期失效现象。某电厂 6 号（1000MW）锅炉整套启动期间二级再热器入口管（材质 Super304H，规格 ϕ60×3.8）发生泄漏，3 条裂纹长度分别为 20、5、3 mm，距离焊缝分别为 25、10、15 mm，金相组织为奥氏体＋少量孪晶，如图 5-11 和图 5-12 所示（见文后插页）。

分析认为 Super304H 钢开裂的主要原因是不锈钢基体发生了晶界腐蚀现象，形成了离散分布的晶界微裂纹。在焊接应力和工作应力作用下，晶界微裂纹扩展加快，聚合串连形成宏观裂纹，属于晶间腐蚀诱导下的应力腐蚀开裂。该管子为国产化产品，对该批管子晶间腐蚀试验表明：部分样管具有较高的晶间腐蚀敏感性，原始试样直接进行热腐蚀后就产生了严重的晶界腐蚀开裂现象，经敏化处理后，进行热腐蚀试验的试样弯曲后表面裂纹非常严重。

某电厂 1000MW 超超临界机组 Π 型直流锅炉（B 厂生产），自 2010 年 10 月投产以来，锅炉末级再热器 HR3C 钢管最外圈下弯头部位已发生 3 次开裂泄漏事故，严重影响了机组的安全运行。管子规格为 ϕ57×4 mm，爆口总长约 160mm，开口最宽处约 8mm，破口边缘粗钝，管壁无明显减薄，呈脆性断裂特征，爆口附近存在众多平行于破口的纵向凹痕，如图 5-13 所示（见文后插页）。从金相组织及能谱观察结果看，管子组织为孪晶奥氏体，晶粒度 3～4级。ASME SA-213/SA-213M（2007 版）标准中规定 TP310HCbN 钢的晶粒度为 7 级或更粗，但对晶粒度的下限值未做具体规定。GB 5310—2008《高压锅炉用无缝钢管》中对07Cr25Ni21NbN 不锈钢的晶粒度规定为 4～7 级。因此，本取样管的晶粒较为粗大，晶粒度不满足 GB 5310—2008 的技术要求。距爆口约 700μm 和 1000μm 位置各有 1 条与爆口方向平行的纵向裂纹，裂纹均近似垂直于管子外壁，沿晶界由管子外壁向内扩展，深分别约150μm 和 850μm。爆口裂纹尖端的主裂纹旁存在较多的二次裂纹，二次裂纹均沿晶界扩展，如图 5-14 所示（见文后插页）。在裂纹尖端发现了 Cl 元素，晶界处已发生了晶间腐蚀。据了解，该厂末级再热器管屏弯头冷弯成型，弯后未进行固溶热处理，导致弯管外弧侧的形变硬化未能充分消除，硬度值明显高于标准要求，外弧侧材料脆性增加且材料的晶间腐蚀敏感性较严重。分析认为，管子开裂的主要原因是具有较高晶间腐蚀敏感性的奥氏体不锈钢在一定的腐蚀介质下产生了晶间腐蚀，形成晶间微裂纹。在弯管残余应力和运行应力的共同作用下，晶界微裂纹加速扩展，最终相互连接、聚合，形成宏观裂纹，即发生应力腐蚀。裂纹萌生于外壁，由外壁向内壁扩展，最终导致管子开裂。建议对冷弯后的 HR3C 钢管子进行固溶处理并严格控制弯管质量。

三、联箱厂家焊缝裂纹缺陷

2010 年 10 月，某厂 1 号机组检修检查中发现上述 P122 主蒸汽管道 A 侧弯头厂家焊缝层间未熔合缺陷，对相邻的四级过热器出口联箱厂家焊缝进行扩大抽检，检查发现其中 2 条焊缝存在缺陷（编号 H5、H10），1 号锅炉四级过热器出口联箱为日本制造原装进口部件，规格为 ϕ559×126，材质 P122，由于工期限制及缺陷显示较小，监督运行未进行处理。

2012 年 4 月，检修中对四级过热器出口联箱环缝进行全面的检查，并对环缝 H5、H10监督缺陷进行复查，检查表明：联箱有些环缝未在设计图纸上标明；焊缝共计 14 条，其中10 条为自动焊（含 H5、H10），4 条为手工焊，自动焊采用“窄间隙钨极氩弧自动焊”焊接工艺，全部存在不同程度整圈沿厚度方向分层分布的微裂纹；H5、H10 微裂纹缺陷与 2010年比有较为明显的扩大，由于工期限制、缺陷定性定量检测的技术瓶颈、联箱环缝消除缺陷焊接热处理温度场控制困难等，为慎重和积累经验，对其中最严重的 H5、H10 两条环缝进行了切削焊接修复处理，其他 8 条予以监督运行择机处理。为掌握联箱焊缝内部缺陷的性质与分布，评价联箱的安全性，根据国内外研究现状和联箱的实际情况，研究制定相应的检测和修复方法，在 2010 年消除缺陷 P122 弯头管道焊缝经验基础上，采用超声波多种探头及检测工艺、TOFD 检测等，解决厚度方向分层分布微裂纹检测，通过模拟温度场有限元计算解决了复杂结构热处理温度控制等技术难题。有关缺陷解剖及焊接修复过程如图 5-15 所示（见文后插页），焊缝及历次消缺示意如图 5-16 所示。

2013 年 4 月，检修中再次对带缺陷的剩余 8 条厂家自动焊进行跟踪复检，缺陷又有一定程度扩展，由于本次检修工期较短，为满足工期要求并保证消除缺陷质量，经组织有关专业评估，选取其中较为严重的 3 条环缝进行处理，参照 2012 年方案进行消除缺陷处理。本次解决的新问题有：由于管屏间距非常小，以往的切割方式，车削刀没有空间位置车削，采用自制特别夹具来实现；联箱端部两侧部件结构不一样给热处理温度场均衡布置带来困难，自制套筒补偿热处理温度场。通过上述努力，较好地实现了消除缺陷处理，焊后热处理硬度检测数据为 210～240，比较理想。其余 5 条限于检修工期，本次暂时不进行处理，继续予以监督运行。

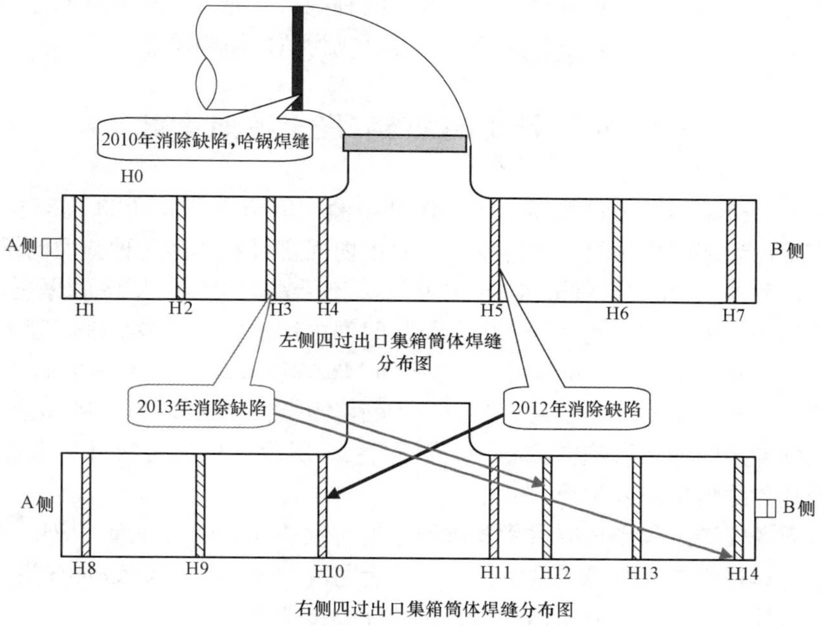

图 5-16　焊缝及历次消缺示意

注：联箱 H1～H14 均为日本制造焊缝，▯为手工焊、▯为自动焊。

1. 缺陷性质及原因分析

“窄间隙钨极氩弧自动焊”常用于低合金钢厚壁管道、压力容器及核电管道，具有效率高成本低的特点，但是用于如 P92/P122 等高合金材质的联箱管道焊接，国内未有先例，仅见东锅用于 P91 管道试验，对此类焊口的综合性能的掌握是一片空白。根据特殊的焊接工艺结合现场缺陷解剖，分析认为与特殊的焊接工艺有关，该工艺具有线能量输入少、层间不易熔合、P92/P122 等高合金材质焊接性相对较差。

2. 技术瓶颈

由于联箱上有 118 屏×16 根管子，管屏与焊缝间距小，支吊架等影响切割及热处理效果，空间位置狭窄影响操作；超声波检测裂纹在厚度方向的分布为埋藏深度 20～60mm，实际车削解剖缺陷，埋藏深度要大于 60mm，在更深层分布，由于超声波声能衰减，埋藏更深的微裂纹缺陷检测灵敏度下降，对微裂纹在整个壁厚到底如何分布，只知道外表层 10mm 范围内没有，切削到 75mm 后缺陷基本干净，（为保证一定的强度，防止拉裂根部残余焊缝，车削时尽可能多车削，但留一定厚度），由于缺陷是分层分布，检测无缺陷后，再车削 3～5mm 复检无缺陷才认为比较干净，但并不能确保根部就没有缺陷。

在役联箱割断后现场焊接充氩及对口困难，难以做到对口符合规程要求，因为根部焊接无法进行充氩保护，所以 75mm 以下的焊缝无法消缺，经分析，联箱焊缝越靠近内壁，承受的静压力越大，焊缝组织的不稳定和微观、宏观缺陷越容易扩展，这部分未消缺的焊缝是风险点，需要后续运行中持续予以监督。但是，常规超声波的检测灵敏度限制，很难早期发现预警。

由于是国内外首次采用在 P122 母材及焊缝上继续堆焊 P92 焊材的工艺，没有任何的文献资料可资参考，两种焊接材料的热处理温度区间有些微差异，同时虽然成分相近，但是毕竟还有差别，不同成分熔合的合金界面行为，容易成为诱发缺陷的点。

第四节 新型耐热钢T23早期失效

在国内外电厂机组的锅炉过热器、再热器甚至蒸汽管道上T23/P23均有相当成功的应用业绩，但应用在超超临界机组的水冷壁中，对国内而言可看作为一种新型的钢种。当前在国内投入商业运营的1000MW超超临界机组中，并不乏锅炉水冷壁T23管爆裂事故的发生。国内某电厂超超临界锅炉在正式并网发电不长的时间之后，发生了多次螺旋管水冷壁管爆裂事故。管子规格为ϕ38.1×6.78mm，材质为ASTMSA213-T23钢。在爆裂管子的对接焊缝和管子与鳍片的焊缝处均发现了裂纹。图5-17所示（见文后插页）为对接焊缝的宏观照片，横向裂纹两端延伸至焊缝热影响区。图5-18、图5-19所示（见文后插页）为管子与鳍片焊缝的裂纹和鳍片焊缝处爆裂外貌。

上述管子现场安装过程中按照供货要求均未进行预热和焊后热处理，应用之后在焊缝处产生的裂纹应与焊接工艺控制不当密不可分，或者与T23钢再热裂纹倾向有关。因此，T23钢在超超临界锅炉水冷壁上的应用仍然需特别关注焊接工艺的控制。

第五节 异种钢焊缝早期失效

异种钢焊缝失效是新投产超超临界机组新涌现出来的问题，主要有过热器T22/TP347H、再热器T92/HR3C及联箱12Cr1MoVG/T23等焊缝开裂。

一、过热器T22/TP347H焊缝开裂

某电厂1号炉于2007年12月4日投入商业运行，立式低温再热器2010年11月27日第一次出现异种钢接头断裂。至2012年1月连续发生4次，断口特征为典型脆性开裂，沿12Cr1MoV侧熔合线开裂，如图5-20和图5-21所示（见文后插页）。

1. 原因分析

TP347H、12Cr1MoV钢母材组织、硬度检验结果表明，母材无显著的过热特征，因此排除超温运行导致爆管的可能。TP347H、12Cr1MoV钢母材硬度均满足标准要求。接头处12Cr1MoV热影响区硬度HV10＝281.2高出母材HV10＝112，表明该部位明显的硬化、脆化。由于材料之间热膨胀系数的差异，在高温运行下，导致热应力存在。异种钢接头过早失效另一个原因是材料之间的蠕变强度不匹配，同样导致较大的应力存在。另外，该接头处12Cr1MoV热影响区存在明显的硬化层（硬度较高、脆性较大），由于较大的热应力及附加应力的存在，在高温运行下，使得该薄弱区域以脆性穿晶开裂为主，最终导致接头提前失效。奥氏体与珠光体两种材质的膨胀系数差异很大，接近两倍，立式低温再热器与悬吊管在运行时膨胀差最高达70mm。

2. 处理方案

去除该处受多向应力的异种钢焊口。改进运行控制，将低温再热器出口最高温度控制在500℃以内。就可以将规格ϕ63.5×3.5mm的SA-213TP347H更换为规格ϕ63.5×5.5mm的12Cr1MoV或为规格ϕ63.5×5.5mm的10CrMo910。不改变运行控制，低温再热器出口最

高温度按现在的540℃，可将SA-213TP347H更换为T91。此方法预算成本较大，与上述方法相比主要是增加了材料费用以及锅炉厂对立式低温再热器的制作费用，其他工作量与上述方法相当。

二、再热器T92/HR3C焊缝开裂

某锅炉厂制造的高温再热器，在机组启动过程中或短时间运行后先后出现了T92/HR3C异种钢焊接接头早期失效，导致停炉。对样管进行解剖、宏观检查及光谱、硬度、金相分析等表明：主裂纹为沿周向扩展的平直裂纹，其断裂面基本与管长方向垂直，主裂纹端部还有2条与主裂纹不相连的裂纹，这2条细微裂纹均未开裂到外壁，如图5-22和图5-23所示（见文后插页）。光谱分析化学成分合格，硬度值超标，裂口处T92钢侧横截面金相组织为位向不明显的回火马氏体+铁素体。

分析认为，由于在配管过程中T92钢和HR3C钢管厚度差异较大，T92钢侧管子车削加工不良，台阶处有应力集中倾向，在焊接工艺不当等因素的共同作用下产生显微裂纹，进而在热应力和内压应力的共同作用下，显微裂纹扩展成宏观裂纹，由内向外扩展，最终导致接头失效。建议对类似管子加工配管时必须车削光滑，过渡合理，避免结构应力集中，施工中严格按焊接工艺评定要求施焊，焊后24h内对焊接根部进行超声波检测。

三、联箱下连接管焊缝开裂

高温再热器出口联箱与管屏连接管道炉顶穿墙管一次密封盒内，发现高温再热器进口联箱管座角焊缝明显裂纹15处（联箱12Cr1MoVGϕ736.6×52mm，管座SA-213T23ϕ50.8×3.5mm厂供焊口）。扩大检查范围，打磨联箱底部4×96mm角焊缝约213处，磁粉检测共计发现裂纹111处，部分管子无法打磨检测；打磨磁粉检测联箱侧面管座30个发现裂纹14处。

12CrMoVG/T23角焊缝和对接焊缝开裂如图5-24和图5-25所示（见文后插页）。

处理的方案：把T23换成与联箱同材质部件。

第六章

高温高压管道、锅炉管在线监测与寿命管理

第一节　高温高压管道的在线监测与寿命管理

寿命管理是以机组经济地实现其服役全寿命为目标，以设备状态监测与评估为基础的一种设备运行与维修优化管理的新技术。它随着计算机、通信、测量及材料等技术的发展而兴起。

超超临界火力发电机组的主蒸汽和高温再热蒸汽管道，比超临界、亚临界机组面临更高的压力和温度考验。管道长期在蒸汽内压应力、热应力以及结构应力条件下运行，材料逐渐老化，性能逐渐下降。为了实现对管道材料损伤状况的连续跟踪监测，及时正确地将状态和寿命评估的结果反馈给管理层，进而为电厂高温管道的监督检验、运行优化和检修决策提供技术支持，电厂宜采用高温高压管道的在线监测与寿命管理技术。

高温高压管道的在线监测与寿命管理是指通过实时获取管道的温度和压力运行数据，结合其尺寸规格，以材料性能数据库为基础，在线评估管道损伤和残余寿命，它以软件系统为载体，称为高温管道寿命管理系统。管道在线监测是对传统离线检验手段的补充，对管道的全寿命周期管理具有重要的作用，具有以下特点：

（1）可实现对管道运行数据的长期、连续跟踪监测和分析，完整的记录管道服役历程中温度和压力历史，为准确评估管道老化损伤提供生产数据支持。

（2）材料性能数据是在线监测与寿命管理的核心，性能数据的准确性直接决定了评估结果的可靠性。因此，材料性能数据的完善和优化是管道寿命管理的关键。

（3）系统 7 天×24h 不间断地获取现场生产数据，自动完成管道安全残余寿命的评估，全程无人值守。

（4）侧重对材料服役过程中的老化损伤进行监测和评估，对制造缺陷、安装缺陷、机械损伤及结构破坏缺乏在线监测手段，因此需要与传统的监督检验如外观检查、定点测厚、无损检测等工作相结合，两者相辅相成。

（5）传统的管道寿命评估方法假定将来的使用状态与以往的平均使用条件相同，再根据目前管道的损伤程度按比例做出推断。实际上，由于管道服役不同时期运行情况变化较大，将来运行条件改变的可能性也非常高，这样预测外推的时间越长，误差越大。为了提高计算精度，应依据不同时期的实际生产数据来预测真实的损伤程度，这种逐渐逼近的方法更接近管道真实的寿命损耗轨迹，能够动态有效监测寿命，实现在线监测短期内寿命损耗的累积，提高寿命评估的精度。这便是管道寿命管理系统的设计思想。

第二节　模 型 简 介

超超临界高温蒸汽管道所用材料主要为 P91、P92、P122、E911 等铁素体耐热钢，这类材料较低的热膨胀系数和较高的热导率可以减少管道的热疲劳损伤，较高的高温蠕变强度可以保证管道的长期安全运行。高温管道在线监测和寿命管理模型设计主要指结合上述材料性能，研发应力计算模型、剩余寿命计算模型。

一、应力计算

管道在服役过程中，承受蒸汽内压应力、温度沿壁厚分布不均带来的热应力、支吊系统和自重带来的结构应力等，其中结构应力可通过支吊架调整等离线方法优化，不属在线监测范围。蒸汽内压应力、热应力是影响管道材料老化和性能下降的主要因素，其分析计算过程如下：

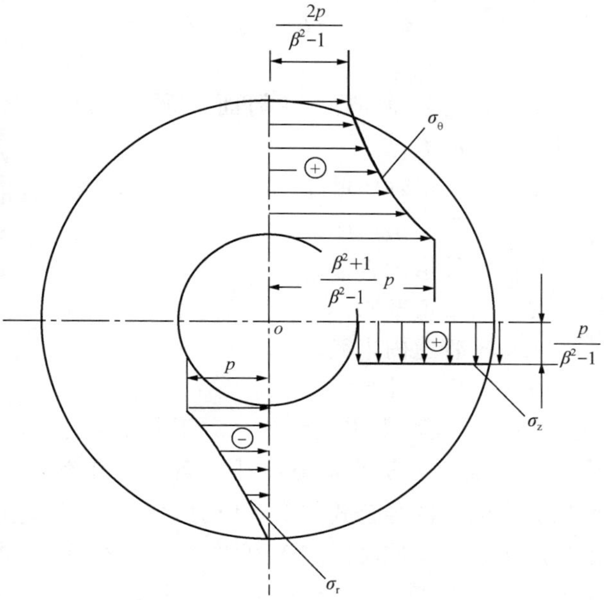

图 6-1　管道内压应力分布图

管道在蒸汽内压力作用下，壁上任意一点将产生三个方向的主应力，管道切线方向的周向应力（环向应力），用 σ_θ 表示；沿圆筒轴线方向的轴向应力，用 σ_z 表示；沿管道直径方向的径向应力，用 σ_r 表示。管道内压应力分布如图 6-1 所示。

以弹性力学为基础，推导出管道横截面上各位置的应力计算公式如下：

周向应力为

$$\sigma_\theta = \frac{pa^2}{b^2-a^2}\left(1+\frac{b^2}{r^2}\right) \tag{6-1}$$

轴向应力为

$$\sigma_Z = \frac{pa^2}{b^2-a^2} \tag{6-2}$$

径向应力为

$$\sigma_r = \frac{pa^2}{b^2-a^2}\left(1-\frac{b^2}{r^2}\right) \tag{6-3}$$

式中　a——管道内半径；

b——管道外半径；

p——管道蒸汽压力；

r——管道横截面上评估位置距离管道中心线的距离。

从式（6-1）～式（6-3）可知管道内壁处的周向应力最大，这就是管道往往从内壁轴向开裂的原因。进行管道寿命评估时采用周向应力进行计算。

一般管道的外径与内径之比 β 小于 1.2 时 $\left(\frac{D_o}{D_i} \leqslant 1.2\right)$ 称为薄壁管道，反之称为厚壁管道。由于薄壁管道壁厚较直径小得多，所以可近似认为应力沿壁厚均匀分布，如图 6-2 所示。

薄壁圆筒周向应力为

$$\sigma_\theta = \frac{F}{S} = \frac{pD_i}{2\delta} = \frac{2pa}{2(b-a)} = \frac{pa}{b-a} \tag{6-4}$$

式中 F——管道轴向壁厚剖面上所受的周向力；
S——管道轴向壁厚剖面上的受力面积；
p——管道蒸汽压力；
D_i——管道内直径；
δ——管道壁厚；
a——管道内半径；
b——管道外半径。

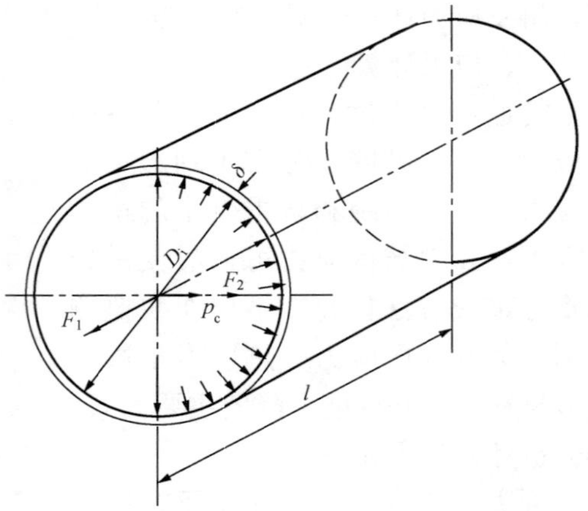

图 6-2 薄壁圆筒应力分析图

式（6-4）被称为内径公式，对于薄壁管道是适合的，但对于厚壁管道，其周向应力并不是均匀分布的，内径公式与实际应力存在较大误差。由于薄壁公式形式简单，计算方便，适于工程应用，为了使其适用于厚壁管道，避免引起较大的误差，将公式中的内径改为中径，以（$D_i+\delta$）代替 D_i 代入式（6-4），则

$$\sigma_\theta = \frac{F}{S} = \frac{p(D_i+\delta)}{2\delta} \tag{6-5}$$

式（6-5）被称为中径公式，既适用于薄壁管道，又满足厚壁管道精度要求，是目前国内外多个标准使用的工程计算公式。

在分析了管道应力计算的原理后，明确给出在线寿命管理系统采用的管道内压应力及热应力计算公式。

（1）管道直管段可采用式（6-6）或式（6-7）计算周向应力，即

$$\sigma_\theta = \frac{p[0.5D_o - Y(\delta-\alpha)]}{\delta-\alpha} \tag{6-6}$$

式中 σ_θ——内压折算的周向应力，MPa；
p——管道实际运行蒸汽压力，MPa；
D_o——为管道外直径，mm；
δ——蒸汽管道壁厚，mm；
α——考虑腐蚀、磨损和机械强度的附加壁厚，mm，该值可设定为 0；
Y——温度对管道壁厚公式的修正系数，对于铁素体钢，480℃及以下时 $Y=0.4$，

510℃时 $Y=0.5$，538℃及以上时 $Y=0.7$；中间温度的 Y 值，可按内插法计算。

$$\sigma_\theta = \frac{p(D_o - \delta)}{2\delta} \tag{6-7}$$

（2）管道弯头最大周向应力的计算公式为

$$\sigma_{\theta\max} = \frac{pD_i}{2\delta}\left[1 + \frac{3D_i e}{2\delta} \cdot \frac{1}{1 + p\left(\frac{1-\nu^2}{2E}\right)\left(\frac{D_i}{\delta}\right)^3}\right] \tag{6-8}$$

$$e = \frac{D_{o\max} - D_{o\min}}{D_{nom}}$$

式中　$\sigma_{\theta\max}$——弯头最大环向应力，MPa

e——弯头不圆度；

p——管道实际运行蒸汽压力，MPa；

$D_{o\max}$、$D_{o\min}$——弯头外直径的最大、最小值，mm；

D_{nom}——管道的公称外直径，mm；

δ——弯头最小壁厚，mm；

ν——泊松比，0.3；

E——材料弹性模量，MPa；

D_i——管道内直径，mm。

（3）管道周向热应力计算公式。为了提高在线计算的效率，管道周向热应力采用下述算法，即

$$\sigma_r = \frac{f(\beta)aE\Delta t}{1-\nu} \tag{6-9}$$

$$f(\beta) = \frac{\beta^2}{\beta^2 - 1} - \frac{1}{2\ln\beta}$$

式中　a——线膨胀系数，1/K；

E——弹性模量，MPa；

Δt——管道内外壁温差，℃；

ν——泊松比，$\nu=0.3$；

β——管道外径/管道内径。

二、剩余寿命计算

高温管道的蠕变寿命预测和诊断方法较多，国内外学者专家提出了各种不同的寿命预测和诊断方法，如通常采用的等温线外推法、时间-温度参数法、θ 函数法等，每种方法各有不足，归其根本原因，还在于材料长期试验数据的不足。如果各材料有可靠的 10^5h、2×10^5h 蠕变、持久强度试验数据，而非依靠短时数据外推长时强度，寿命预测将更为准确。为了便于工程应用，在线寿命管理综合罗宾逊寿命损耗分数法和基于老化因子的拉什米勒方程进行管道寿命评估。

罗宾逊寿命损耗分数公式为

$$Dc = \sum \frac{\Delta t}{t_r(T_i, p_i, \text{老化因子})} \tag{6-10}$$

式中　Dc——寿命损耗累积；

Δt——在线监测时间间隔，h；

t_r——老化管道在当前运行温度、压力下的计算寿命，h；

T_i——当前管道运行温度，K；

p_i——当前管道运行压力，MPa；

老化因子——衡量管道长期运行后老化状态的参数。

基于老化因子的拉什米勒方程为

$$T_i(C+\log t_r)=f(\sigma)+Ca \tag{6-11}$$

$$Ca=f(E,HB,\text{etc})$$

Ca——老化因子，与材料的组织老化和性能劣化有关；

E——材料组织老化特征参数；

HB——材料性能劣化特征参数；

T_i——当前管道运行温度，K；

t_r——老化管道在当前运行温度、压力下的计算寿命，h。

第三节　系 统 架 构

高温管道寿命管理系统部署于电厂的MIS网，用户主要为电厂的设备、策划、检修等部门的专业技术人员，系统架构如图6-3所示。

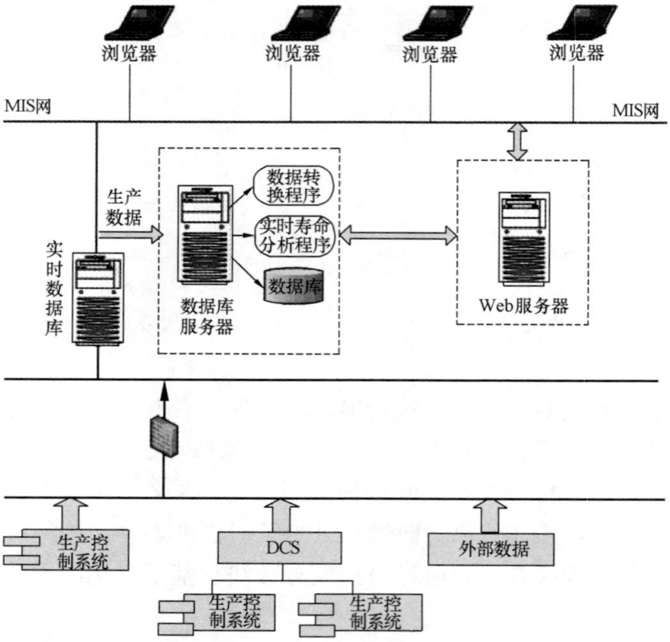

图6-3　管道寿命管理系统架构

一、数据转换服务程序

负责 7×24h 不间断地从电厂实时数据库中获取现场生产数据，并将其存入寿命管理数据库中。

二、数据库

应选用大型、安全、稳定的数据库。

三、实时性能分析服务程序

负责 7×24h 不间断地从寿命管理数据库中获取现场生产数据信息，进行数据有效性判断、超温超压实时报警判断、超限统计，并实时计算各评估部件的应力、残余寿命。

四、Web 发布

系统最终以 Web 形式发布，设备信息管理、在线状态监测、超温统计、历史记录查询、报表等功能通过其访问。

第四节　高温管道寿命管理系统功能

高温管道寿命管理系统以主蒸汽管道、再热蒸汽管道为评估对象，通过在线监测和评估，为电厂开展管道寿命全周期管理提供工具和技术支持。

一、状态在线监测及评估

通过实时获取高温锅炉管道的温度和压力测点数据，结合管道的尺寸和材质等工艺参数，在离线检测的基础上综合在线监测信息自动进行实时评估，系统地对高温管道进行以寿命为基础的管理。将反映设备状态信息的数据（温度、应力、残余寿命等）以列表和曲线等形式显示，以多级报警的形式告知电厂工作人员，并提供相应的运行、维修及更换建议。具体包括：

（1）部件评估点的温度、应力和残余寿命实时监测简图。

（2）部件评估点的温度、应力和残余寿命实时监测列表。

（3）部件评估点的温度、应力和残余寿命实时监测曲线。

（4）部件评估点实时损伤监测。

（5）部件评估点寿命损耗倍数（速率）监测。

（6）机组运行状态（运行、启机、停机）监测。

（7）现场温度、压力测点状态（正常、超限报警、故障）监测。

（8）部件评估点报警统计及部件评估点报警记录。

（9）部件各监测参数的存储记录。

根据评估结果，给出必要的维修、更换及检验建议。设备状态实时监测（温度、应力、寿命）如图 6-4 所示，评估点损伤图如图 6-5 所示。

二、设备信息管理

设备信息管理是针对寿命管理系统所涉及的部件信息进行管理。包含的信息主要是锅炉管道的设计、制造、安装、运行、检验、维修、经济性等方面的信息。该模块的主要功能是为设备的状态评估和寿命评估提供统一的设备原始数据，并对设备的维修、更换等进行及时更新。其主要功能包括：

（1）锅炉信息管理。

图 6-4 设备状态实时监测（温度、应力、寿命）

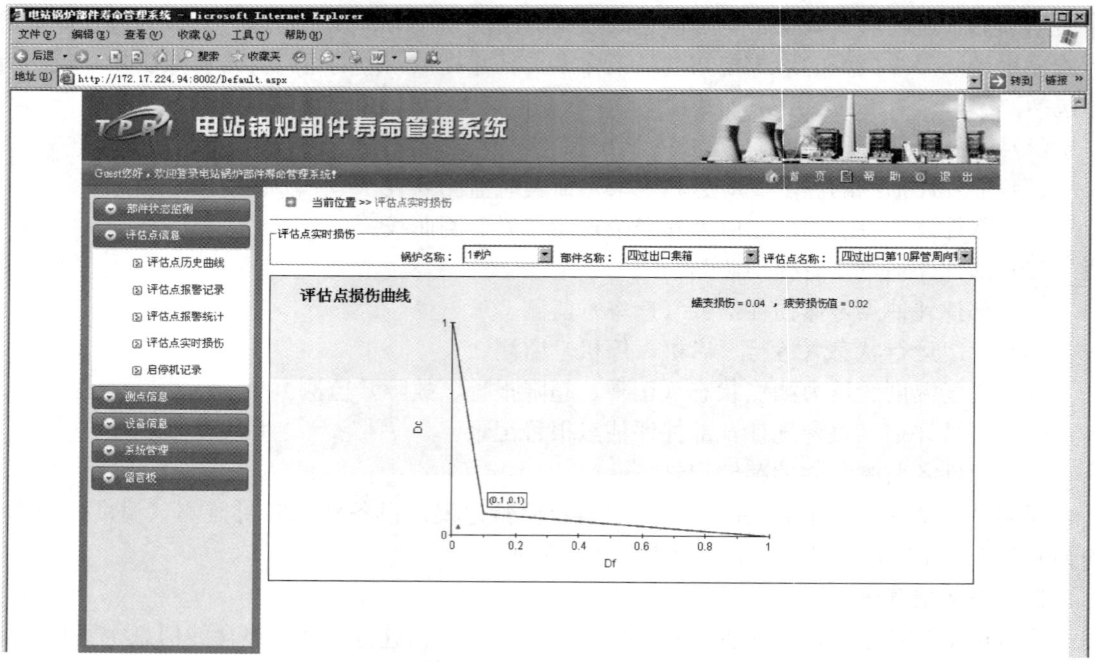

图 6-5 评估点损伤图

（2）部件信息管理。

（3）部件报警阈值管理。

（4）评估点信息管理。

（5）测点信息管理。

（6）测点检修和失效管理。

（7）检修文档管理。

（8）材料知识库管理。

（9）在线基准数据管理。

测点信息管理和在线基准数据管理如图 6-6 和图 6-7 所示。

图 6-6 测点信息管理

三、运行历史查询

运行历史查询是指对设备状态的历史记录进行查询，其中以对运行参数（温度、压力）、评估参数（应力、寿命、损伤）的查询浏览为主。该系统提供了丰富的查询及显示方法，借助这些工具，电厂工作人员还可以进行各项参数的跟踪和趋势分析。其主要功能如下：

（1）部件评估点温度、应力、寿命历史记录查询。

（2）部件评估点温度、应力、寿命报警记录查询。

（3）部件评估点损伤曲线查询。

（4）部件评估点报警统计。

（5）部件评估点报警记录查询。

（6）测点数值频率分布图。

评估点寿命损耗曲线如图 6-8 所示，测点历史数据分布如图 6-9 所示。

四、测点超温超压统计

系统实时捕获测点超温超压的详细信息，记录每次超限的持续时间、最高幅度、平均幅

图 6-7 在线基准数据管理

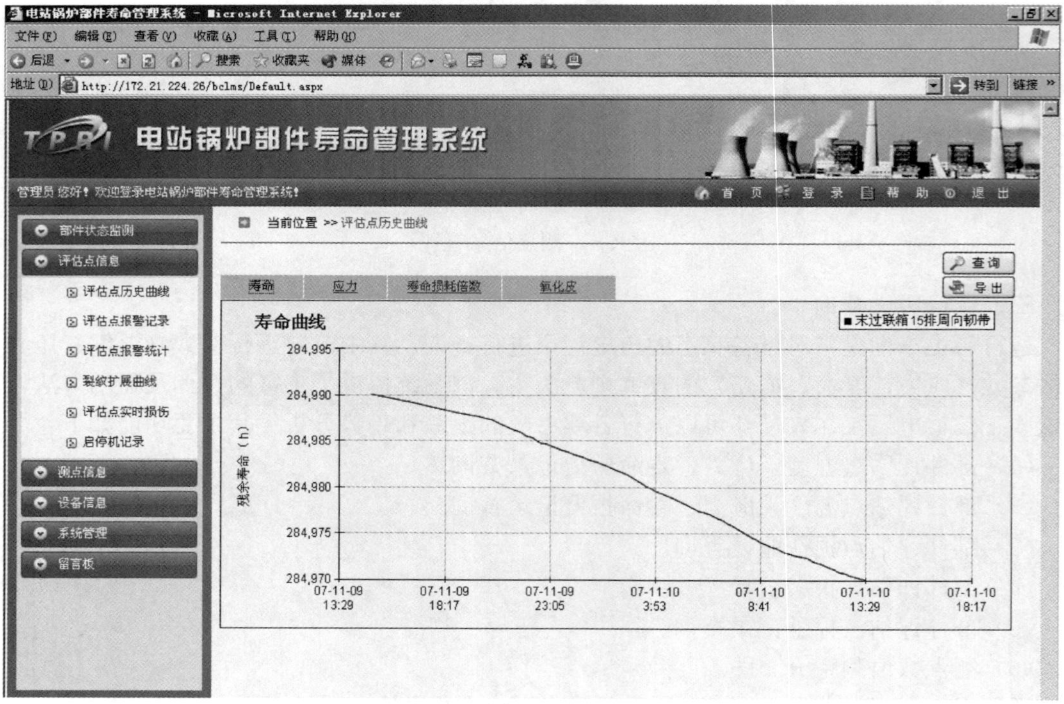

图 6-8 评估点寿命损耗曲线

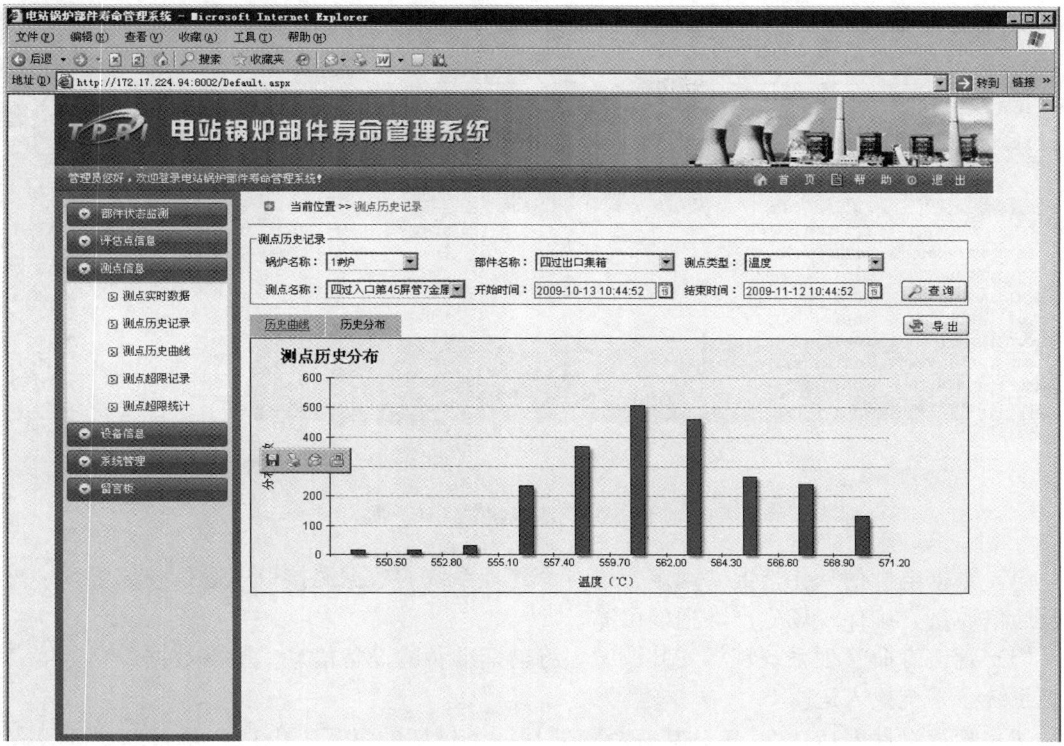

图 6-9　测点历史数据分布

度，并自动进行后台统计。用户通过该功能可以方便了解现场生产异常，为运行和检修人员的工作提供指导，它主要包括以下功能：

（1）测点超限统计。

（2）测点超限记录。

测点超限统计如图 6-10 所示。

五、高温管道在线监测与寿命管理工作实施

管道的在线监测与寿命管理是一个长期的过程，往往在机组服役的中后期，该项工作的作用和好处才体现出来。电厂一旦决定开展此项工作，必须从前期就做好充足的准备，一开始就从管理和技术两个方面把握项目质量，着眼将来建立长效机制。电厂开展管道在线监测与寿命管理工作，应包括以下几个步骤：

（1）收集整理高温高压管道的设计、制造、安装、运行及检修资料，掌握管道的分布、规格、材质质量、维修更换记录、测点位置、服役时间等信息，评估管道的当前状态，为在线监测及寿命管理提供基准数据。

（2）根据资料的完善程度判断是否需要开展离线检验工作。离线检验工作主要为选取典型部位开展宏观、金相、硬度、壁厚及管径检测，必要时增加超声、磁粉、射线等无损检测。

（3）建立管道材质老化及损伤定量表达式，确定管道在线寿命评估模型的关键参数，提高寿命评估的准确性。

超温开始时间 ↑	超温结束时间	超温持续时间(min)	超温最高幅度	超温平均幅度	是否结束	超温阈值
2007-11-09 18:53:27	2007-11-09 18:59:10	6	0.04	0.04	是	568.00
2007-11-09 19:52:02	2007-11-09 19:57:03	5	0.04	0.04	是	568.00
2007-11-09 21:46:17	2007-11-09 21:55:13	9	2.90	2.46	是	568.00
2007-11-09 22:17:49	2007-11-09 22:33:03	15	5.87	3.05	是	568.00
2007-11-10 06:26:34	2007-11-10 06:35:25	9	1.91	0.68	是	568.00
2007-11-10 07:00:23	2007-11-10 07:10:37	10	4.88	3.37	是	568.00
2007-11-10 07:25:44	2007-11-10 07:39:28	14	4.88	1.67	是	568.00
2007-11-10 07:47:20	2007-11-10 07:51:28	4	0.04	0.04	是	568.00
2007-11-10 07:55:04	2007-11-10 08:01:59	7	1.03	0.62	是	568.00
2007-11-10 08:08:15	2007-11-10 08:14:57	7	2.02	0.63	是	568.00

图 6-10　测点超限统计

（4）根据电厂信息化情况，确定管道寿命管理系统的数据源接口、通信及部署，检查测点及通信质量，确保现场生产数据的可靠。

（5）管道寿命管理系统现场安装调试，将前期准备的设备信息、基准数据、测点信息等录入系统，系统投入运行。

（6）管道设计寿命达 30 年，其寿命管理是一个长期的过程，电厂应从管理层面设置相应的机制，设定专门负责人及工作制度，定期对设备监测及评估结果进行趋势分析。进入设备服役的中期后，该项工作的效果将逐渐显现。

第五节　锅炉管在线监测与寿命管理

一、基本概念

燃煤锅炉的炉内高温炉管长期在火焰、烟气、飞灰等十分恶劣的环境介质中运行，承受高温高压蒸汽，尤其是超超临界机组，其锅炉过热蒸汽温度可至 605℃，蒸汽压力达 25～30MPa。因此，在运行过程中会发生一系列材料组织与性能的变化，这些变化涉及蠕变、疲劳、腐蚀、冲蚀等复杂的老化与失效机理。这些高温部件材料的微观组织会随着运行时间的延长而劣化，产生蠕变损伤，如珠光体的分散、碳化物的球化及在晶界聚集和长大、蠕变孔洞、晶界裂纹的产生；伴随着微观组织的损伤，材料性能发生劣化，如拉伸性能、持久强度及蠕变强度下降；由于环境因素还会产生腐蚀、磨损等，有的部件还存在着制造过程中产生的超标缺陷，在机组运行过程会发生裂纹的扩展，从而导致部件的失效和损伤。

中国电力企业联合会（中电联）电力历年可靠性统计结果表明，锅炉非计划停运约占全部停运事件的 60%，而锅炉“四管”泄漏又占锅炉事故的 60%，其中水冷壁泄漏约占 33%，过热器泄漏约占 30%，省煤器泄漏约占 20%，再热器泄漏约占 17%。

锅炉管寿命管理技术是以材料劣化状态的测量或评估值为基础进行故障发生期预测的技术，是构成设备诊断（通过观察设备劣化状态、时效变化进行设备管理的方法）的核心技术。其目标是及时为电厂设备的检查、维护、修理以及更换服务，确保在服役全寿命周期内机组能够安全、经济地运行，实现设备的全寿命周期优化管理。

锅炉管的在线监测与寿命管理是指在现场检验、实验室分析基础上，通过实时获取高温锅炉管的壁温和压力数据，结合管子的尺寸和材质等工艺参数，自动进行蠕变寿命评估，可以捕获运行过程中出现的温度异常，对超温引起的炉管失效能起到很好地预防。在线监测工作通过锅炉管寿命管理系统实现。

锅炉管寿命管理系统是随着近些年软件、硬件、通信等技术的快速发展而产生和成熟的，在线寿命评估方法的典型特点就是它的实时性、连续性。实时性指评估是依据当前设备的实时数据进行的。连续性指评估是连续进行的，每隔一段时间就进行一次评估。在线评估的方法充分考虑了每一时刻温度、压力对寿命损耗的影响。

锅炉管寿命管理系统对蠕变失效有着良好的预防作用，与现场检验、割管样实验室分析等工作结合起来，可显著提高超超临界锅炉管整体的安全性，减少“四管”泄漏引起的非计划停机。其主要特点如下：

（1）基于对壁温和压力数据的长期、连续跟踪监测和分析，完整地记录炉管服役历程中温度和压力历史，为准确评估炉管寿命损耗提供生产数据支持。

（2）材料性能数据是在线监测与寿命管理的核心，性能数据的准确性直接决定了评估结果的可靠性。

（3）基于锅炉管“超温风险”指标，为电厂开展班值运行超限考核，监控受热面风险分布提供在线工具。

（4）尝试新的方法来解决电厂生产过程中的一些难题，如超超临界锅炉受热面氧化皮脱落预测、炉管异物堵塞监测等技术。

（5）系统 7 天×24h 不间断的获取现场生产数据，自动完成锅炉管安全残余寿命的评估，全程无人值守。

（6）侧重对材料服役过程中的蠕变寿命的监测和评估，对磨损、腐蚀、吹灰减薄、制造安装缺陷、机械损伤缺乏在线监测手段，因此须与传统的监督检验如防磨防爆检查、取样实验室分析等工作相结合，两种方法的综合运用将为设备的全周期寿命管理带来有力支持，两者相辅相成。

二、模型简介

影响锅炉管使用状态和寿命的主要因素有温度、应力、材质状态。温度评估所说的温度是指当量温度，它的定义为在一段时间内，不管锅炉管在运行过程中温度如何变化，其寿命损耗总等于在一定温度和相同应力下运行相同时间所造成的寿命损耗，该温度被称为当量温度；它是某段服役期内管壁运行温度的等效描述。

目前，常用的温度评定和材质状态评定的方法有氧化皮分析法、硬度分析法、组织分析法、相成分分析法、碳化物尺寸分析法、性能分析法等，根据材料的不同选用其中的一种或几种方法进行评定。材质状态评定主要从组织老化和性能劣化角度做工作。组织老化包括碳化物形态、成分、结构、尺寸等方面的变化，以定量金相分析为主；性能劣化则以短时性能为主，包括室温拉伸和硬度测量等。

然而，炉管的当量温度是动态的，它随着服役时间及工况的变化而变化，并且其只能通过离线检验和实验室分析的方法获得，因此当量温度不适用在线评估模型。

在线评估模型需充分利用连续运行的温度和压力数据，实时捕获各微小服役时间段内的寿命损耗，进而掌握炉管的剩余安全寿命。同时在线模型应有较高的可操作性，便于工程应用。基于上述原则设计在线评估模型。

三、应力计算

影响炉管蠕变寿命的应力主要为内压蒸汽带来的周向应力，按照标准的薄壁管周向应力公式计算，可直接采用式（6-6）计算。锅炉管不需考虑周向热应力。

四、寿命评估

为了反映微小时间段内实时温度、压力等生产数据对部件寿命的影响，在线评估模型中引入参数：寿命损耗倍数 K，该参数定义过程如下：

依据基于老化因子修正的拉什米勒公式，分别计算设计参数和实时参数下的蠕变寿命值 t_d 和 t ，即

$$T_d(C+\log t_d)=F(\sigma_d)+C_a \tag{6-12}$$

$$T(C+\log t)=F(\sigma)+C_a \tag{6-13}$$

式中 T_d——基于设计壁温修正后的评估部位温度，K；

t_d——在 T_d 和设计压力下的评估部位蠕变寿命，h；

σ_d——评估部位在设计压力下的应力，MPa；

T——基于炉外实时壁温修正后的评估部位温度，K；

t——在 T 和实际压力下的评估部位蠕变寿命，h；

σ——评估部位在实际压力下的应力，MPa；

C_a——老化因子，与材料的组织老化和性能劣化有关；

C——拉什米勒方程参数，不同材料可能取值不同，与具体的持久强度曲线对应。

定义寿命损耗倍数 K，令

$$K=t_d/t \tag{6-14}$$

K 用于评定在某评估时间段，实际温度和实际压力对寿命损耗影响的严重程度，该参数的意义在于提供了同一部位不同时刻寿命损耗比较的手段（纵向），而且可以比较某一时刻不同部位的寿命损耗（横向）。

图 6-11 所示为某电厂 6 号炉三级过热器第 7 屏 17 根炉管某天的寿命损耗倍数随时间变化曲线，横坐标为评估时刻，评估间隔为 10min。纵坐标为损耗倍数 K，每个棒图对应一个评估时间段，从图 6-11 上可以准确掌握各个时刻评估部位的寿命损耗程度。

在线获取了每个评估部位的寿命损耗倍数 K 后，便掌握了评估炉管的实时寿命损耗速率，结合在线评估频率、设计寿命便可掌握其残余寿命。该方法对于受热面检修计划的优化有良好的辅助决策作用。

五、氧化皮生长模型

氧化皮厚度是间接反映锅炉管状态的一个重要指标，通过该参数可以了解受热面整体的氧化皮脱落风险。通过现场检验测量的氧化皮厚度值与理论计算值的比对，不断修正材料参数，完善氧化皮的生长公式。这些公式目前已经在离线寿命评估领域大量应用。

锅炉管寿命管理系统中，通过对氧化皮生长公式进行微分离散化，设计了在线计算氧化皮厚度的计算模型，公式为

$$\mathrm{d}x=f(t,T)\mathrm{d}t \tag{6-15}$$

$$x(t)=x(t-\mathrm{d}t)+\mathrm{d}x \tag{6-16}$$

式中　$f(t, T)$——该时刻氧化皮的生长速率，它是时间 t 和当前温度 T 的函数，不同的材料该生长速率不同；

$x(t-\mathrm{d}t)$——上轮评估的氧化皮厚度，mm；

$\mathrm{d}x$——炉管在 $\mathrm{d}t$ 时间内增长的氧化皮厚度，mm；

$x(t)$——本轮评估后的氧化皮厚度，mm。

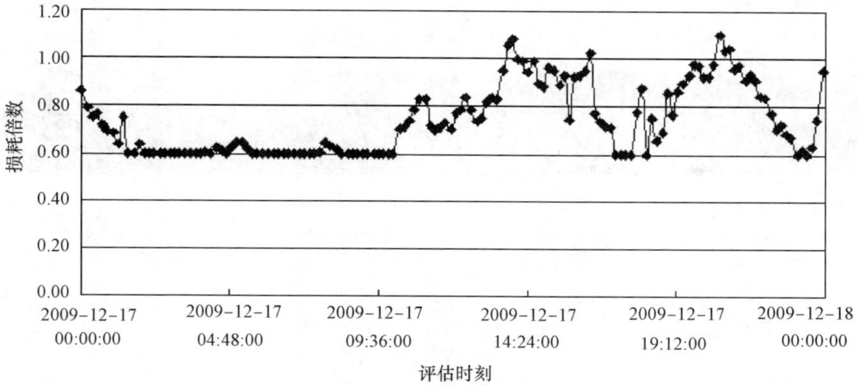

图 6-11　某炉管的寿命损耗倍数随时间变化曲线

六、系统架构

锅炉管寿命管理系统部署于电厂的 MIS 网，用户主要为电厂的设备、策划、检修等部门的专业技术人员，其架构同锅炉管道寿命管理系统，如图 6-3 所示。

七、锅炉管寿命管理系统功能

锅炉管寿命管理系统以炉内高温受热面（过热器、再热器）为评估对象，对于超超临界机组，水冷壁的状态监测也是其重要内容。通过在线监测和评估，为电厂开展管道寿命全周期管理提供工具和技术支持。其主要功能包括：

1. 状态监测及评估

通过实时获取高温锅炉管的壁温测点数据，结合管子的尺寸和材质等工艺参数，综合在线监测信息自动进行实时评估，系统地对高温锅炉管进行以寿命为基础的管理。将反映设备状态信息的数据（应力、残余寿命、超温等）以列表和曲线等形式显示，以多级报警的形式告知电厂工作人员，并提供相应的运行、维修及更换建议。具体包括：

（1）炉管超限实时统计。

（2）机组测点实时监测。

（3）炉管实时壁温风险图。

（4）炉管温度场分布图。

（5）炉管壁温测点实时监测列表。

（6）炉管实时应力、残余寿命信息列表。

（7）管排应力分布曲线。

（8）管排残余寿命分布曲线。

（9）炉管应力报警及统计。

（10）炉管残余寿命报警及统计。

根据评估结果，可给出必要的维修、更换及检验建议。锅炉管应力和寿命评估结果如图 6-12 所示，水冷壁实时壁温风险图如图 6-13 所示，四级过热器壁温分布如图 6-14 所示，锅炉管实时状态如图 6-15 所示，炉管温度场分布曲线如图 6-16 所示，炉管温度场分布棒图如图 6-17 所示。

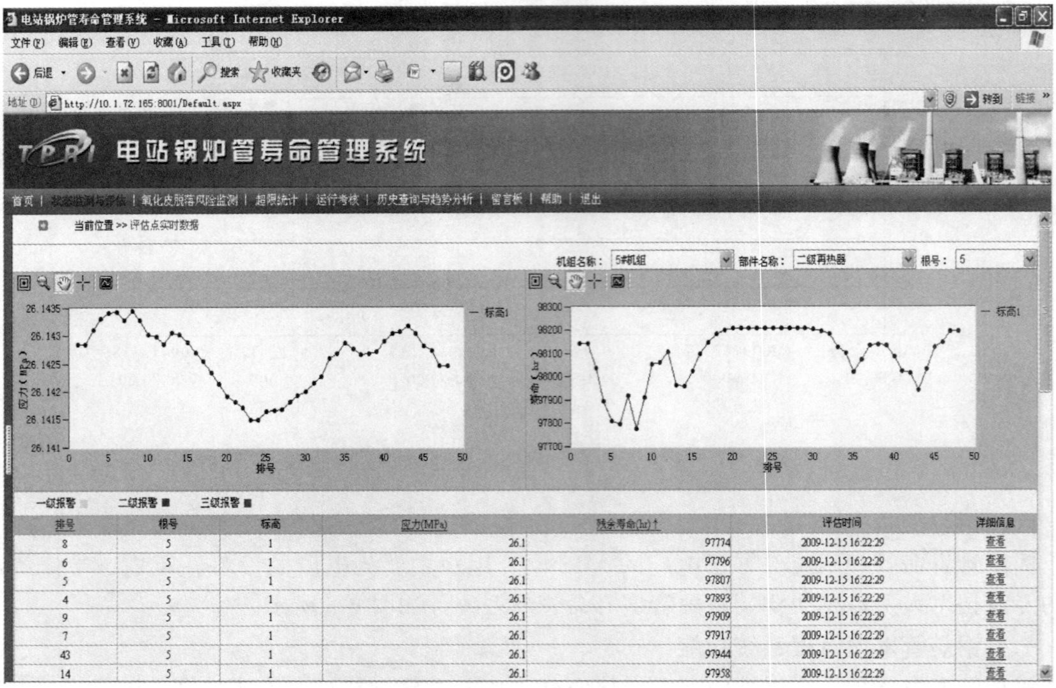

图 6-12 锅炉管应力和寿命评估结果

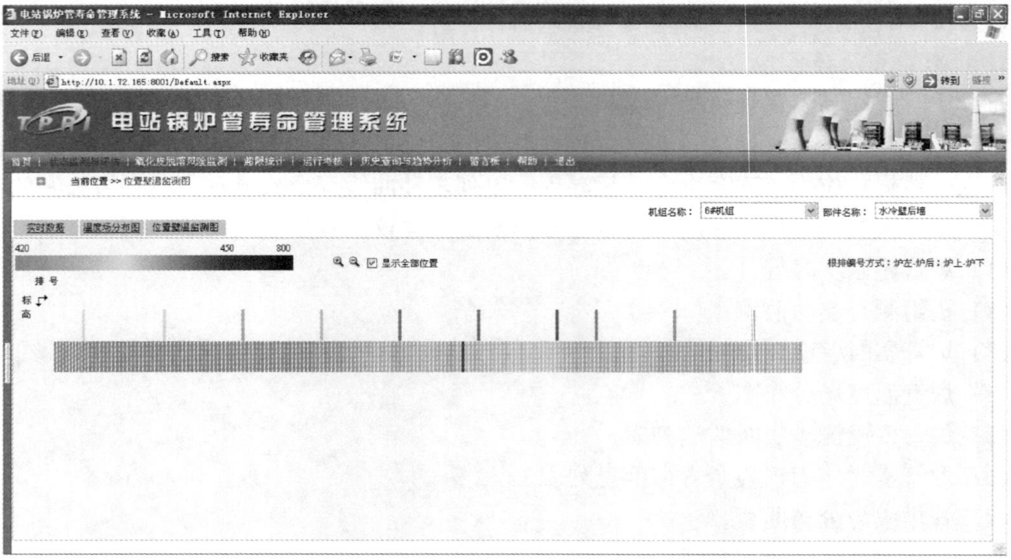

图 6-13 水冷壁实时壁温风险图

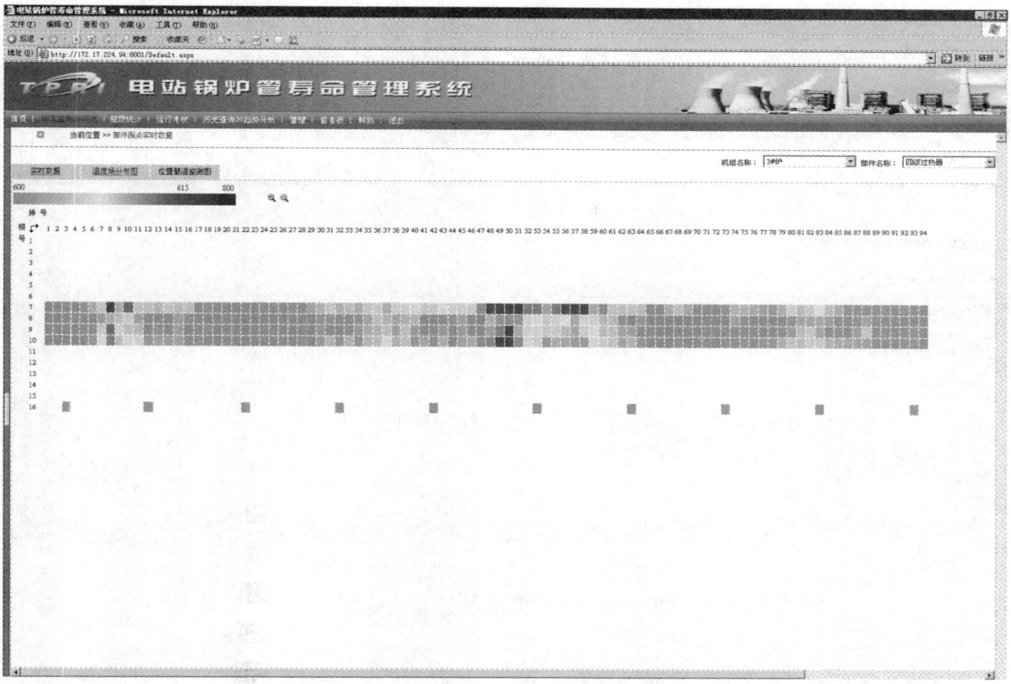

图 6-14　四级过热器壁温分布

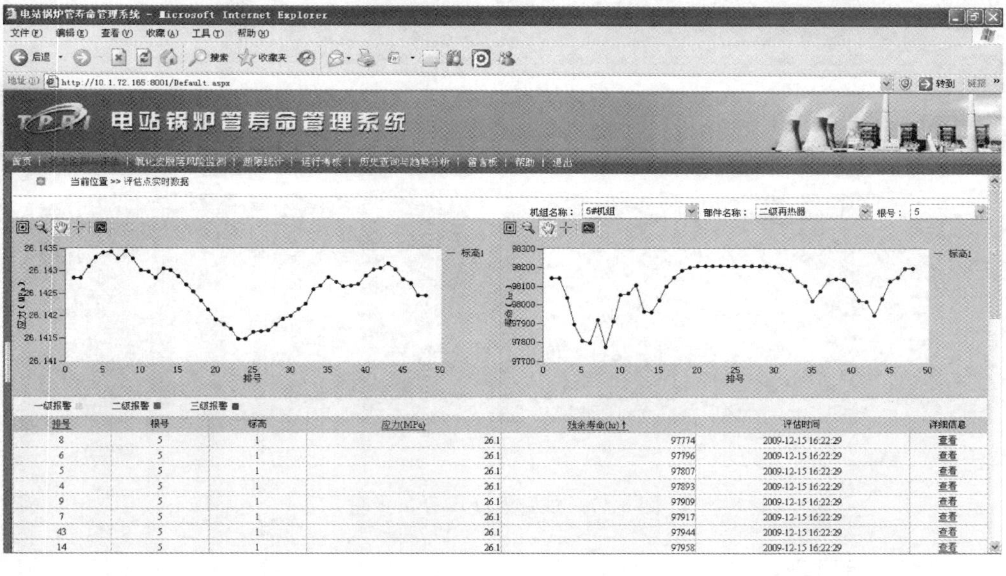

图 6-15　锅炉管实时状态

2. 设备信息管理

设备信息管理是针对寿命管理系统所涉及的部件信息进行管理，主要包括对信息的查询、添加、删除、修改等操作。包含的信息主要是设备的设计、制造、安装、运行、检验、维修、经济性等方面的信息。该模块的主要功能是为设备的状态评估和寿命评估提供统一的设备原始数据，并对设备的维修、更换等进行及时更新。其主要功能包括：

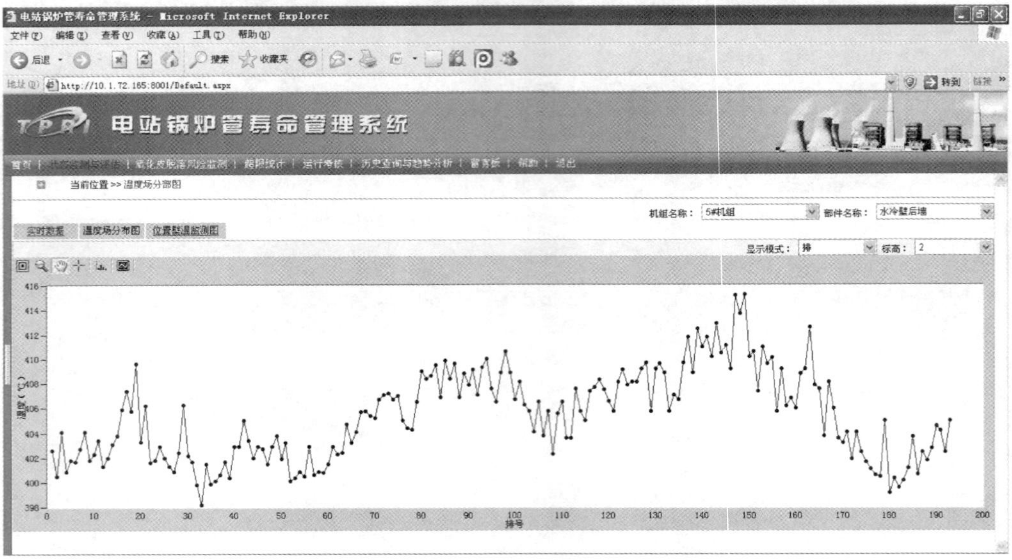

图 6-16 炉管温度场分布曲线图

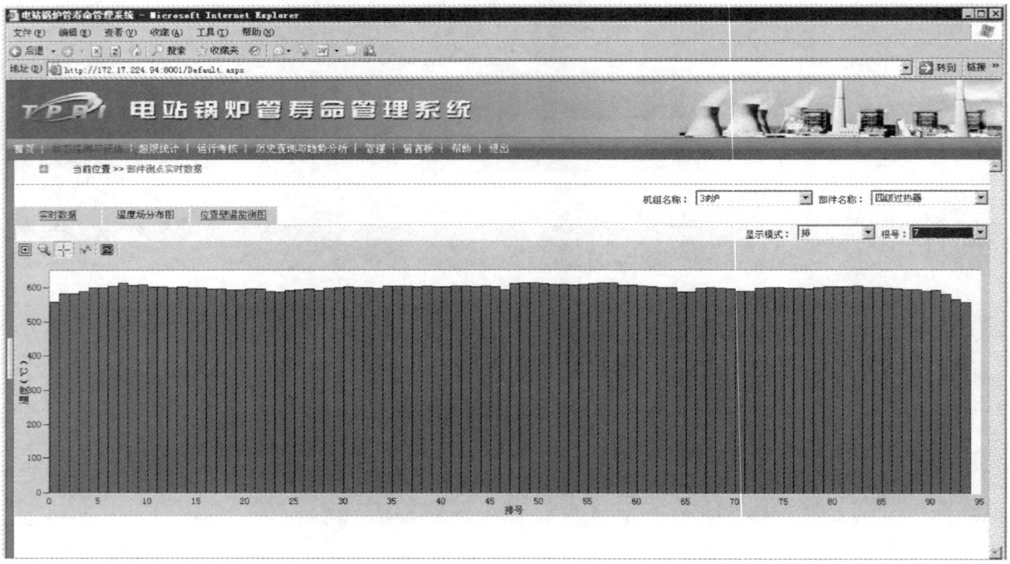

图 6-17 炉管温度场分布棒图

（1）机组信息管理。

（2）机组测点管理。

（3）部件信息管理。

（4）部件测点管理。

（5）评估点信息管理。

（6）换管管理。

（7）检修文档管理。

（8）在线评估基准数据管理。

（9）运行考核管理。

（10）超限记录管理。

评估点信息管理如图 6-18 所示，换管管理如图 6-19 所示，超限记录管理如图 6-20 所示，部件信息管理如图 6-21 所示，测点信息管理如图 6-22 所示。

图 6-18 评估点信息管理

图 6-19 换管管理

图 6-20　超限记录管理

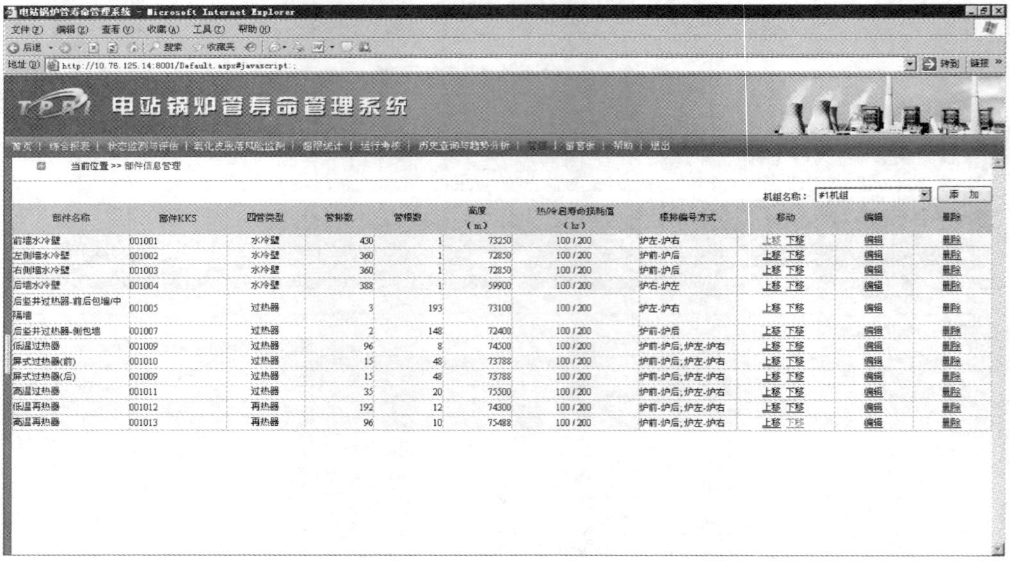

图 6-21　部件信息管理

3. 氧化皮脱落风险监测

基于材料特性，通过长期跟踪机组重大工况数据，设计氧化皮脱落在线预测功能，为电厂技术人员提供氧化皮脱落风险预测的辅助决策工具。基于壁温数据提取关键监测指标，在线监测炉管异物堵塞的风险，异物堵塞包括：

（1）制造、检修期间留存于炉管或入口联箱内的异物堵塞焊缝及节流孔。

图 6-22　测点信息管理

（2）氧化皮脱落堵塞弯头。

氧化皮堵塞实时风险监测如图 6-23 所示，氧化皮脱落风险预测如图 6-24 所示。

图 6-23　氧化皮堵塞实时风险监测

4. *历史查询与趋势分析*

历史查询与趋势分析是指对设备状态的历史记录进行查询，其中以对运行参数的查询浏览为主。该系统提供了丰富的查询及显示方法，借助这些方法，电厂工作人员还可以进行运行记录的趋势分析。它提供以下功能：

（1）测点历史曲线。

机组名称	部件名称	排号	根号	脱落风险级别↓	时间	详细信息
#1机组	高温过热器	1	1	I	2011-07-13 11:43:15	查看
#1机组	高温再热器	1	1	I	2011-07-13 11:43:15	查看
#1机组	低温再热器	1	1	I	2011-07-13 11:43:15	查看
#1机组	后竖井过热器-前后包墙/中隔墙	1	5	I	2011-07-13 11:43:15	查看
#1机组	高温再热器	1	10	I	2011-07-13 11:43:15	查看
#1机组	屏式过热器(前)	1	12	I	2011-07-13 11:43:15	查看
#1机组	后竖井过热器-前后包墙/中隔墙	1	17	I	2011-07-13 11:43:15	查看
#1机组	高温过热器	1	20	I	2011-07-13 11:43:15	查看
#1机组	后竖井过热器-侧包墙	1	22	I	2011-07-13 11:43:15	查看
#1机组	后竖井过热器-前后包墙/中隔墙	1	29	I	2011-07-13 11:43:15	查看
#1机组	屏式过热器(后)	1	37	I	2011-07-13 11:43:15	查看
#1机组	后竖井过热器-侧包墙	1	43	I	2011-07-13 11:43:15	查看
#1机组	后竖井过热器-前后包墙/中隔墙	1	48	I	2011-07-13 11:43:15	查看
#1机组	后竖井过热器-前后包墙/中隔墙	1	64	I	2011-07-13 11:43:15	查看
#1机组	后竖井过热器-前后包墙/中隔墙	1	76	I	2011-07-13 11:43:15	查看
#1机组	后竖井过热器-侧包墙	1	85	I	2011-07-13 11:43:15	查看
#1机组	后竖井过热器-前后包墙/中隔墙	1	88	I	2011-07-13 11:43:15	查看
#1机组	后竖井过热器-侧包墙	1	128	I	2011-07-13 11:43:15	查看
#1机组	后竖井过热器-前后包墙/中隔墙	2	5	I	2011-07-13 11:43:15	查看
#1机组	屏式过热器(前)	2	12	I	2011-07-13 11:43:15	查看
#1机组	后竖井过热器-前后包墙/中隔墙	2	17	I	2011-07-13 11:43:15	查看
#1机组	后竖井过热器-侧包墙	2	22	I	2011-07-13 11:43:15	查看

图 6-24　氧化皮脱落风险预测

（2）测点温度变化率历史曲线。

（3）测点历史温度场分布。

（4）评估点历史记录。

（5）检修文档。

历史温度场自动回放如图 6-25 所示，温度变化率历史曲线如图 6-26 所示。

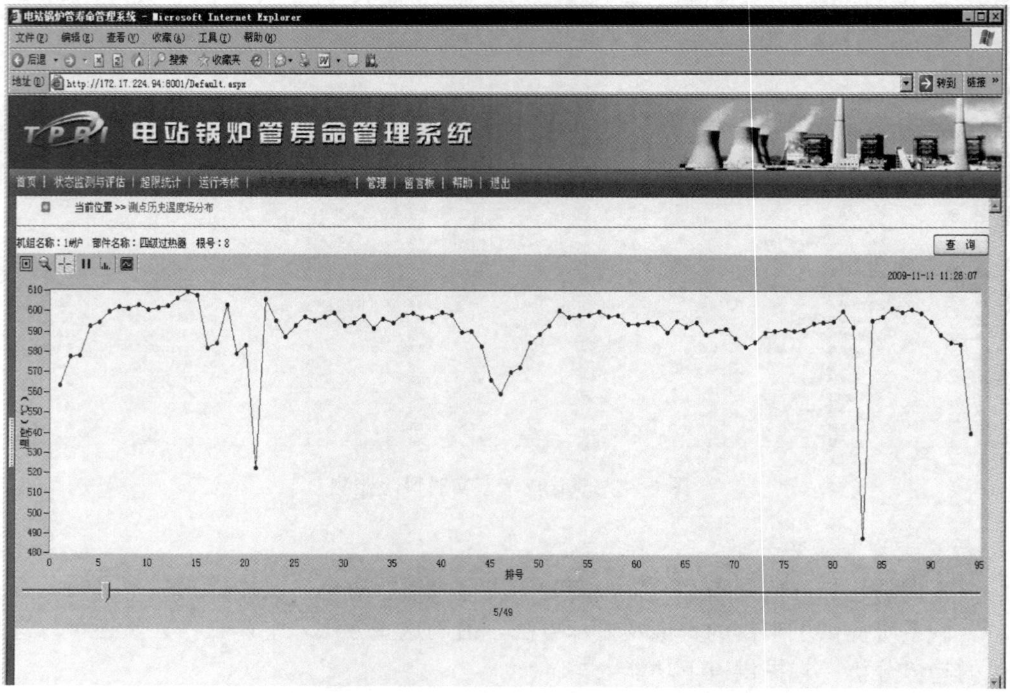

图 6-25　历史温度场自动回放

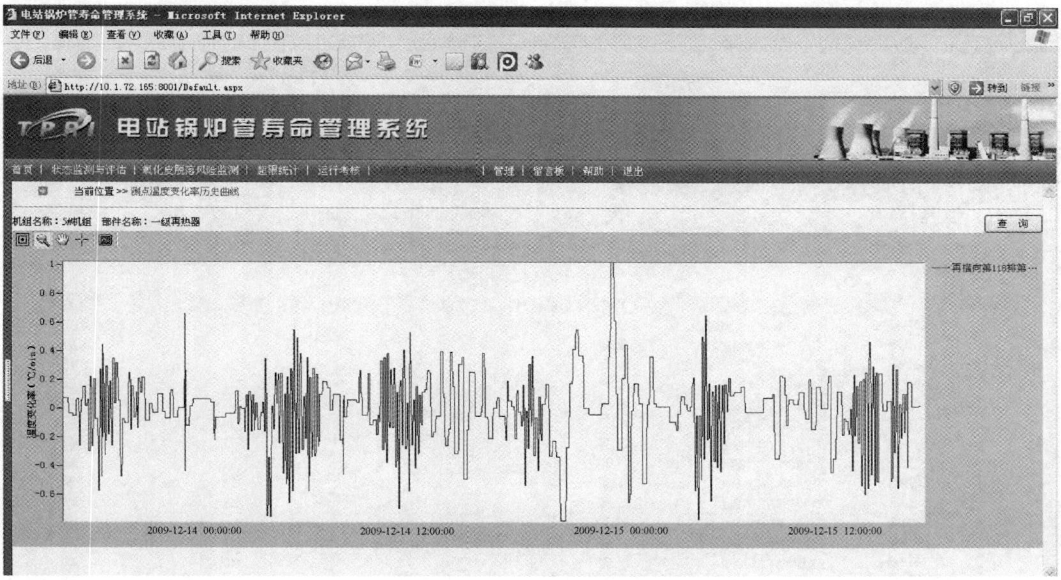

图 6-26　温度变化率历史曲线

5. 超限统计

当连续实时的从电厂生产数据库获取设备测点数据时，系统将会对每个测点进行超限判断，记录下每次超限的持续时间、超限最高幅度、超限平均幅度。用户可以通过选定时间段来统计该段时间内超限累计时间、超限次数、超限幅度平均值。此外，超限统计还提供对测点进行风险计算和风险排序的功能，为检修人员提供指导。所有的超限统计和超限记录都可以导出下载。它主要包括以下两部分：

（1）测点超限统计。

（2）测点超限记录。

测点超限统计如图 6-27 所示，测点超限记录如图 6-28 所示，超限记录导出下载如图 6-29所示。

6. 运行考核

根据电厂生产管理的需要，本系统提供了运行班值超限考核功能，它根据电厂的运行轮值表自动实现对各运行班值当值期间发生的机组测点和部件测点超限信息进行统计，无需手动干预即可实现各项指标统计分析，主要有：

（1）班值运行记录报表。

（2）班值运行统计报表。

（3）轮值计算基准日期管理。

（4）班值统计测点管理。

班值运行记录报表内容如图 6-30 所示。

7. 综合报表

根据电厂生产管理的需要，本系统提供了综合报表的功能，按周、月、季度和年为时间单位，统计机组测点和部件测点超限记录以及评估点评估记录，并汇总于文档中供电厂工作人员下载上报。

机组名称↑	部件名称	测点名称	超限状态	超限级别	累计时间(min)	超限次数	幅值	累计超温风险	详细记录
1#炉	三级过热器	三过入口第32屏管11金属温度	超上限	1	12.0	3	5.4	0.4	查看
1#炉	三级过热器	三过入口第32屏管8金属温度	超上限	1	2.0	1	1.4	0.0	查看
2#炉	四级过热器	四过入口第94屏管7金属温度	超上限	2	3.0	3	3.6	0.9	查看
2#炉	四级过热器	四过入口第94屏管7金属温度	超上限	3	50.0	32	631.8	189.8	查看
2#炉	四级过热器	四过出口第53屏管7金属温度	超上限	1	2.0	1	8.8	0.2	查看
3#炉	三级过热器	三过出口第27屏管3壁温	超上限	1	4.0	1	2.6	0.1	查看
3#炉	三级过热器	三过出口第27屏管4壁温	超上限	1	3.0	1	2.2	0.1	查看
3#炉	三级过热器	三过出口第27屏管5壁温	超上限	1	1.0	1	0.3	0.0	查看
3#炉	三级过热器	三过出口第27屏管6壁温	超上限	1	6.0	1	3.5	0.2	查看
3#炉	三级过热器	三过出口第27屏管7壁温	超上限	1	8.0	1	6.1	0.4	查看
3#炉	三级过热器	三过出口第27屏管8壁温	超上限	1	45.0	8	12.3	2.1	查看
3#炉	三级过热器	三过出口第28屏管3壁温	超上限	1	29.0	4	9.8	1.1	查看
3#炉	三级过热器	三过出口第28屏管4壁温	超上限	1	144.0	15	14.8	9.4	查看
3#炉	三级过热器	三过出口第28屏管4壁温	超上限	2	2.0	1	1.8	0.5	查看
3#炉	三级过热器	三过出口第28屏管5壁温	超上限	1	65.0	9	12.8	3.1	查看

1 2

图 6-27 测点超限统计

测点名称↑	测点编号	开始时间	结束时间	持续时间(min)	超限状态	超限级别	幅值	超限阈值	查看历史	超限报告
高温过热器出口壁温32	XCSIS.DCS1.10HAN27CT232.UNIT1@NET0	2011-07-12 21:38:00	2011-07-12 21:42:00	4.0	超上限	1	1.2	630.0	查看	
高温过热器出口壁温32	XCSIS.DCS1.10HAN27CT232.UNIT1@NET0	2011-07-12 22:27:00	2011-07-12 22:34:00	7.0	超上限	1	2.4	630.0	查看	
高温过热器出口壁温32	XCSIS.DCS1.10HAN27CT232.UNIT1@NET0	2011-07-13 00:06:00	2011-07-13 00:34:00	28.0	超上限	1	7.2	630.0	查看	
高温过热器出口壁温34	XCSIS.DCS1.10HAN27CT234.UNIT1@NET0	2011-07-12 21:37:00	2011-07-12 21:46:00	9.0	超上限	1	5.6	630.0	查看	
高温过热器出口壁温34	XCSIS.DCS1.10HAN27CT234.UNIT1@NET0	2011-07-12 22:29:00	2011-07-12 22:53:00	24.0	超上限	1	5.9	630.0	查看	
高温过热器出口壁温34	XCSIS.DCS1.10HAN27CT234.UNIT1@NET0	2011-07-12 22:56:00	2011-07-12 23:05:00	9.0	超上限	1	7.2	630.0	查看	
高温过热器出口壁温34	XCSIS.DCS1.10HAN27CT234.UNIT1@NET0	2011-07-12 23:56:00	2011-07-12 23:59:00	3.0	超上限	1	1.2	630.0	查看	
高温过热器出口壁温34	XCSIS.DCS1.10HAN27CT234.UNIT1@NET0	2011-07-13 00:05:00	2011-07-13 00:19:00	14.0	超上限	1	7.6	630.0	查看	
高温过热器出口壁温34	XCSIS.DCS1.10HAN27CT234.UNIT1@NET0	2011-07-12 23:28:00	2011-07-12 23:34:00	6.0	超上限	1	1.6	630.0	查看	
高温过热器出口壁温34	XCSIS.DCS1.10HAN27CT234.UNIT1@NET0	2011-07-13 00:21:00	2011-07-13 00:37:00	16.0	超上限	1	6.3	630.0	查看	
高温过热器出口壁温35	XCSIS.DCS1.10HAN27CT235.UNIT1@NET0	2011-07-13 00:12:00	2011-07-13 00:14:00	2.0	超上限	1	0.6	630.0	查看	

图 6-28 测点超限记录

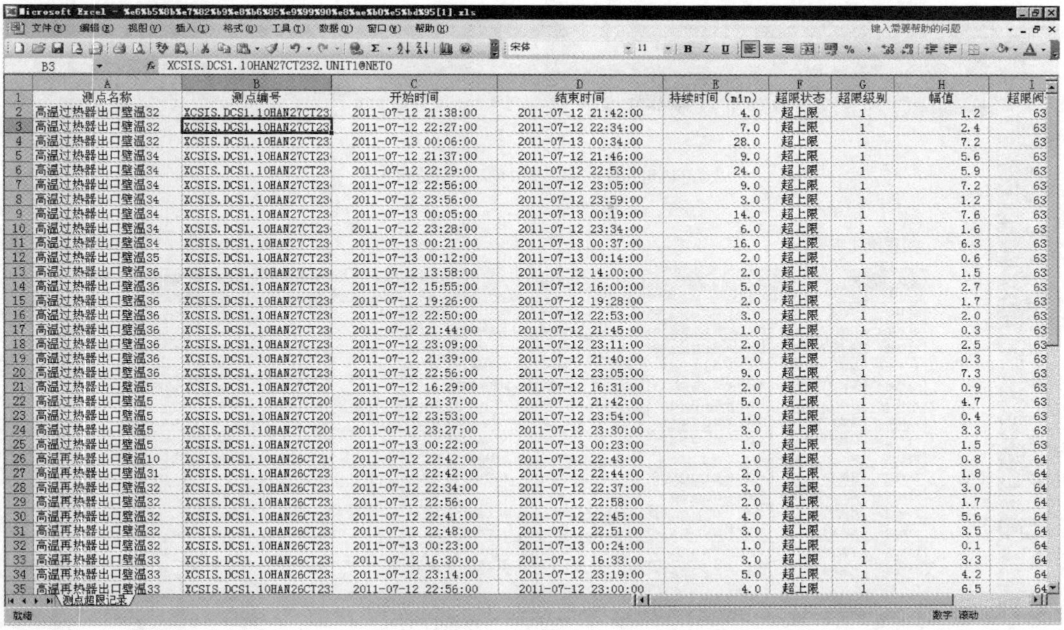

	A	B	C	D	E	F	G	H	I
1	测点名称	测点编号	开始时间	结束时间	持续时间（min）	超限状态	超限级别	幅值	超限阀
2	高温过热器出口壁温32	XCSIS.DCS1.10HAN27CT23	2011-07-12 21:38:00	2011-07-12 21:42:00	4.0	超上限	1	1.2	63
3	高温过热器出口壁温32	XCSIS.DCS1.10HAN27CT23	2011-07-12 22:27:00	2011-07-12 22:34:00	7.0	超上限	1	2.4	63
4	高温过热器出口壁温32	XCSIS.DCS1.10HAN27CT23	2011-07-13 00:06:00	2011-07-13 00:34:00	28.0	超上限	1	7.2	63
5	高温过热器出口壁温34	XCSIS.DCS1.10HAN27CT23	2011-07-12 21:37:00	2011-07-12 21:46:00	9.0	超上限	1	5.6	63
6	高温过热器出口壁温34	XCSIS.DCS1.10HAN27CT23	2011-07-12 22:29:00	2011-07-12 22:53:00	24.0	超上限	1	5.9	63
7	高温过热器出口壁温34	XCSIS.DCS1.10HAN27CT23	2011-07-12 22:56:00	2011-07-12 23:05:00	9.0	超上限	1	7.2	63
8	高温过热器出口壁温34	XCSIS.DCS1.10HAN27CT23	2011-07-12 23:56:00	2011-07-12 23:59:00	3.0	超上限	1	1.2	63
9	高温过热器出口壁温34	XCSIS.DCS1.10HAN27CT23	2011-07-13 00:05:00	2011-07-13 00:19:00	14.0	超上限	1	7.6	63
10	高温过热器出口壁温34	XCSIS.DCS1.10HAN27CT23	2011-07-12 23:28:00	2011-07-12 23:34:00	6.0	超上限	1	1.6	63
11	高温过热器出口壁温34	XCSIS.DCS1.10HAN27CT23	2011-07-13 00:21:00	2011-07-13 00:37:00	16.0	超上限	1	6.3	63
12	高温过热器出口壁温35	XCSIS.DCS1.10HAN27CT23	2011-07-13 00:12:00	2011-07-13 00:14:00	2.0	超上限	1	0.6	63
13	高温过热器出口壁温36	XCSIS.DCS1.10HAN27CT23	2011-07-12 13:58:00	2011-07-12 14:00:00	2.0	超上限	1	1.5	63
14	高温过热器出口壁温36	XCSIS.DCS1.10HAN27CT23	2011-07-12 15:55:00	2011-07-12 16:00:00	5.0	超上限	1	2.7	63
15	高温过热器出口壁温36	XCSIS.DCS1.10HAN27CT23	2011-07-12 19:26:00	2011-07-12 19:28:00	2.0	超上限	1	1.7	63
16	高温过热器出口壁温36	XCSIS.DCS1.10HAN27CT23	2011-07-12 22:50:00	2011-07-12 22:53:00	3.0	超上限	1	2.0	63
17	高温过热器出口壁温36	XCSIS.DCS1.10HAN27CT23	2011-07-12 21:44:00	2011-07-12 21:45:00	1.0	超上限	1	0.3	63
18	高温过热器出口壁温36	XCSIS.DCS1.10HAN27CT23	2011-07-12 23:09:00	2011-07-12 23:11:00	2.0	超上限	1	2.5	63
19	高温过热器出口壁温36	XCSIS.DCS1.10HAN27CT23	2011-07-12 21:39:00	2011-07-12 21:40:00	1.0	超上限	1	0.3	63
20	高温过热器出口壁温36	XCSIS.DCS1.10HAN27CT23	2011-07-12 22:56:00	2011-07-12 23:05:00	9.0	超上限	1	7.3	63
21	高温过热器出口壁温5	XCSIS.DCS1.10HAN27CT20	2011-07-12 16:29:00	2011-07-12 16:31:00	2.0	超上限	1	0.9	63
22	高温过热器出口壁温5	XCSIS.DCS1.10HAN27CT20	2011-07-12 21:37:00	2011-07-12 21:42:00	5.0	超上限	1	4.7	63
23	高温过热器出口壁温5	XCSIS.DCS1.10HAN27CT20	2011-07-12 23:53:00	2011-07-12 23:54:00	1.0	超上限	1	0.4	63
24	高温过热器出口壁温5	XCSIS.DCS1.10HAN27CT20	2011-07-12 23:27:00	2011-07-12 23:30:00	3.0	超上限	1	3.3	63
25	高温过热器出口壁温5	XCSIS.DCS1.10HAN27CT20	2011-07-13 00:22:00	2011-07-13 00:23:00	1.0	超上限	1	1.5	63
26	高温再热器出口壁温10	XCSIS.DCS1.10HAN26CT21	2011-07-12 22:42:00	2011-07-12 22:43:00	1.0	超上限	1	0.8	64
27	高温再热器出口壁温31	XCSIS.DCS1.10HAN26CT23	2011-07-12 22:42:00	2011-07-12 22:44:00	2.0	超上限	1	1.8	64
28	高温再热器出口壁温32	XCSIS.DCS1.10HAN26CT23	2011-07-12 22:34:00	2011-07-12 22:37:00	3.0	超上限	1	3.0	64
29	高温再热器出口壁温32	XCSIS.DCS1.10HAN26CT23	2011-07-12 22:56:00	2011-07-12 22:58:00	2.0	超上限	1	1.7	64
30	高温再热器出口壁温32	XCSIS.DCS1.10HAN26CT23	2011-07-12 22:41:00	2011-07-12 22:45:00	4.0	超上限	1	5.6	64
31	高温再热器出口壁温32	XCSIS.DCS1.10HAN26CT23	2011-07-12 22:48:00	2011-07-12 22:51:00	3.0	超上限	1	3.5	64
32	高温再热器出口壁温32	XCSIS.DCS1.10HAN26CT23	2011-07-13 00:23:00	2011-07-13 00:24:00	1.0	超上限	1	0.1	64
33	高温再热器出口壁温33	XCSIS.DCS1.10HAN26CT23	2011-07-12 16:30:00	2011-07-12 16:33:00	3.0	超上限	1	3.3	64
34	高温再热器出口壁温33	XCSIS.DCS1.10HAN26CT23	2011-07-12 23:14:00	2011-07-12 23:19:00	5.0	超上限	1	4.2	64
35	高温再热器出口壁温33	XCSIS.DCS1.10HAN26CT23	2011-07-12 22:56:00	2011-07-12 23:00:00	4.0	超上限	1	6.5	64

图 6-29　超限记录导出下载

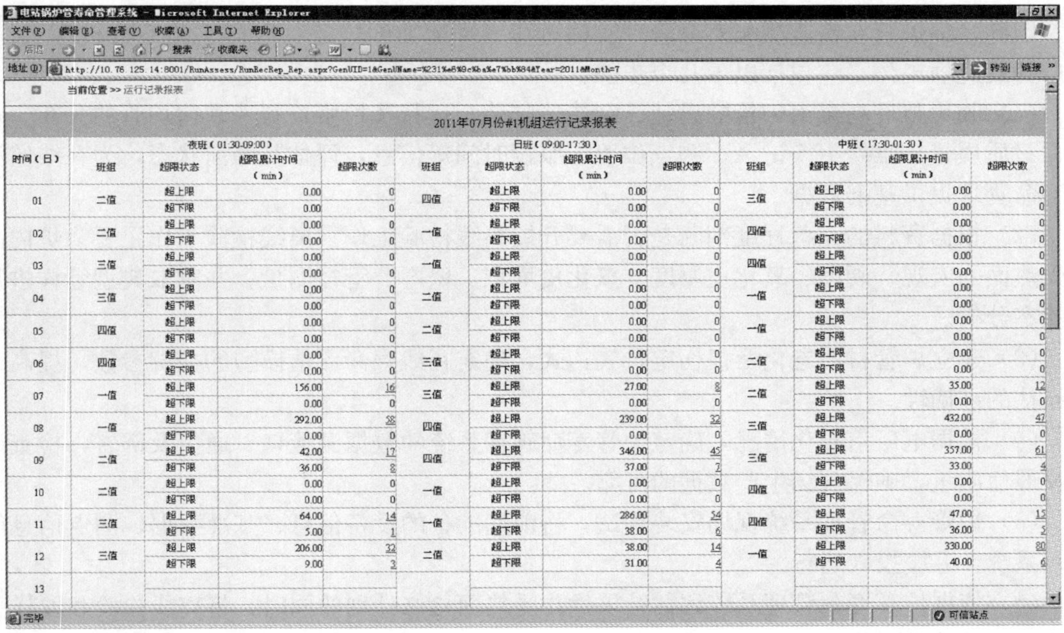

2011年07月份#1机组运行记录报表

时间（日）	夜班（01:30-09:00）班组	超限状态	超限累计时间（min）	超限次数	日班（09:00-17:30）班组	超限状态	超限累计时间（min）	超限次数	中班（17:30-01:30）班组	超限状态	超限累计时间（min）	超限次数
01	二值	超上限	0.00	0	四值	超上限	0.00	0	三值	超上限	0.00	0
		超下限	0.00	0		超下限	0.00	0		超下限	0.00	0
02	二值	超上限	0.00	0	一值	超上限	0.00	0	四值	超上限	0.00	0
		超下限	0.00	0		超下限	0.00	0		超下限	0.00	0
03	三值	超上限	0.00	0	一值	超上限	0.00	0	四值	超上限	0.00	0
		超下限	0.00	0		超下限	0.00	0		超下限	0.00	0
04	三值	超上限	0.00	0	二值	超上限	0.00	0	一值	超上限	0.00	0
		超下限	0.00	0		超下限	0.00	0		超下限	0.00	0
05	四值	超上限	0.00	0	二值	超上限	0.00	0	一值	超上限	0.00	0
		超下限	0.00	0		超下限	0.00	0		超下限	0.00	0
06	四值	超上限	0.00	0	三值	超上限	0.00	0	二值	超上限	0.00	0
		超下限	0.00	0		超下限	0.00	0		超下限	0.00	0
07	一值	超上限	156.00	16	三值	超上限	27.00	8	二值	超上限	35.00	12
		超下限	0.00	0		超下限	0.00	0		超下限	0.00	0
08	一值	超上限	292.00	58	四值	超上限	239.00	32	三值	超上限	432.00	47
		超下限	0.00	0		超下限	0.00	0		超下限	0.00	0
09	二值	超上限	42.00	17	四值	超上限	346.00	45	三值	超上限	357.00	61
		超下限	36.00	8		超下限	37.00	7		超下限	33.00	4
10	二值	超上限	0.00	0	一值	超上限	0.00	0	四值	超上限	0.00	0
		超下限	0.00	0		超下限	0.00	0		超下限	0.00	0
11	三值	超上限	64.00	14	一值	超上限	286.00	54	四值	超上限	47.00	15
		超下限	5.00	1		超下限	38.00	6		超下限	36.00	5
12	三值	超上限	206.00	32	二值	超上限	38.00	14	一值	超上限	330.00	80
		超下限	9.00	3		超下限	31.00	4		超下限	40.00	6
13												

图 6-30　班值运行记录报表内容

报表下载及内容如图 6-31 所示。

八、锅炉管在线监测与寿命管理工作实施

锅炉管具有易失效、原因复杂等特点，对它的安全监督和管理一直是电厂的一项重要工作。锅炉管的寿命管理采用长期监控，逐步逼近的方法，综合在线监测和离线检验手段开

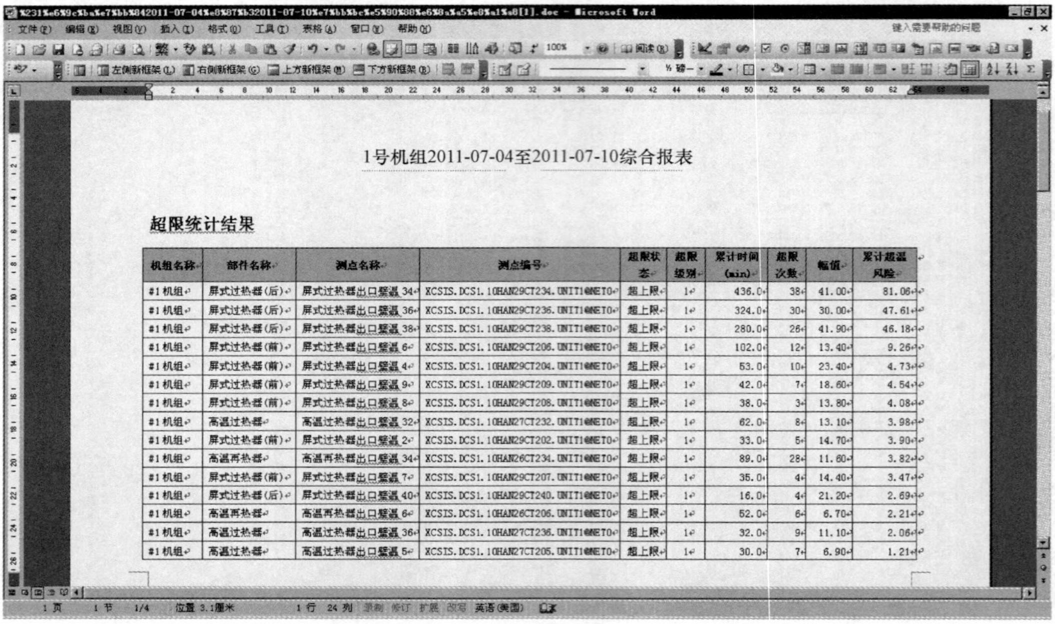

1号机组2011-07-04至2011-07-10综合报表

超限统计结果

机组名称	部件名称	测点名称	测点编号	超限状态	超限级别	累计时间(min)	超限次数	幅值	累计超温风险
#1机组	屏式过热器(后)	屏式过热器出口壁温34	XCSIS.DCS1.10HAN29CT234.UNIT1@NET0	超上限	1	436.0	38	41.00	81.06
#1机组	屏式过热器(后)	屏式过热器出口壁温36	XCSIS.DCS1.10HAN29CT236.UNIT1@NET0	超上限	1	324.0	30	30.00	47.61
#1机组	屏式过热器(后)	屏式过热器出口壁温38	XCSIS.DCS1.10HAN29CT238.UNIT1@NET0	超上限	1	280.0	26	41.90	46.18
#1机组	屏式过热器(前)	屏式过热器出口壁温6	XCSIS.DCS1.10HAN29CT206.UNIT1@NET0	超上限	1	102.0	12	13.40	9.26
#1机组	屏式过热器(前)	屏式过热器出口壁温4	XCSIS.DCS1.10HAN29CT204.UNIT1@NET0	超上限	1	53.0	10	23.40	4.73
#1机组	屏式过热器(前)	屏式过热器出口壁温9	XCSIS.DCS1.10HAN29CT209.UNIT1@NET0	超上限	1	42.0	7	18.60	4.54
#1机组	屏式过热器(前)	屏式过热器出口壁温8	XCSIS.DCS1.10HAN29CT208.UNIT1@NET0	超上限	1	38.0	3	13.80	4.08
#1机组	高温过热器	高温过热器出口壁温32	XCSIS.DCS1.10HAN27CT232.UNIT1@NET0	超上限	1	62.0	8	13.10	3.98
#1机组	屏式过热器(前)	屏式过热器出口壁温2	XCSIS.DCS1.10HAN29CT202.UNIT1@NET0	超上限	1	33.0	5	14.70	3.90
#1机组	高温再热器	高温再热器出口壁温34	XCSIS.DCS1.10HAN26CT234.UNIT1@NET0	超上限	1	89.0	28	11.60	3.82
#1机组	屏式过热器(前)	屏式过热器出口壁温7	XCSIS.DCS1.10HAN29CT207.UNIT1@NET0	超上限	1	35.0	4	14.40	3.47
#1机组	屏式过热器(后)	屏式过热器出口壁温40	XCSIS.DCS1.10HAN29CT240.UNIT1@NET0	超上限	1	16.0	4	21.20	2.69
#1机组	高温再热器	高温再热器出口壁温6	XCSIS.DCS1.10HAN26CT206.UNIT1@NET0	超上限	1	52.0	6	6.70	2.21
#1机组	高温过热器	高温过热器出口壁温36	XCSIS.DCS1.10HAN27CT236.UNIT1@NET0	超上限	1	32.0	9	11.10	2.06
#1机组	高温过热器	高温过热器出口壁温5	XCSIS.DCS1.10HAN27CT205.UNIT1@NET0	超上限	1	30.0	7	6.90	1.21

图 6-31　报表下载及内容

展。因此，锅炉管在线监测与寿命管理实施过程穿插着离线检验、取样实验室分析等工作。电厂开展此项工作，应包括以下几个步骤：

（1）收集整理高温锅炉管的设计、制造、安装、运行及检修资料，掌握炉管的分布、规格、材质质量、维修更换记录、测点位置、服役时间等信息，评估其当前状态，为在线监测及寿命管理提供基准数据。

（2）根据资料的完善程度判断是否需要开展离线检验工作。离线检验工作主要为炉内高温受热面的宏观、硬度、氧化皮厚度、氧化皮堆积、壁厚、管径测量，并割取典型管样进行实验室分析。

（3）建立炉管材质老化及损伤定量表达式，确定在线寿命评估模型的关键参数，提高寿命评估的准确性。

（4）根据电厂信息化情况，确定炉管寿命管理系统的数据源接口、通信及部署，检查测点及通信质量，确保现场生产数据的可靠。

（5）炉管寿命管理系统现场安装调试，将前期准备的设备信息、基准数据、测点信息等录入系统，系统投入运行。

（6）依据炉管寿命管理系统评估结果优化受热面检修计划的同时，将离线检验和取样分析获得的基准数据优化在线评估模型，两者相互支撑，逐渐逼近炉管的安全寿命。

第七章

超超临界机组氧化皮控制与预防措施

第一节　超超临界氧化皮的剥落

超超临界 660、1000MW 机组锅炉在运行过程中，先后出现氧化皮剥落堆积现象。有些电站锅炉过热、再热系统受热面经磁性检查或拍片检查有 50％的弯部存在氧化皮堆积现象，有些管子堆积高度超过管径一半以上。经分析认为，660MW 机组锅炉堆积的氧化皮主要来自 T23、T91、TP347H 钢管，1000MW 锅炉主要来自 Super304H 钢管。这与设计上对这些新型材料抗蒸汽氧化许用温度选用的余度不足、制造工艺不当、运行时超温及汽水品质不良等因素有关。

TP347H、Super304H 钢作为 18-8 奥氏体不锈钢与 HR3C 钢相比 Cr 含量较低，晶内 Cr 扩散能力不强，不能为氧化界面提供选择性氧化所需的充足 Cr 原子，无法在金属表面形成致密的纯 Cr_2O_3保护膜，使金属基体遭受进一步的氧化腐蚀，抗蒸汽氧化能力一般认为只能作用于 620℃以下。

对超超临界机组锅炉管子氧化皮剥落和堆积问题，国内有一些研究，但目前并未较深地掌握超超临界工况下，TP347H、Super304H 等钢材的蒸汽氧化及剥落机理，也未提出比较切实可行的预防措施。

过热系统氧化皮堆积如图 7-1 所示（见文后插页）。

通过对 Super304H 钢管内壁氧化皮金相试验和能谱面、线、点扫描试验，结合起来看，氧化层外层富 Fe 和 O，成分为 Fe_3O_4和 Fe_2O_3，内外层界面处有 1 层深色薄层，该层富 Cr，成分接近 Cr_2O_3。SUP304H 钢管内壁氧化皮成分分布如图 7-2 所示（见文后插页）。

临近该层的白色颗粒富 Ni 和 Cu，为氧化的金属，向内是（Fe、Cr)$_3$O$_4$尖晶石层，在氧化层和基体相邻处的深色层为 Cr_2O_3，如图 7-2 所示（见文后插页）。管壁氧化皮的结构和形貌受钢管材质、规格和介质温度、压力、流速等多种因素的影响，导致氧化皮厚度不均匀、结构复杂、成分不同。

华能玉环电厂超超临界 1000 MW 机组，其锅炉炉膛设计截面热负荷较高、材料选用等级相对其他制造厂偏低、Super304H 钢未喷丸处理、实际燃用煤种严重偏离设计、采用双切圆燃烧器设计，这些因素使氧化皮剥落的风险较高。然而，该电厂却是 4 家装有同类机组的电厂中唯一一家暂时不受氧化皮剥落堆积困扰的电厂，该电厂在新型不锈钢使用性能研究和防止氧化皮剥落堆积方面做了一些有益的工作。主要从温度、材料表面处理及水处理品质等方面在运行、检修过程中进行预防。例如针对锅炉设计截面热负荷较高、煤种适应性较差、大量燃用劣质煤、炉膛燃烧特性发生变化、下游（过热器、再热器）烟温高于设计值等问题，采取了加强配煤掺烧和燃烧调整试验、加装温度测点、实施炉内外壁温测点比对试验等措施，以控制管屏温差，防止受热面超温。此外，还开发了超超临界锅炉寿命管理系统，加强材质评估和检修检查、监督；严格控制汽水品质，采用自行研发的“定向微量加氧”技术，与 EPRI 最新研究显示的未来汽水处理发展方向 WOT 类似，既解决了给水侧 Fe_3O_4 析出，水冷壁节流孔结垢问题，又避免了蒸汽侧氧化皮剥落堆积。上述工作仍在进行中，以期对超超临界机组防治氧化皮危害有所帮助。

一、氧化膜生长速度的一般规律

氧化膜的生长速度可以用单位面积上的质量变化（ΔW）或者单位时间膜厚度变化（Δdox）表示。以 ΔW（或 Δdox）与时间（t）绘图即得到氧化动力学曲线。经大量试验获得经验动力学曲线，金属氧化速度动力学曲线可以分属三类：直线速度定律、抛物线速度定律和对数速度定律。

（1）氧化膜生长的直线规律。某些金属的氧化膜不能完全覆盖金属表面，如 PBR＜1（PBR 为金属氧化物体积与氧化前的金属体积之比）的开豁性金属，则氧化膜生长速度与时间（t）呈正比，即金属氧化速度与膜厚度无关，氧化速度为常数。

（2）氧化膜生长的抛物线规律。当 PBR 接近于 1 又不大于 1.15 时，则氧化膜既可致密地覆盖金属表面，又不致因内应力过大而开裂。氧化膜将反应物质隔离开，具有保护作用，进一步氧化则反应物需经过膜扩散传质，可以是以金属阳离子向外扩散占优势，也可以是氧离子（阴离子）向内扩散占优势，还可能是阳离子与阴离子双向扩散，新氧化物在膜内生成。界面反应速度比传质速度快时，膜生长速度取决于传质速度（扩散速度）。当氧化膜不是很薄时，则氧化膜生长速度遵循抛物线定律，如铁、镍、铜等，即

$$\text{dox}2=k_{\mathrm{p}}t \tag{7-1}$$

$$k_{\mathrm{p}}=A\exp\ (-Q/RT)$$

式中 dox——氧化皮的厚度；
t——氧化时间；
k_{p}——抛物线速率常数；
A——Arrhenius 常数；
Q——速率控制过程的激活能；
T——绝对温度；
R——气体常数。

遵循抛物线定律的数据用双对数坐标处理可获得一组直线。

（3）为氧化膜生长的对数规律。在有些情况下，氧化膜随时间的增长速度比扩散控制的抛物线速度慢得多，例如，在低温下，许多金属如铝、锌等均遵守对数速度定律，即

$$\text{dox}=K\lg\ (t+C)\ \text{（对数定律）} \tag{7-2}$$

或

$$1/\text{dox}=C-K\lg t\ \text{（反对数定律）} \tag{7-3}$$

式中 C——积分常数。

二、氧化皮测量和数据处理方法

本项目所用不锈钢样品有两种，由于表面电解抛光样品表面平整光滑，容易发生试样边

角等位置局部脱落，造成称重数据不准确，而原始内壁状态的瓦片状样品表面积难以准确测量，无法求得单位面积上的准确质量变化，因此对这两种试样来说，通过单位面积的质量变化表征氧化膜的生长速度都不适合。样品的氧化动力学只能用单位时间内的膜厚度变化来表示。

将氧化试验后的各试样镶嵌成以其管材横截面为金相磨面、磨抛制成可供实验室光学显微镜和 SEM、EDS 下观察分析的金相试样。所用设备有 FEI Quanta400 型扫描电镜（SEM）、牛津 INCA X 射线能谱仪（EDS）、Zeiss 研究级光学显微镜。

由于晶界和晶内的 Cr 等元素扩散速度不同，常常导致晶界和晶内或不同晶粒内的氧化皮厚度差异较大，局部拍照测量最大厚度或目测平均厚度均会带来较大的人为误差，为了解决这个问题，本项目提出一种氧化皮平均厚度测量和数据处理方法：

（1）利用 FEI Quanta400 型扫描电子显微镜观察试样的氧化皮状况（平板样品是每个面均可以，保留原始内壁状态样品是仅观察内壁），随机选择 10 个视场，用合适放大倍数拍摄氧化皮的完整形貌照片，在保证照片清晰、可准确测量的情况下，尽量选择较小倍数，同一试样各视场的放大倍数相同。

（2）测量每个视场内的氧化皮所占面积，除以视场中氧化皮的长度，即可得到该视场内氧化皮的平均厚度（可测量氧化皮内层的平均厚度，如氧化皮外层完整未发生脱落，则可同时测量内外层相加的全层的平均厚度）。

（3）对所有的视场的平均厚度求平均值，结果得到该试样的平均厚度。

（4）对不同氧化温度、时间的每个试样均采用以上方法得出该试样的氧化皮平均厚度。

（5）考虑到部分试样的氧化皮外层出现局部或全部脱落，也可用氧化皮内层厚度来表征氧化特性，因此由各样品的氧化皮平均内层厚度与氧化时间的关系也可得到各温度下的氧化动力学曲线。

（6）对动力学曲线数据进行拟合，得到抛物线速率常数 k_p。

由抛物线速率常数 k_p 与温度的关系得到该种条件的材料氧化皮快速生长对应的温度区间。

三、蒸汽氧化速率突变的原因分析

不锈钢氧化速率的突变可能原因有两个方面，一方面是发生了氧化物相变，另一方面是元素扩散速率的变化，下面从这两个方面讨论其对 18-8 不锈钢的蒸汽氧化速率的影响。

1. 铁的氧化物的相变

铁在空气中氧化生成多相多层氧化膜，如图 7-3 所示，当温度低于 570℃时不生成 FeO，只生成磁性氧化铁 Fe_3O_4 与 Fe_2O_3 两层膜，其中 Fe_3O_4 与金属相邻；当温度超过 570℃则生成多层氧化膜，含氧低的 FeO 层和中间层 Fe_3O_4 以及最外层含氧最高的 Fe_2O_3 层，1000℃时三者厚度比为 100∶10∶1 或 95∶4∶1。

FeO 为 P 型金属不足半导体（Fe1-yO）。当氧压一定时，y 值在 FeO/Fe_3O_4 界面随温度增加从 0.05 至 0.15 范围变化，即 FeO 中具有很高的阳离子空位浓度。阳离子与电子经由空位与电子空穴扩散运动性很高，铁在 FeO 中的扩散系数远远大于在 Fe_3O_4 和 Fe_2O_3 相中的扩散系数，故 FeO 层的增长快于 Fe_3O_4 和 Fe_2O_3 层，在 570℃以上氧化时形成的氧化膜主要为 FeO，FeO 膜的生长控制着整个氧化速率。

耐热钢在高温水蒸气中氧化也生成多层膜，18-8 不锈钢在高温水蒸气中氧化，一般生

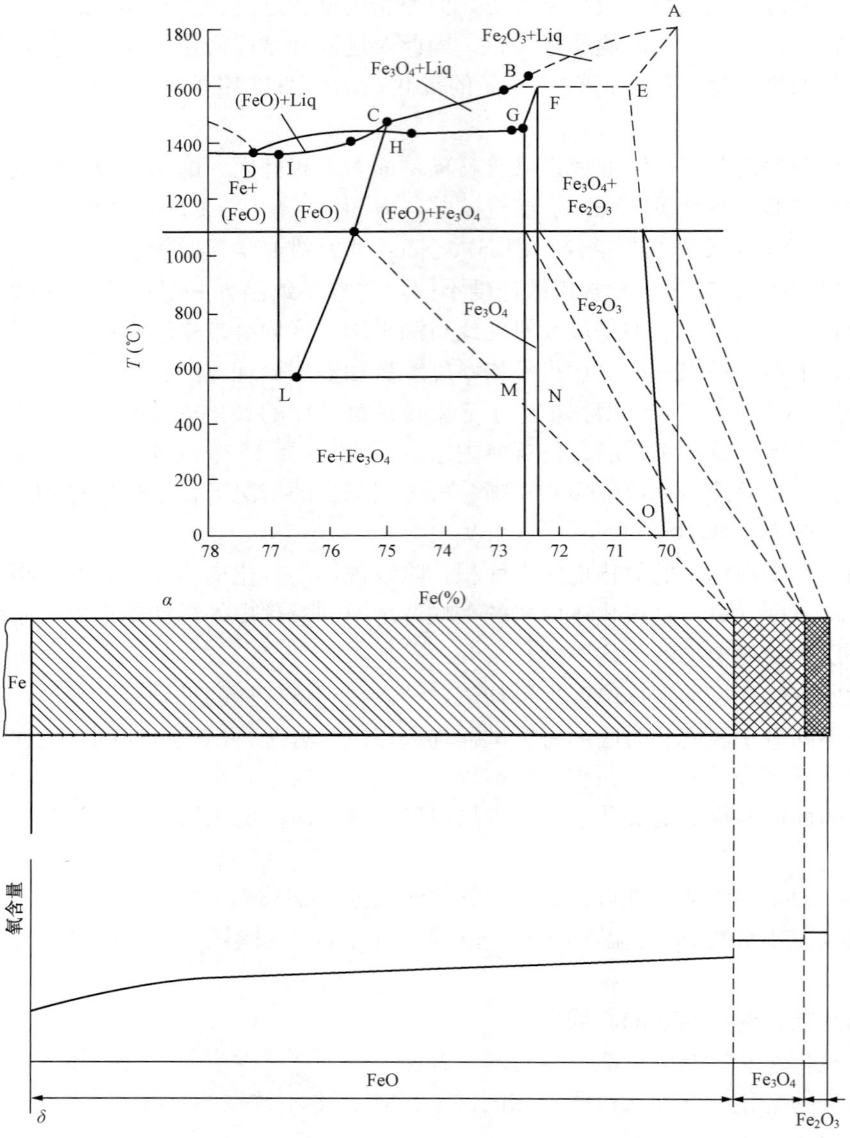

图 7-3 Fe-O 相图及 Fe 上生成的氧化物相

成双层膜，外层为 Fe_3O_4 或 Fe_2O_3+Fe_3O_4，内层为（Fe、Cr、Ni）$_3O_4$ 尖晶石相，但是否会和铁一样生成 FeO，以及在温度超过多少时会形成 FeO 尚不清楚。

合金的氧化物中 FeO 的稳定性取决于合金中的 Cr 含量，Cr 含量存在某一最小值，超过该值，就不会再形成 FeO，并且在较高 Cr 含量的铁素体钢（5%～12%Cr）中，很少发现 FeO 了。

研究 HCM12A（11%Cr）、NF616（9%Cr）以及 HCM2S（2.2%Cr）耐热钢在静止水蒸气中的蒸汽氧化行为，氧化皮内层中的相类型见表 7-1，发现 Cr 含量为 2.2%的 HCM2S 在 620℃及以上温度形成了 FeO，Cr 含量为 9%的 NF616 在 700℃才形成 FeO，而 Cr 含量为 11%的 HCM12A 到 700℃仍未形成 FeO。

表 7-1　　　　氧化皮内层的氧化物类型

项　目	HCM2S	NF616	HCM12A
700℃	FeO+（Fe、Cr)$_3$O$_4$	(Fe、Cr)$_3$O$_4$+FeO	(Fe、Cr)$_3$O$_4$
620℃	(Fe、Cr)$_3$O$_4$+FeO	(Fe、Cr)$_3$O$_4$	Not analyzed
600℃	(Fe、Cr)$_3$O$_4$	(Fe、Cr)$_3$O$_4$	(Fe、Cr)$_3$O$_4$
570℃	(Fe、Cr)$_3$O$_4$	(Fe、Cr)$_3$O$_4$	(Fe、Cr)$_3$O$_4$

由此可以推断，Cr 含量更高的 18-8 不锈钢氧化皮内层形成 FeO 的温度范围应高于 700℃，TP304H 不锈钢在 605～620℃之间产生的氧化速率突跃原因不是氧化皮内层形成 FeO 所致。

2. 元素扩散速率的变化

另一个影响氧化皮生长速率的因素是元素原子或离子在氧化皮中的扩散速率。由于不锈钢蒸汽侧氧化皮内层为致密的尖晶石结构（Fe、Cr、Ni)$_3$O$_4$ 氧化物，外层为疏松的粗大柱状晶结构 Fe_3O_4，因此，原子或离子穿过整个氧化皮向内或向外扩散的速度主要取决于内层氧化物的致密度和厚度。一般认为耐热钢在水蒸气中氧化，氧化皮外层的生长是铁向氧化物/气体界面扩散的结果，因此其生长速率是由铁通过内层向外扩散的速率控制的；氧化皮内层的生长是氧离子向氧化物/金属界面扩散的结果，因此其生长速率是由氧通过氧化皮内层向内扩散的速率控制的。一般来说，扩散系数满足下式，即

$$D = D_0 \exp(-Q/RT) \tag{7-4}$$

式中　D——扩散系数；

D_0——扩散常数；

Q——扩散活化能；

R——气体常数；

T——绝对温度。

由上式可知 lg$D$ 与 $1/T$ 呈直线关系，温度升高，扩散系数显著增加。图 7-4 所示为铁和氧在铁的氧化物中的自扩散系数，可以看出，Fe 和 O 在 Fe_2O_3 中的自扩散系数不同，因此，当氧化温度较低时，O 的自扩散系数大于 Fe 的自扩散系数，故氧离子向里扩散占优势，高温则相反。虽然目前无法查到 Fe 和 O 在（Fe、Cr、Ni)$_3$O$_4$ 层中的扩散系数随温度变化的准确数据，但与此类似可能存在以下情况：

无论是氧通过 Fe_3O_4 外层向内扩散的速率，还是铁通过（Fe、Cr、Ni)$_3$O$_4$ 尖晶石相内层向外扩散的速率，均随温度的升高而增大，但是随温度升高，两者扩散速率增大的幅度不同。

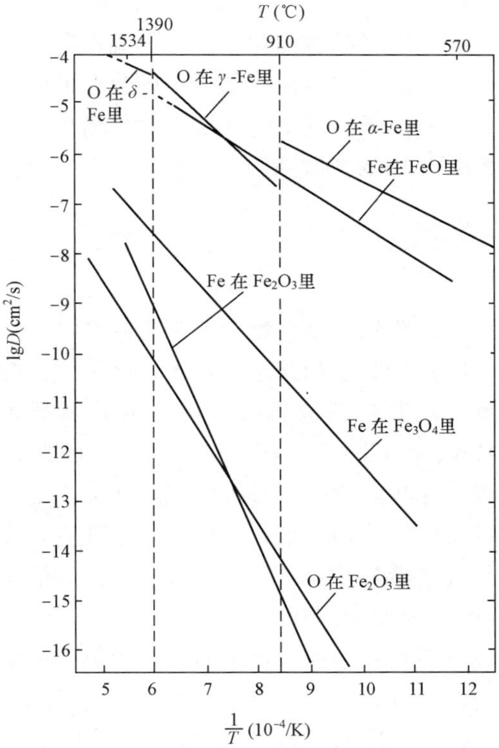

图 7-4　铁和氧在铁的氧化物中的自扩散系数

随着温度的升高氧通过 Fe_3O_4 外层向内扩散的速率和铁通过（Fe、Cr、Ni）$_3O_4$ 尖晶石相内层向外扩散的速率增幅不同，存在某一两者相等的临界温度。

对于 TP304H 不锈钢表面电解抛光状态和原始内壁状态两种试样，试验研究均发现蒸汽氧化皮内层厚度占总厚度的比例均为：在 605℃以下随温度的升高明显增加，而 605～650℃则随温度增加变化不大，这说明可能是在 560～605℃之间，随着温度的增加 O 通过 Fe_3O_4 外层向内扩散的速率增速大于 Fe 通过（Fe、Cr、Ni）$_3O_4$ 层向外扩散的速率增速，而在 605～650℃之间随温度增加两者的速率增速比较接近。

除了这两种元素通过氧化皮的扩散速率对氧化过程影响很大以外，基体金属中的 Cr 向氧化皮的扩散速率也会影响氧化动力学过程，由于在氧化过程中 Cr 与 O 亲和性强而优先氧化，基体金属中的 Cr 向氧化皮的扩散速率会显著影响氧化皮内层的氧化过程以及 Fe 通过内层向外扩散的速率。

综上所述，TP304H 钢管蒸汽氧化速率在氧化界面温度为 605～620℃范围内发生突跃的原因可能主要与 Fe 和 O 元素扩散速率发生变化有关。

四、蒸汽氧化临界温度的影响因素

由前述可知，TP304H 钢管蒸汽氧化速率在氧化界面温度为 605～620℃范围内发生突跃的原因可能主要与 Fe 和 O 元素扩散速度发生变化有关，因此所有影响扩散过程的因素均可能影响蒸汽氧化临界温度，例如基体金属的化学成分、晶粒度、金属的表面状态（是酸洗还是机加工变形）等都会有影响，当 321 不锈钢的晶粒度由 3～4.5 级细化到 8～10 级时突变温度提高 25℃左右就是一个例证，由此可以得出以下推论：

（1）材料中的 Cr、Si 等元素提高抗氧化性能的元素含量增加会使临界温度升高。

（2）管材晶粒细化会使临界温度升高。

（3）管材内表面冷作变形硬化会使临界温度升高。

（4）由于蒸汽中的溶解氧含量增加会导致氧化皮外层出现 Fe_2O_3 的概率增加，而 O、Fe 在 Fe_2O_3 中的扩散系数小于在 Fe_3O_4 中的扩散系数，从而也可能会影响临界温度。

第二节　氧化皮的形成影响因素

一、氧化皮剥落物的宏观形貌特征

经初步观察和测量，发现Ⅱ级屏式过热器、Ⅲ级屏式过热器、末级过热器管内的剥落氧化皮外观形貌特征相似，均为薄片状碎屑，大部分碎片直径为 ϕ1～ϕ5，厚度为 0.05～0.12mm，如图 7-5（a）～图 7-5（c）所示（见文后插页），但末级过热器的氧化皮剥落物宏观尺寸相对较大、Ⅲ级屏式过热器次之、Ⅱ级屏式过热器的最小。不同管子内剥落氧化皮的堆积数量差别也很大，少则二十几克，多则二百余克。末级再热器管内剥落氧化皮的形状却与过热器内的截然不同，其外观形貌呈柳叶状，宽度为 2～6mm，大部分长度为 10～30mm，厚度为 0.06～0.15mm，如图 7-5（d）所示（见文后插页），且再热器管子内部剥落氧化皮的量普遍很多，不同管子内氧化皮堆积量也不等，大部分管子内氧化皮质量为 500～760g。另外还发现，尽管过热器和再热器内剥落氧化皮的外形、尺寸差异很大，但其表面颜色都是一面灰而另一面黑。图 7-6 所示（见文后插页）为蒸汽吹扫后过热器管内剥落氧化皮的堵塞形貌。视频内窥镜检查结果表明联箱内部很干净，无剥落氧化皮残留堆积现象，但部分管子内壁仍残留一些已经开裂、起层却未断裂脱落的氧化皮，如图 7-7、图 7-8 所示（见文后插页），这些未剥落氧化皮有可能在后续启停炉时发生断裂剥落。

二、氧化皮的微观结构和形貌特征

图 7-9 和图 7-10 所示（见文后插页）分别是 2004 年 10 月 1 号锅炉割管样内壁未剥落部位、剥落部位氧化皮的横截面微观形貌特征金相照片，图 7-11 所示（见文后插页）是 2004 年 10 月从 1 号锅炉割管样中收集到的剥落氧化皮横截面微观形貌特征金相照片。从图 7-9～图 7-11 中可以看出：

（1）管样内壁原生氧化皮的断面形貌呈典型的三层结构特征：最外层（靠蒸汽侧）呈亮灰色，其厚度相对较薄但很均匀；最内层（靠金属侧）呈深褐色，其厚度相对最厚但不均匀；中间层呈暗灰色，其上分布着一些细小的孔洞，厚度约为最外层的 1/5。

（2）最外层与中间层结合紧密，但中间层与最内层氧化物界面疏松多孔，其上通常分布着一些平行于表面的不规则长条形孔洞。

（3）剥落物主要由最外层和中间层氧化物组成，最外层氧化物一般不会单独剥落，而是随着中间层氧化物一起剥落，裂纹通常起源于中间层和最内层氧化物界面上的那些孔洞并沿着界面不断扩展，发生剥离，通常将这两层氧化物统称为原生氧化皮外层。

（4）最内层氧化物一般并不发生剥落，除非其厚度长得过厚或受到外力剧烈作用、猛烈敲击等。

（5）尽管不同部位中间层氧化物和最内层氧化物的厚度不均，但同一部位原生氧化皮外层的厚度（即最外层氧化物和中间层氧化物的厚度之和）通常与其对应部位的最内层氧化物厚度相当。

三、氧化皮的成分、含量和合金元素分布规律

图 7-12（见文后插页）、表 7-2 为中原生氧化皮横断面元素分布情况的微区能谱分析结果，表 7-3 是 2004 年 10 月现场收集到的 1 号炉过热器和再热器内壁氧化皮剥落物的 X-射线衍射分析和剥落物两面呈不同颜色的氧化物能谱分析结果。

表 7-2　　图 7-12 中测点部位微区能谱分析结果　　%

位置	O	Si	Ti	Cr	Mn	Fe	Ni
1	30.88			0.75		68.37	
2	31.61			0.85		67.55	
3	29.94			0.99	1.11	66.91	1.05
4	30.53			3.27	1.09	63.21	1.9
5	28.8	0.58	0.59	17.39	3	46.85	2.79
6	29.6	0.88	0.59	30.13	0.88	36.06	1.88
7	29.97	1	0.77	28.99	0.8	33.38	5.08
8	25.74	0.88	0.43	28.16	1.32	31.21	12.27
9	24.17	0.79	0.62	27.21	1.91	29.15	16.15
10	20.3	0.72	0.5	23.7	1.41	32.3	21.07
11	1.6	0.81	0.33	18.86	1.41	65.85	11.13
12		0.62	0.54	18.91	1.3	67.67	10.96
13		0.67	0.46	18.8	1.65	67.38	11.04
14		0.63	0.49	18.36	1.8	68.27	10.46
15		0.61	0.33	19	1.41	68.56	10.1

表 7-3　　氧化皮剥落物的 X-射线衍射分析和剥落物正反两面元素含量能谱分析结果

编号	取样部位	X-射线衍射结果（%）			表面颜色	各元素的原子百分比能谱分析结果（%）						
		Fe_2O_3	Fe_3O_4	其他		O	Al	Si	Cr	Mn	Fe	Ni
1	Ⅱ级屏式过热器	24.99	72.31	2.70	亮灰	60.92	—	—	—	—	39.08	—
					暗灰	56.28	0.26	0.17	0.32	—	41.62	1.37
2	Ⅲ级屏式过热器	20.09	77.28	2.63	亮灰	62.39	—	0.20	0.14	0.20	37.07	—
					暗灰	54.53	0.66	—	1.10	0.25	42.60	0.67
3	Ⅲ级屏式过热器	21.64	75.84	2.52	亮灰	60.60	0.35	0.30	—	—	38.74	—
					暗灰	59.31	0.36	0.32	—	0.25	38.82	0.94
4	末级过热器	18.68	78.61	2.71	亮灰	59.67	—	—	—	—	40.33	—
					暗灰	55.10	0.51	—	0.74	—	42.06	1.58
5	末级过热器	24.19	73.30	2.51	亮灰	61.68	0.33	—	—	—	37.99	—
					暗灰	55.06	0.50	—	0.17	—	42.87	1.40
6	末级再热器	16.71	80.70	2.59	亮灰	61.82	—	—	—	—	38.18	—
					暗灰	55.70	—	—	0.18	0.26	43.21	0.66
7	末级再热器	17.38	79.73	2.89	亮灰	62.48	—	—	—	0.51	37.01	—
					暗灰	53.11	—	—	0.19	—	46.14	0.56

从表 7-2 和表 7-3 中数据可以看出：

（1）呈亮灰色的原生氧化皮最外层主要是 Fe_2O_3 类氧化物，该层氧化物通常不含 Cr、Ni 元素。

（2）呈暗灰色的原生氧化皮中间层主要是 Fe_3O_4 类氧化物，该层氧化物通常含有少量的 Cr、Ni 合金元素，一般情况下 Cr 含量不超过 1%、Ni 含量不超过 2%。

（3）呈深褐色的内层主要是 $(Fe、Cr)_3O_4$ 类尖晶石结构氧化物，该层氧化物中 Cr、Ni 元素通常比较富集但分布并不均匀，Cr 含量一般在 25%～40%之间，有时在局部富集程度很高的部位也会发现 Cr 含量高达 45%左右。

（4）在紧靠氧化物一金属界面的亚表层基体金属中没有出现明显的贫铬现象，氧化物前沿所形成的抑制层 Cr 含量也明显低于细晶 18-8 不锈钢运行后的管样，这也正是粗晶和细晶 18-8 系列奥氏体不锈钢蒸汽氧化行为出现本质差异的原因所在。

（5）氧化皮剥落物主要由中间层 Fe_3O_4 和最外层 Fe_2O_3 组成，有时也会带有很少量的内层氧化物撕裂物。

（6）过热器内壁氧化皮剥落物中 Fe_2O_3 的含量比再热器内壁氧化皮剥落物的略高一点，过热器管内壁氧化皮剥落物中 Fe_2O_3 含量一般在 20%～25%范围内，再热器管内壁剥落氧化皮的 Fe_2O_3 的含量一般在 16%～18%范围内。

四、原生氧化皮剥落后的残留氧化物生长规律

图 7-13 所示（见文后插页）为 1 号锅炉 2005 年 7 月所割管样内壁氧化皮的横截面金相照片，该管样内壁氧化皮外层在 2004 年 10 月发生氧化皮剥落事故时已经剥落，图中所示部位分别为二级对流再热器和二级对流过热器内壁氧化皮剥落部位，从图中可以看出管子内壁氧化皮外层剥落部位在经过半年多时间运行后并没有重新生成 Fe_3O_4，只有极少量 Fe_2O_3 生

成，表明次生外层氧化物生长速度很慢，原生外层氧化物已经发生剥落的部位在后继相当长的运行时间内不会再次发生剥落。

五、高温蒸汽氧化机理

图 7-14 描述了钢蒸汽氧化皮的形成过程及其结构组成，可以看出，首先是在高温下 Cr 在基体表面集聚，与氧发生反应生成内层为较薄的含有大量阳离子空位的 $CrFe_2O_4$；在运行中铬化物向内层延伸，外层生成疏松的铁的氧化物，随着运行时间的加剧，腐蚀产物在机械脉动载荷和脉动热应力下发生腐蚀产物的开裂和不断脱落，通过研究氧化皮分层结构和缺陷集中区域，为预测氧化皮的剥落特征和风险大小提供了依据。已有实验证明，铁素体钢 T91 的高温水蒸气氧化层内层为较薄的含有大量阳离子空位的 $CrFe_2O_4$ 的单相无晶界非晶体结构；中层为较厚的 $CrFe_2O_4$ 的单相细等轴晶和在其上生长的粗柱状晶结构；外层为磁铁矿层的细等轴晶和在其上生长的粗柱状晶结构，与 STBA24 类似；奥氏体不锈耐热钢蒸汽氧化皮生长和剥落过程与铁素体钢类似，已被大量的试验和运行机组验证。

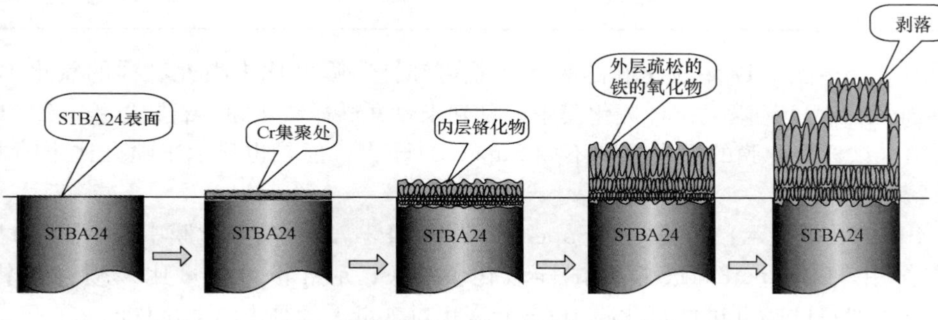

图 7-14　STBA24 钢管在高温高压水蒸气下的氧化皮形成过程

对于内氧化层 4 种不同钢管的 STBA24 测量其原子百分比见表 7-3，可以验证以上观点的正确性，也说明氧化层在不断形成过程中是依次推进的，在氧化层的致密层中富含铬，有助于延缓氧化腐蚀，因此内层致密的氧化层是 STBA24 钢管具有长期抗蒸汽氧化能力的主要原因。

六、合金元素 Cr 对高温蒸汽氧化层的影响

铬是耐热钢重要的抗高温腐蚀的合金元素，能显著提高钢在高温时的抗氧化能力。铬之所以有这种作用，在于高温时表面能形成一层致密的稳定的铬的氧化物，减缓基体继续氧化的速度。STBA24 的含 Cr 量为 1.90%～2.60%，而对于耐热钢来说 1.5%Cr 就能使 FeO 的形成温度由 560℃升高到 650℃以上，这也就说明在其运行条件下，不会生成 FeO；研究得出，由于 Cr 的电位低于 Fe，在与氧发生反应时，Cr 更容易结合，这也说明 Cr 具有选择性氧化，也决定了 Cr_2O_3 较之 Fe_3O_4 更易于生成，也更为稳定，同时，Fe 与 O 结合成 Fe_3O_4 时，体积膨胀近 1 倍，在运行中，过大的体积差会在热震时因氧化层中热应力过大而破裂甚至剥落，而 Cr 的离子半径小于 Fe，这就减小了体积差与应力，进而提高 $CrFe_2O_4$ 层的致密度和结合强度，使得在运行中氧化层和金属基体附着力更强，使得 STBA24 可以具有长期抗蒸汽氧化能力。同时由于 Cr 含量只是优于 Fe 与氧发生反应，但不能阻止 Fe 与 O 发生反应，所以 STBA24 的氧化层仍是以 $CrFe_2O_4$ 为主的复合氧化物固溶体，而 Cr 选择性氧化时固溶入 Fe_3O_4 也提高了 $CrFe_2O_4$ 氧化层的致密度，显著减慢氧化层的增厚速率。

七、喷丸对氧化皮形成的影响

1. 喷丸与未喷丸试样抗氧化性能的比较

用扫描电镜及能谱仪分析了氧化层的形貌和成分，氧化层形貌如图 7-15～图 7-17 所示（见文后插页），依据能谱测试结果计算的氧化层中 Cr 的相对含量见表 7-4。

表 7-4　　喷丸与未喷丸试样氧化膜中 Cr 元素的相对含量

材料牌号	试样编号	抗氧化试验状态	Cr/（Cr+Fe）（%）
Suer304H	喷丸	650℃×24h	32.01
	未喷丸	650℃×24h	29.56
TP347H	喷丸	650℃×24h	29.84
	未喷丸	650℃×24h	11.82

比较图 7-15～图 7-17 中氧化膜的表面形貌可知：①喷丸比未喷丸试样的氧化膜平坦、致密，在 Super304H 钢喷丸试样氧化膜中未见到未喷丸试样氧化膜的石状形貌；②TP347H 喷丸和未喷丸试样氧化膜的形态差别不如 Super304H 大，但是也显示出喷丸比未喷丸试样氧化膜致密的特性。

表 7-4 中的数据显示：①喷丸对 Super304H 和 TP347H 钢管氧化膜中 Cr 元素的相对含量有提高作用；②Super304H 喷丸试样氧化膜中 Cr 元素相对含量比未喷丸试样高约 8.29%，而 TP347H 喷丸试样氧化膜中 Cr 元素相对含量大约是未喷丸试样的 2.5 倍。

分析认为，在 Super304H 和 TP347H 钢管喷丸侧，铬沿着奥氏体原始晶界和碎化晶粒边界、滑移带中的位错等向内壁表面扩散，在未喷丸钢管中，铬主要沿着奥氏体原始晶界向表面扩散。在短时氧化过程中，喷丸比未喷丸钢管中 Cr 元素向表面扩散的短路通道更多，故喷丸试样比未喷丸试样氧化膜中的 Cr 相对含量更高。Super304H 钢与 TP347H 钢中 Cr 含量相近，但是表中显示的未喷丸试样氧化膜中 Cr 元素相对含量相差较大，这可能是两者晶粒度不同所致。对未喷丸的钢管而言，Cr 元素主要通过晶界扩散，而 Super304H 比 TP347H 晶粒细小，可供 Cr 元素扩散的晶界数量更多，因此在氧化膜中获得的 Cr 元素相对含量更高。喷丸后，喷丸导入的滑移带和碎化晶粒的边界等也成为 Cr 元素扩散的通道，TP347H 钢晶粒粗大，喷丸后 Cr 元素扩散通道的增幅比 Super304H 高，因此，氧化膜中 Cr 元素相对含量的增幅也比 Super304H 高。由此可见，喷丸对提高粗晶粒钢抗氧化性能的作用更明显。

2. 不同喷丸程度试样抗氧化性能的比较

由于喷丸会造成钢管表面的加工硬化，因此可以通过喷丸层一定深度位置的硬度与基体的硬度差来表征喷丸的程度。此外，喷丸除了在钢管内壁近表面产生碎化的晶粒、滑移带等，还产生了形变孪晶和应变诱发马氏体。由于奥氏体是面心立方结构的多晶体，无磁性；而马氏体具有体心四方晶体结构，有磁性，因此，可以用铁素体测试仪测试喷丸层中磁性相的含量，以此衡量应变诱发相变产物的数量。抗氧化试验所用试样的喷丸层与基体的硬度差值及喷丸层中磁性相的含量见表 7-5。

表 7-5　　试样喷丸层与基体硬度差及磁性相含量

材料牌号	试样编号	喷丸层与基体硬度差（HV1）	磁性相含量平均值（%）
Super304H	7 号	130.6	0.16
	1 号	83	0
	2 号	52.7	0
	3 号	83.5	0.25
TP347H	4 号	100.4	4.22
	5 号	88.6	0.765
	6 号	54	0

用能谱仪测试了不同喷丸程度的 Super304H 和 TP347H 试样氧化膜中的 Cr 元素含量，并计算了 Cr 元素相对含量[Cr/(Cr+Fe)]，结果见表 7-6。

表 7-6　　氧化膜中铬元素的相对含量[Cr/(Cr+Fe)]　　（%）

材料牌号	试样编号	650℃		700℃	
		24h	524h	124h	624h
Suer304H	7 号	32.01	33.63	41.10	46.43
	1 号	30.32	36.02	42.93	49.76
	2 号	27.51	31.07	33.06	40.21
	3 号	23.98	24.99	26.97	29.72
TP347H	4 号	26.79	32.42	29.49	35.41
	5 号	32.41	—	35.59	39.57
	6 号	29.84	32.02	21.79	—

从表 7-5 和表 7-6 中的数据可以看出，对于 Super304H 而言，①7 号试样磁性相含量比 1 号试样高，喷丸硬化程度也比 1 号试样高，但是氧化膜中 Cr 元素相对含量却与 1 号试样相当；②3 号试样磁性相含量比 1 号试样高，喷丸硬化程度与 1 号试样相当，氧化膜中 Cr 元素的相对含量却比 1 号试样低；③1 号与 2 号试样均未测试到磁性相，1 号试样喷丸硬化程度高于 2 号试样，其氧化膜中 Cr 元素的相对含量也高于 2 号试样。

对于 TP347H 而言，4 号试样的磁性相含量最高，5 号试样其次，6 号试样最低，与喷丸硬化程度相对应。但无论 4 号还是 6 号试样，氧化膜中 Cr 元素的相对含量都比 5 号试样低。而 4 号试样的硬度差值 HV1 比 6 号试样高 46.4，但氧化膜中 Cr 元素的相对含量却相差不大。

通过上述比较，可以确定：①喷丸硬化程度最高的试样并不一定能够在氧化膜中获得最高的 Cr 元素相对含量，相同喷丸硬化程度的试样也不一定能获得相同的 Cr 元素相对含量；②磁性相的出现对氧化膜中 Cr 元素的相对含量有一定的影响，只有在喷丸层中不存在磁性相或磁性相含量极低的情况下，喷丸硬化程度越高，氧化膜中Cr元素的相对含量越高。

喷丸层硬化的原因主要有两个，一是喷丸在钢管内壁近表面产生的碎化的晶粒以及大量的位错等缺陷，使硬度升高；二是喷丸产生应变诱发马氏体（磁性相），由于马氏体的硬度比奥氏体高，致使喷丸层的总体硬度上升。前者能够提供氧化过程中Cr元素向表面扩散的通道，对提高抗氧化性能有益，而后者对抗氧化性能的提高没有明显的作用。因为7号和3号试样中都发现了磁性相，喷丸层的硬化有磁性相的贡献，所以尽管7号试样喷丸硬化程度远高于1号试样，但实际的抗氧化性能却仅与1号试样相当，3号试样与1号试样硬化程度相当，抗氧化性能却远不如1号试样。同样未检测到磁性相的1号与2号试样，其喷丸硬化主要由位错等缺陷产生，因此，喷丸硬化程度高的1号试样抗氧化性能好。TP347H试样也表现出了同样的规律。由此可见，只有当喷丸层中没有出现磁性相或者磁性相含量很低时，硬度才能较好地表征喷丸层中滑移带的数量和密度，此时高硬度才能与氧化膜中高的Cr元素相对含量对应。而对于含有磁性相的试样，由于硬化与磁性相的存在有关，所以高硬度并不一定能产生好的抗氧化效果。磁性相对喷丸层抗氧化性能的影响机制及在喷丸过程中如何避免产生磁性相等问题，有待进一步的研究。

3. 喷丸试验的结论

（1）喷丸能有效地提高奥氏体耐热钢管内壁的抗氧化性能，且对粗晶粒钢的作用更明显。

（2）喷丸的硬化程度与抗氧化性能并没有直接的对应关系，只有在喷丸层中没有出现磁性相或者磁性相含量很低的情况下，喷丸层与基体的硬度差值越大，钢管的抗氧化性能才越好，此时喷丸层与基体的硬度差值才能作为定性地衡量抗氧化性能的依据。

（3）磁性相对喷丸钢管抗氧化性能的影响机制以及如何避免在喷丸过程中产生磁性相需要进一步的研究。

第三节 氧化皮的防治措施

一、选材优化

1. 锅炉受热面材料选择

（1）应高度重视新型耐高温材料特性，特别是其高温抗氧化性、材料组织老化规律，以及新材料使用的安全裕度等。锅炉不同区域受热面金属材料应根据其承受温度、应力及工况变化，预留足够的安全裕度，进行科学合理的选择。

（2）锅炉受热面选用T23管材时，其使用区域的管壁温度不应超过570℃，且蒸汽温度不应超过540℃。

（3）锅炉受热面选用T91管材时，其使用区域的管壁温度不应超过600℃，且蒸汽温度不应超过570℃。

（4）锅炉高温过热器及高温再热器宜选用细晶粒奥氏体不锈钢TP347HFG或同类材料。若采用粗晶粒奥氏体不锈钢TP347H时，则管材内壁宜进行喷丸处理，以提高其抗氧化性。

2. 锅炉点火技术的选择

根据目前部分电厂的运行情况，采用等离子点火方式存在点火初期燃料量难以控制、锅炉温升过快以及在主蒸汽流量很低的情况下需要投用减温水等问题，易造成锅炉启动期间受热面氧化皮脱落、堵管等情况，因此，新建超临界锅炉选用等离子点火技术时应进行充分论证。

3. 锅炉管壁温度测点设置

(1) 壁温监测对预防锅炉管超温、爆管具有重要指导作用，新设计锅炉应充分考虑机组正常运行时对锅炉管金属壁温的监测，确保测点布置科学合理，监测数据准确、可靠。

(2) 对超临界锅炉的过热器、再热器高温段应有完整的管壁温度测点，根据炉型不同测点数应达到20%～30%，尤其应加强对锅炉管易超温管段的监视，防止超温爆管。

4. 汽轮机旁路系统设置

(1) 汽轮机旁路系统的设置应考虑负荷性质、汽轮机及锅炉形式、结构、性能及机组启动方式等。合理设置汽轮机旁路有利于锅炉管氧化皮问题的预防和脱落后的处置。

(2) 新建机组初步设计时，应对国内外超临界机组的旁路设计和运行情况进行充分调研。在保证机组安全的前提下，汽轮机旁路系统容量的设计应考虑满足机组不同状态的快速启停、汽轮机热态保护、锅炉管氧化皮的冲洗要求等各方面因素，即旁路容量应根据机组对旁路系统的综合整体需求确定；旁路的控制系统功能应与主机相应要求配套。

二、机组运行控制措施

1. 减缓氧化皮生长增厚措施

(1) 严禁锅炉超温、超负荷运行。应建立台账，对运行中出现的超温情况做好详细记录，包括超温温度、运行时间等，并加强统计分析。

(2) 严格控制锅炉横断面各管屏温度的偏差，加强受热面的热偏差监视和燃烧调整，改善烟道温度场的分布及受热面管子的吸热均匀性，有效降低受热面管子的壁温偏差和蒸汽温度偏差，防止受热面局部超温运行。

(3) 为防止炉膛热负荷工况扰动造成受热面超温，运行中应以燃烧调整（如燃烧器角度、风量匹配等）作为汽温主要调节手段，避免用一、二级减温水大开大关来调节蒸汽温度。

(4) 加强炉膛吹灰，定期清洁炉膛，改善受热面热传导性能。

2. 防止氧化皮大面积剥落措施

(1) 锅炉启、停及升、降负荷过程中，严格控制升温升压或降温降压速率，在机组负荷低于25%时，应尽可能避免投用减温水。

(2) 已安装等离子点火装置的锅炉启动时，在点火初期宜投用少量油枪缓慢提升炉膛温度。

(3) 一般情况下，锅炉启停次数越多，发生氧化皮爆管的概率越大，因此，应尽可能减少锅炉启停次数，尤其应避免短时间内多次启停。

(4) 对于已发生大面积氧化皮脱落的锅炉，由于管内氧化皮的传热能力较差，可以适当降温运行，降温幅度以管壁温度不超过限值为基准。

(5) 机组跳闸，锅炉停止运行后，应尽量减缓炉内温度下降速度。

三、氧化皮清理措施

(1) 锅炉启动时，应进行锅炉管吹扫。特别严重的可以安装临时管路进行吹管，锅炉启动时多次吹扫有利于锅炉的长时间安全运行。

(2) 当检查发现过热器、再热器管下U形弯处有较多的氧化皮沉积而无法通过蒸汽吹扫进行清理时，可采用割管清理。

四、检修改造措施

(1) 受热面改造时，应根据锅炉不同区域受热面金属材料的温度场、烟气流场的实际情况进行严格的校核计算与比较选材。

(2) 改造换管时，严格控制更换管材质量，确保原材料性能符合要求。

(3) 更换管材时应严格按照焊接工艺和热处理工艺执行，防止焊接质量不良和热处理不当，破坏管材性能，降低管材寿命。

五、检查检验措施

(1) 加强停炉时的检查与检测。利用每次停炉机会对末级过热器和末级再热器进行宏观检查，对发现有问题部位及监测超温部位，应针对性地进行硬度、金相检验。根据停炉时间长短相应安排末级过热器高温段出口弯头的射线或超声检测，对堆积氧化皮的弯头进行割管清理或更换处理。

(2) 新建机组在检查性大修中宜对高温过热器及高温再热器管进行安全性评定。可通过射线或超声波检测，判断锅炉管内壁氧化皮形成及剥落情况，同时进行金属检验和割管验证，科学评估金属材料的老化程度，据此确定相应的改进方案。

(3) 锅炉累积运行时间超过 10 000h 后，应对 T23 管材进行割管检验；累积运行超过 15 000h 后，应对 T91 管材进行割管检验，并对锅炉管运行状况及发展趋势进行分析判断与风险评估。

(4) 对于运行中管壁温度异常的管件应进行重点检查，并采取可行措施。

六、其他措施

(1) 应高度重视并认真做好锅炉受热面材料及锅炉制造过程的监督检查工作。对不同厂家或同一厂家不同批次的材料均应进行认真检查检验，确保材料合格。受热面加工时，应严格控制加工工艺，特别是弯管、焊接、热处理等工艺，确保材料品质和制造质量符合要求。

(2) 由于国产奥氏体不锈钢存在材料性能不稳定现象，因此，对国产奥氏体不锈钢材质检测时，应增加第三方检验评定。

(3) 应注意对测温装置的校验及壁温测点安装工艺控制，确保测量数据准确、可靠。

第四节 氧化皮的检测方法

一、氧化物在钢管内剥离堆积堵塞的形式及风险

根据氧化皮测试仪器对高温受热面的检测及针对发现有氧化皮剥落堆积信号的管道及弯头射线透视拍片观察，清楚地看到剥落的氧化皮一般堆积在下弯头，且汽流出口侧弯头处堆积量大于进口侧，有焊缝及节流孔处也存在部分氧化皮堆积。

氧化物在钢管内剥离堆积堵塞如图 7-18 所示（见文后插页）。

产生氧化皮的主要原因是高温氧化及锅炉运行时间长短、水质、运行方式、锅炉构造及其管子直径、弯头的弯曲半径、管排的几何形状、氧化皮的形状、锅炉高温受热面管进出口压力差等影响。

造成氧化皮管内堆积形式的影响因素有：管内的水动力特性，氧化皮的大小和形状、强度、韧性，管子内径和外形，管子收缩和不完整过度的存在，流程的几何特性，摩擦系数。其主要因素是介质压力、流速低的影响。

经实际试验：对于ϕ44.5×7.5mm的钢管，15g氧化物堆积，就堵塞管径1/2，30g足以堵塞弯头引起爆管。一般氧化皮堆积堵塞管径小于1/3不会引起爆管风险，但需要记录跟踪检测，堵塞管径达到1/2就会引起管道过热，氧化速度加快，形成一种恶性循环，长时间有爆管风险，需要割管清理，当堵塞管径大于1/2乃至整个管径，就会引起管道短期过热爆管，甚至在锅炉启动时就会爆管，当然需要割管清理。

二、检测原理、方法、部位及数量

超临界大容量锅炉高温受热面易堵部位主要发生在屏式过热器、高温过热器、高温再热器管屏，大约有二千多根管子，四千多个弯头。如果全部用射线拍片检测，其费用昂贵、工期漫长无法实现。超临界大容量的屏式过热器、高温过热器、高温再热器基本上是奥氏体钢，奥氏体不锈钢不是磁性材料，而经过氧化后的氧化皮则是磁性材料。采用剩磁法和提升力法对奥氏体不锈钢弯管内部氧化皮进行检测，其结果表明：外部磁场激化后，奥氏体不锈钢弯管内部氧化皮剩磁磁感应强度和提升力均随氧化皮的增加而增大，在一定量后变化趋于平缓；剩磁磁感应强度和提升力还与奥氏体不锈钢管的规格有关，壁厚越大或内径越大，剩磁磁感应强度和提升力越小；V形弯管内氧化皮的剩磁磁感应强度和提升力大，U形弯管次之，L形弯管最小。剩磁法和提升力法是快速检测奥氏体不锈钢弯管内部氧化皮的一种新方法。用氧化皮及异物检测仪器可以方便快速检测到管子内部的氧化皮。

某发电有限公司1号锅炉高温过热器、屏式过热器和高温再热器是氧化皮堆积情况检测的重点。在1号锅炉大修期间，采用BTDO-I锅炉管内氧化皮无损检测仪对锅炉高温过热器、屏式过热器和高温再热器下部弯管进行全部检测。考虑奥氏体不锈钢管弯管制作机械加工可能导致奥氏体钢磁性增加等因素对检测数据造成的影响，对可疑部位，一方面根据锅炉管内氧化皮无损检测仪检测每个弯管时的动态数据进行分析，判断管内氧化皮脱落堆积情况；另一方面采用射线检测方法进行复核，确定管内氧化皮堆积的具体情况，并对管内部氧化皮的堆积数量超过管子内径的1/3的管子进行割管清理。

本次高温受热面奥氏体不锈钢管内氧化皮脱落堆积情况的检测，共检测2084个管子。

1. 高温过热器

高温过热器下部前弯管（入口侧）位置最低，因此沿弯管外弧面对下部前弯管进行检测。高温过热器共检测弯管620个。检测结果表明，高温过热器弯管内氧化皮没有形成脱落堆积，受热面内部基本干净，不需要割管清理。

高温过热器不锈钢弯头检查如图7-19所示。

2. 屏式过热器

屏式过热器检测下部弯管外弧面，共检测弯管624个，检测结果表明，屏式过热器弯管内氧化皮没有形成脱落堆积，受热面内部基本干净，不需要割管清理。

屏式过热器不锈钢弯头检查如图7-20所示。

3. 高温再热器

高温再热器检测下部U形弯曲部分的前、后弯管和中间直接管段部分，并重点对后弯管外弧面进行检测，共检测U形弯管840个。检测结果表明，高温再热器弯管内有一定量

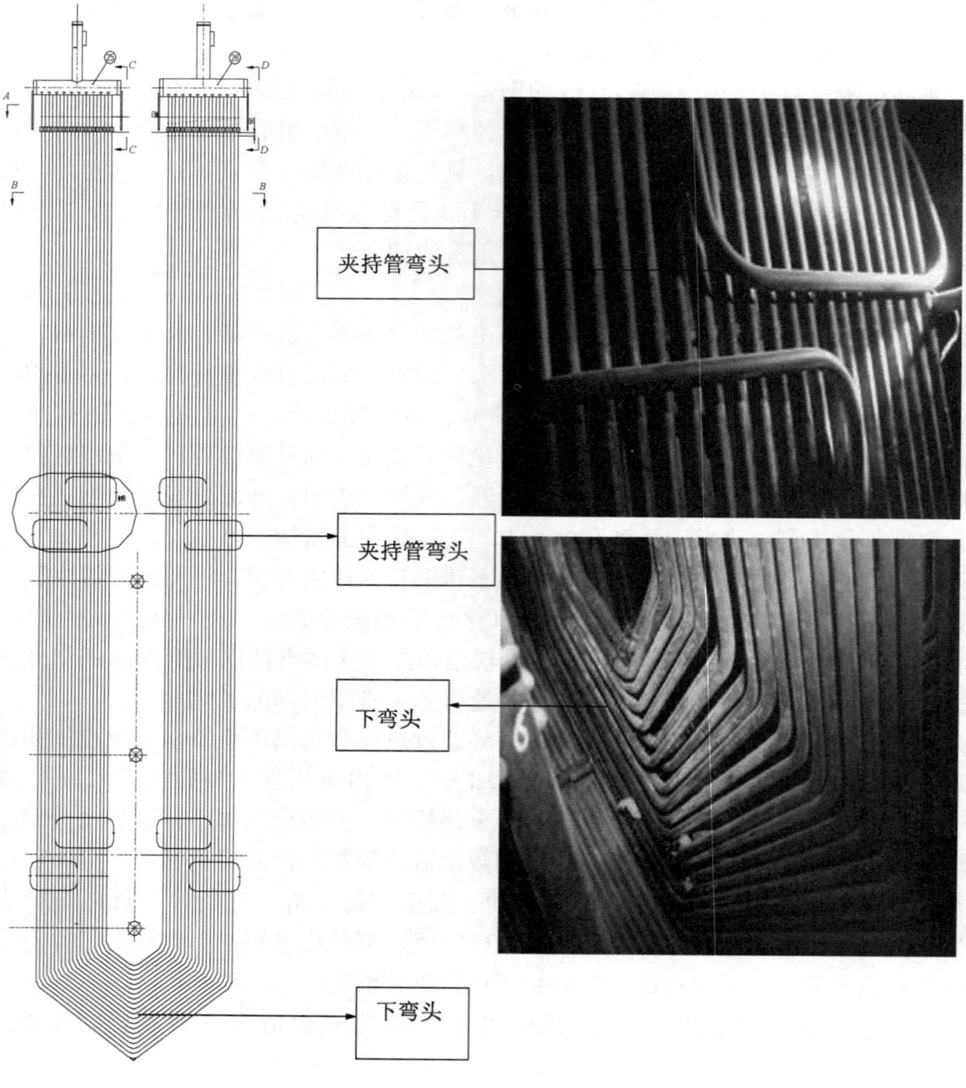

图 7-19 高温过热器不锈钢弯头检查图

的氧化皮生成，并形成不同程度的堆积，在采用无损检测仪全面检测的基础上，主要对 35 个弯管进行了射线检测复核，发现 24 个弯管不同程度地存在氧化皮堆积，并对其中部分管子进行了割管清理。

高温再热器不锈钢弯头检查如图 7-21 所示。

三、检测结果分析

（一）高温过热器检测结果分析

检测结果表明，高温过热器弯管内氧化皮没有形成脱落堆积，受热面内部基本干净。

图 7-22 所示为锅炉运行典型工况下的高温过热器温度分布曲线，可以看出，除一处测温点出现非正常数据（壁温测点单元故障）外，高温过热器管子横向温度分布均匀，这正是高温过热器管子内部没有产生氧化皮脱落堆积的原因之一。

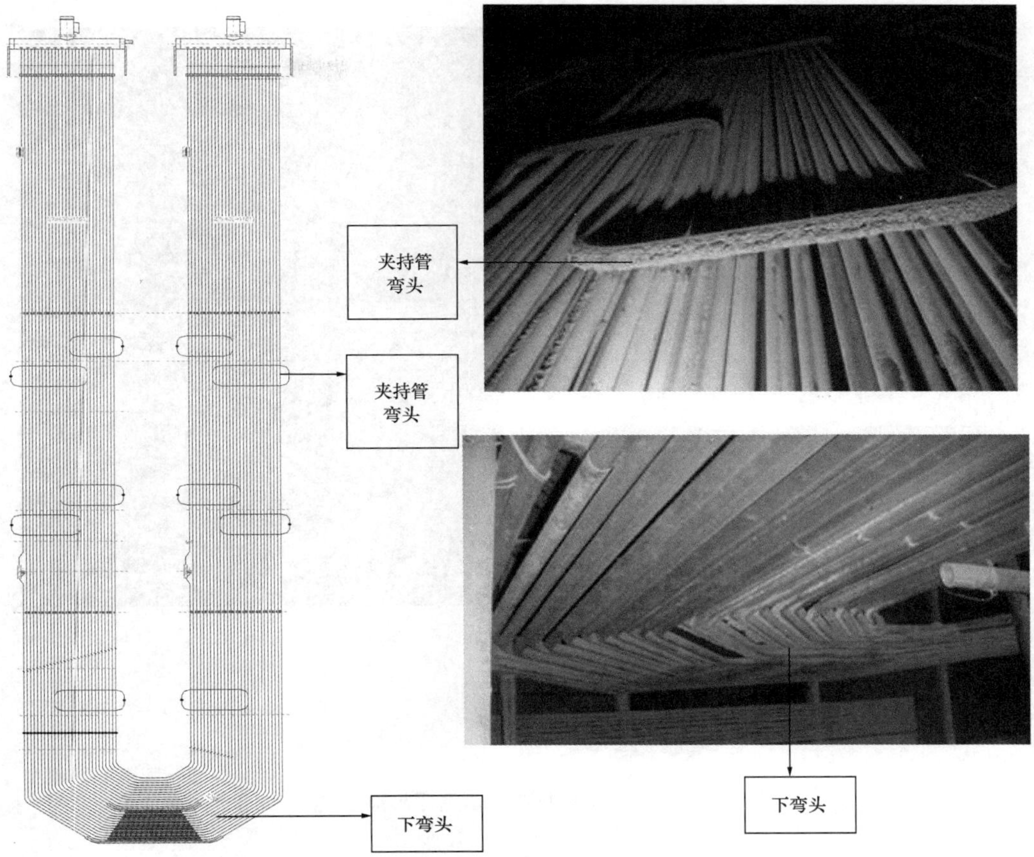

图 7-20　屏式过热器不锈钢弯头检查图

（二）屏式过热器检测结果分析

检测结果表明，屏式过热器弯管内氧化没有形成脱落堆积，受热面内部基本干净。

图 7-23 所示为锅炉运行典型工况下的屏式过热器温度分布曲线，可以看出数据最大值和均值差别不大，屏式过热器温度分布也基本均匀，这也是屏式过热器管子内部没有产生氧化皮脱落堆积的原因之一。

（三）高温再热器检测结果分析

图 7-24 所示为高温再热器管内氧化皮堆积情况分布图，图 7-25 所示为每屏管子中选取氧化皮数据最大者绘制沿炉膛宽度方向管内堆积氧化皮的分布。

从图 7-24 和图 7-25 所示的检测结果来看，内部存在氧化皮的弯管在炉膛左、右方向的分布情况，左侧管子内部氧化皮数据的峰点较高，右侧产生氧化皮的管子分布的密度较大：炉膛两侧各 1/4 位置比较集中，左侧的峰点较高，从射线检测底片［14 屏第 4 管照片如图 7-26所示（见文后插页）］看，氧化皮堆积可能受检测仪器的磁力影响向某一位置聚集，导致堆积高度增大，长度缩短，氧化皮已经不是自然堆积的形态。

高温再热器共 840 根管子，安装壁温测点 28 个（高温再热器射线检测存在氧化皮脱落堆积的 24 个弯管对应的管子出口段都没有安装设壁温测点）。图 7-27 所示为典型工况

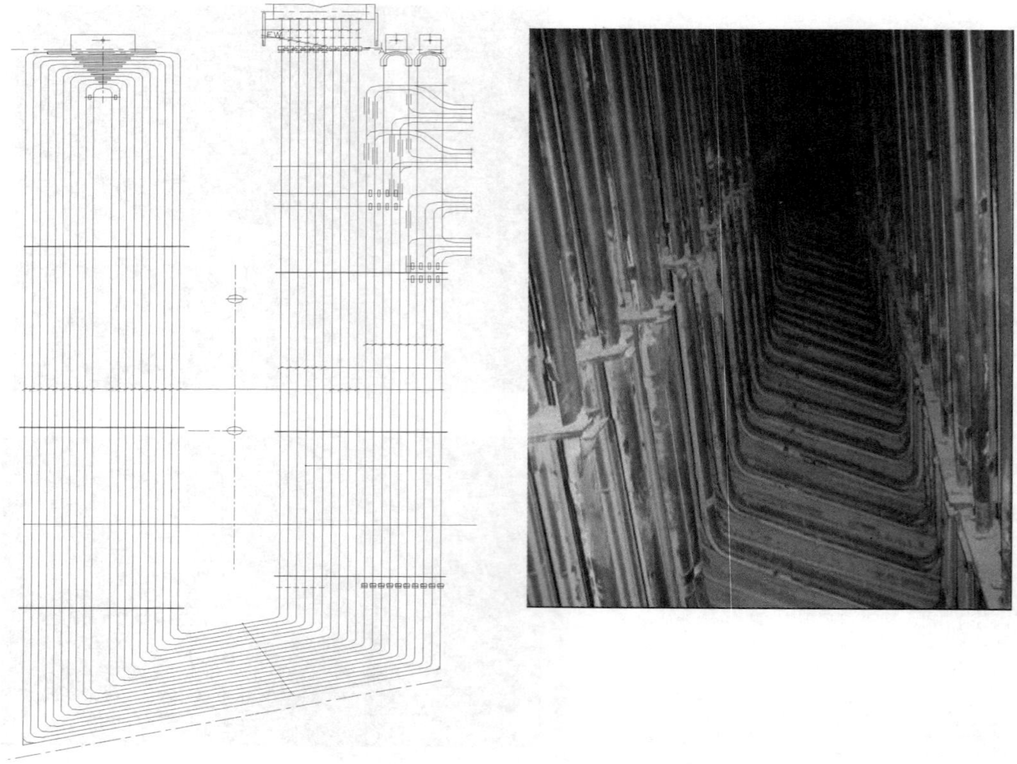

图 7-21 高温再热器不锈钢弯头检查图

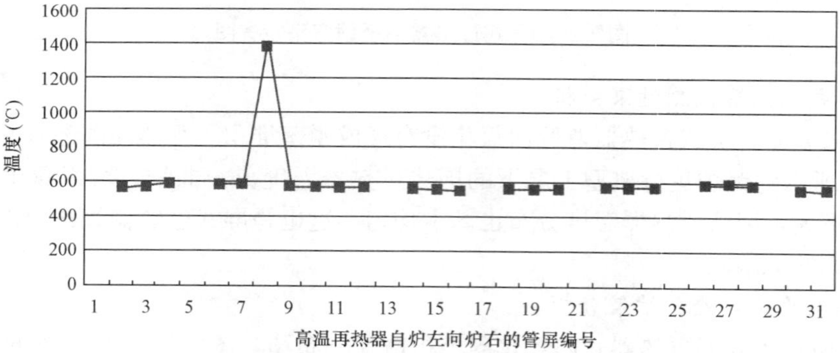

图 7-22 锅炉运行典型工况下的高温过热器温度分布曲线

600MW 时高温再热器管壁温度情况分布图。图 7-28 所示为该工况下高温再热器测点温度数据沿炉膛宽度方向分布的曲线。

由高温再热器管子的壁温曲线可以看出，两端管子壁温最低，中间稍低，沿炉膛宽度两侧的约 1/4 处出现高点，且右侧管子壁温高于左侧管子壁温。高温再热器管子壁温高于左侧管子壁温。高温再热器管子的壁温测点数据在炉膛左、右方向的分布和上述氧化皮检测结果基本吻合。再热器温度分布不均存在偏差导致这部分管子产生氧化皮脱落堆积。

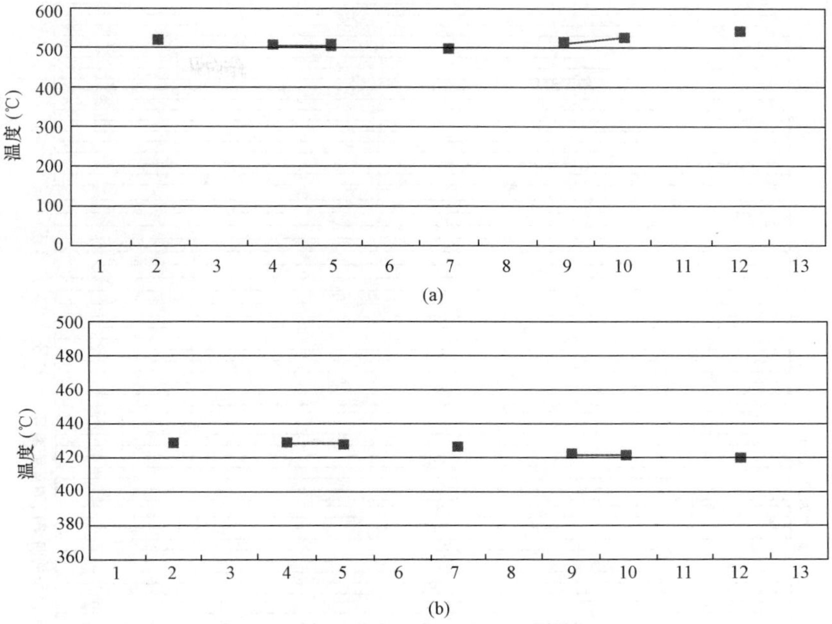

图 7-23 锅炉运行典型工况下的屏式过热器温度分布曲线

（a）前屏过热器自炉左向炉右的管屏编号；（b）后屏过热器自炉左向炉右管屏编号

四、结论及建议

通过本次机组大修期间对 1 号炉高温过热器、屏式过热器和高温再热器的奥氏体不锈钢内部氧化皮脱落堆积情况的全面检测和分析，基本摸清了 1 号锅炉高温受热面氧化皮生成、脱落、堆积情况，并进行了相应的清理工作。

（1）高温过热器和屏式过热器管子内部无氧化皮脱落堆积现象。

（2）高温再热器管子内部，极少数管子内部氧化皮脱落堆积高度占管子内经的 30%以上，少部分管子内部，有轻微的氧化皮脱落堆积现象，大部分管子内部不存在氧化皮脱落堆积现象。

（3）加强对再热温度的控制，建议增加再热器壁温测点。

（4）高温再热器在 12 屏第 3 管、14 屏第 3 管、14 屏第 4 管、14 屏第 10 管、17 屏第 3 管、18 屏第 8 管、61 屏第 3 管、61 屏第 7 管的出口段加装壁壁温测点。

（5）进行高温再热器壁峰值的优化调整试验，保证高温再热器管子温度分布均匀，以减缓氧化皮生成的速度，提高机组运行案例可靠性。

（6）尽可能减少启停次数、频度，减缓升温和降温速率。停炉时，应采用闷炉处理（约 72h），不得强制冷却，以防止氧化皮脱落。

（7）机组启动期间应进行受热面吹扫及汽水品质监测。

（8）机组启动结束，维持机组一段时间相对较大负荷稳定运行，以尽快带走过热器管内残存的氧化皮。

（9）在检修期间 ，应采用氧化皮检测仪对高温受热面管进行氧化皮堆积检测和清理。

建议结合这次检测结果，进一步采取割管化学分析的方法，查明氧化皮生成规律，从优化温度控制、炉水处理工况、机组启停方式等方面进行深入研究。

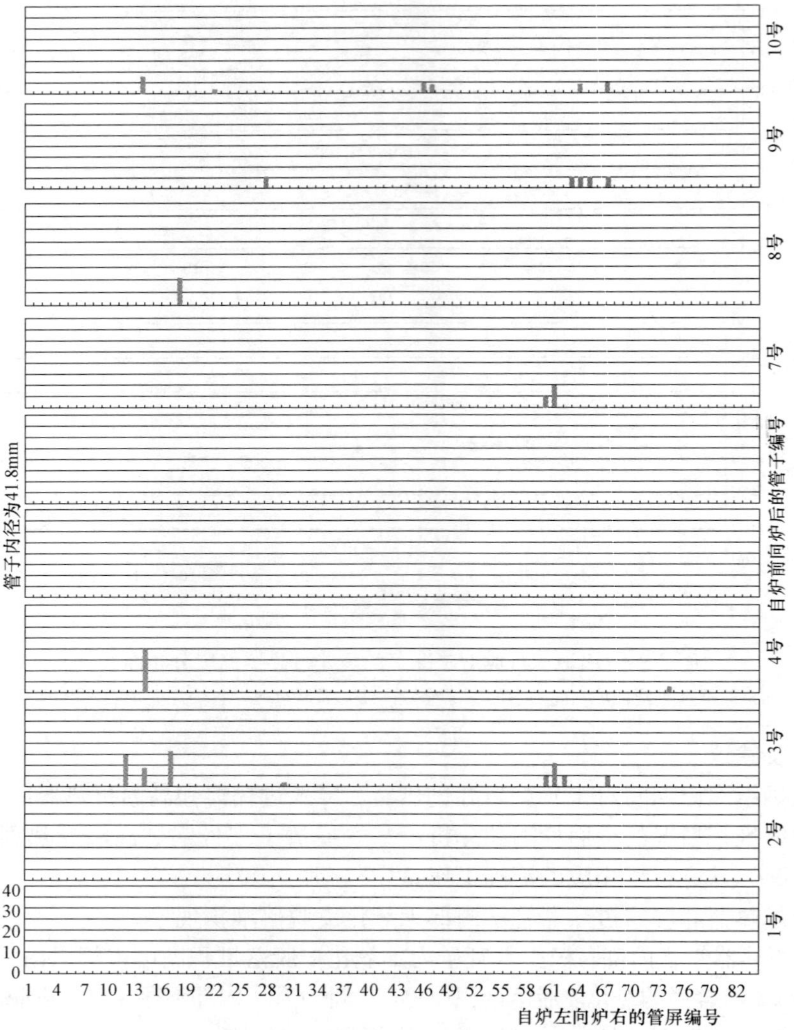

图 7-24　高温再热器管内氧化皮堆积情况分布图

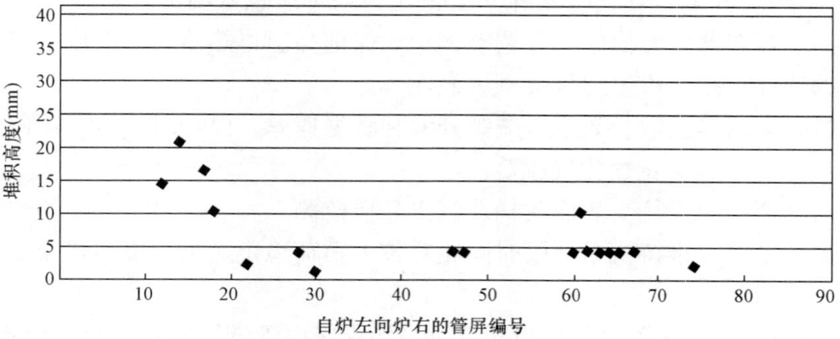

图 7-25　高温再热器管内氧化皮堆积沿炉膛宽度方向管内堆积氧化皮的分布图

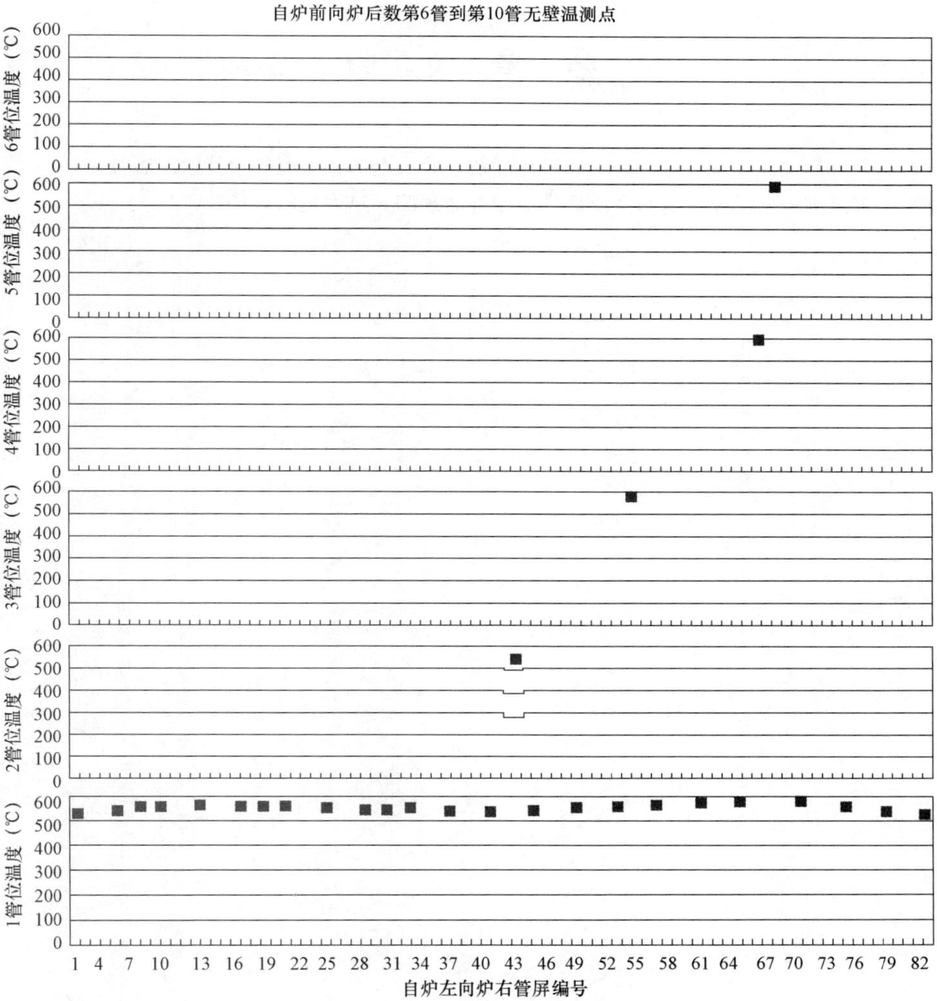

图 7-27　高温再热器管壁温度情况分布图

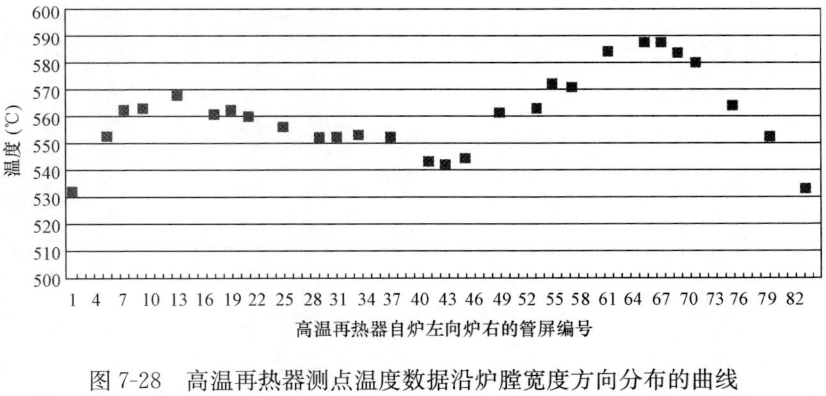

图 7-28　高温再热器测点温度数据沿炉膛宽度方向分布的曲线

参　考　文　献

[1] 杨宜科，吴天禄，江先美，等．金属高温强度及实验．上海：上海科学技术出版社，1986.
[2] 李益民，束国刚，梁昌乾．电站高温部件蠕变寿命预测．热力发电，1994(2).

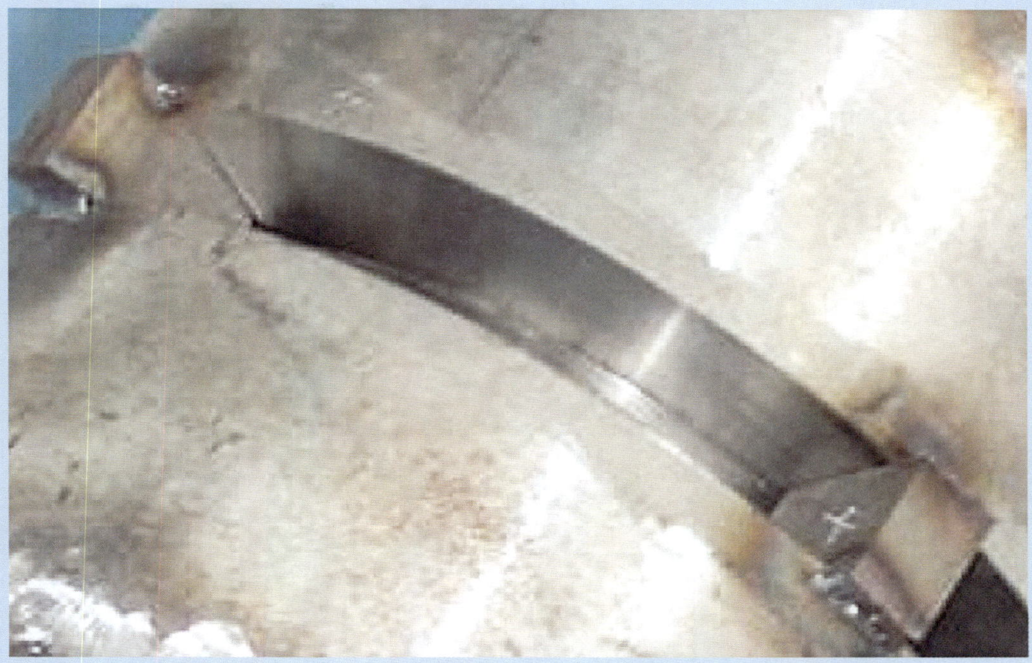

图 2-5　定位块的点焊

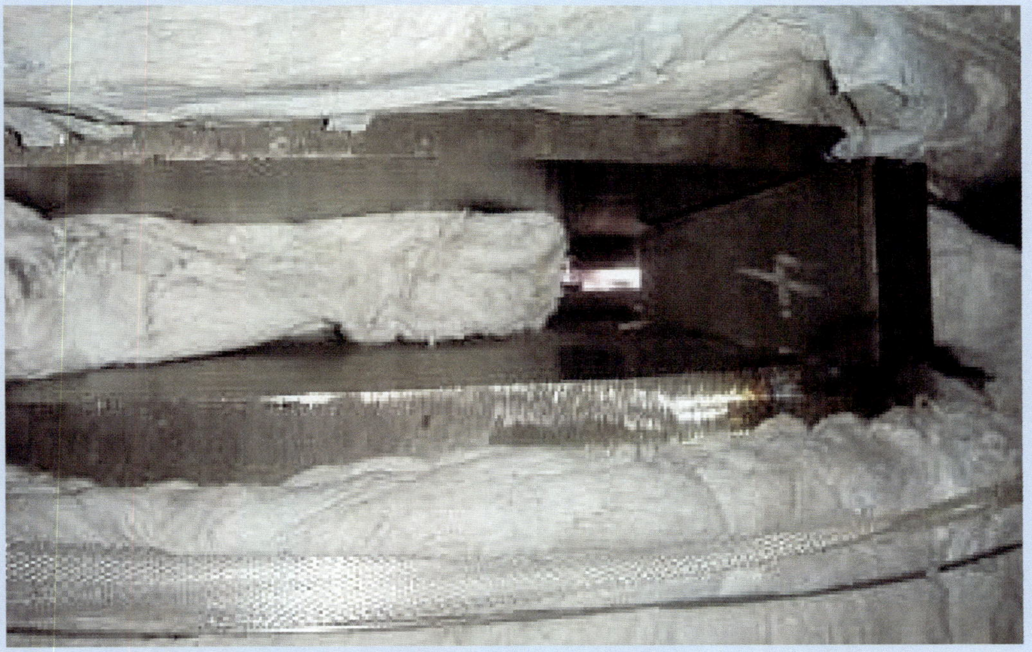

图 2-6　打底焊接充气情况

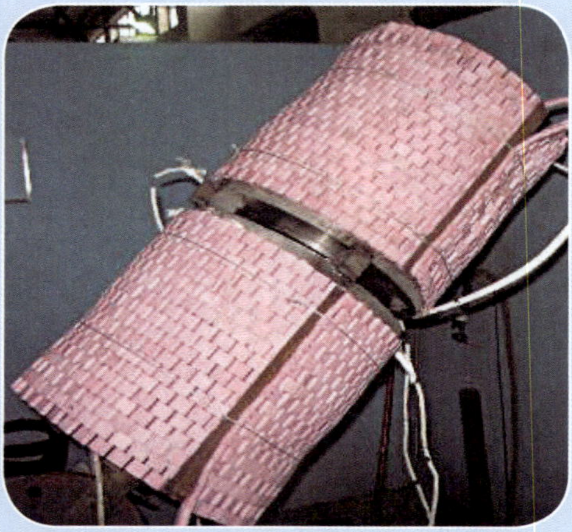

图 2-10　预热时加热器布置情况

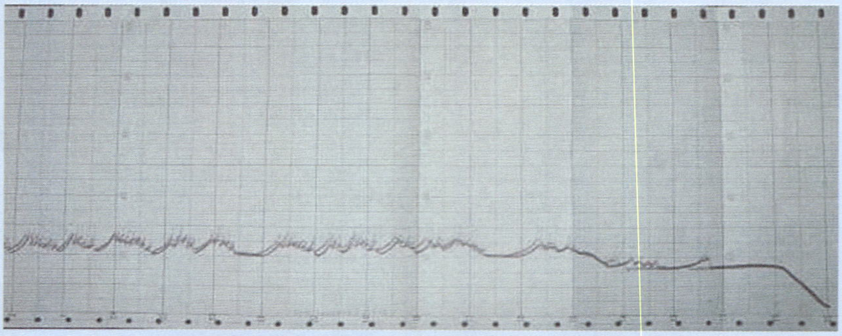

图 2-15　实际的预热及层间温度记录曲线

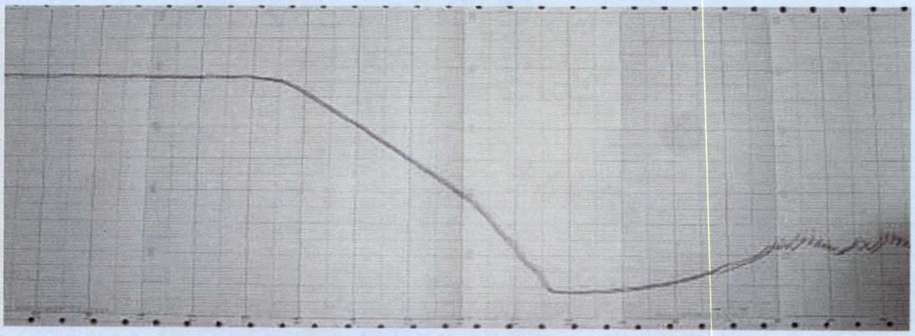

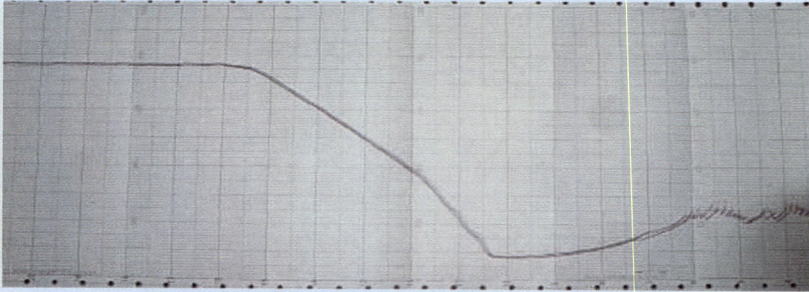

图 2-16　实际的热处理温度记录曲线（1）

图 2-17　实际的热处理温度记录曲线（2）

图 2-19　国内第一道 P92 现场焊接焊口

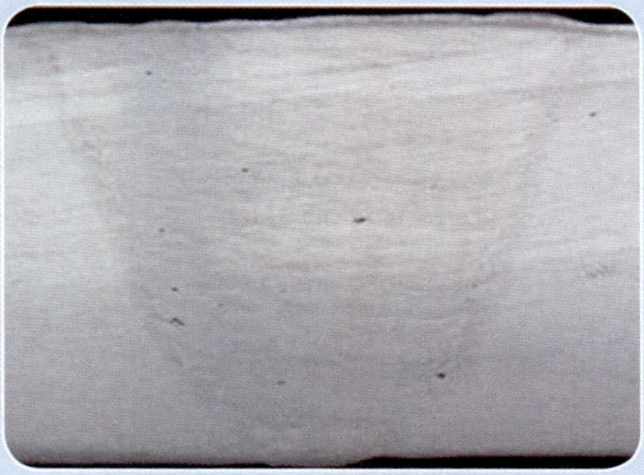

图 2-29　宏观金相照片

（a）焊缝区

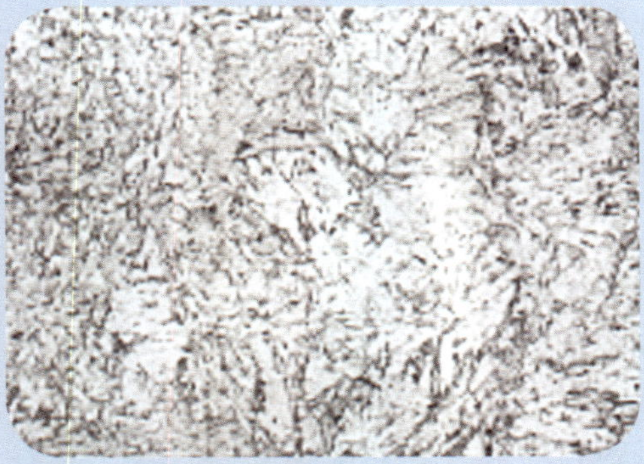

（b）熔合线

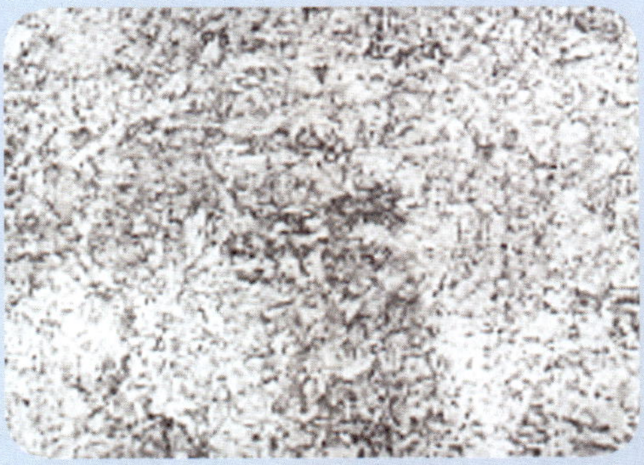

（c）热影响区

图 2-30　微观金相

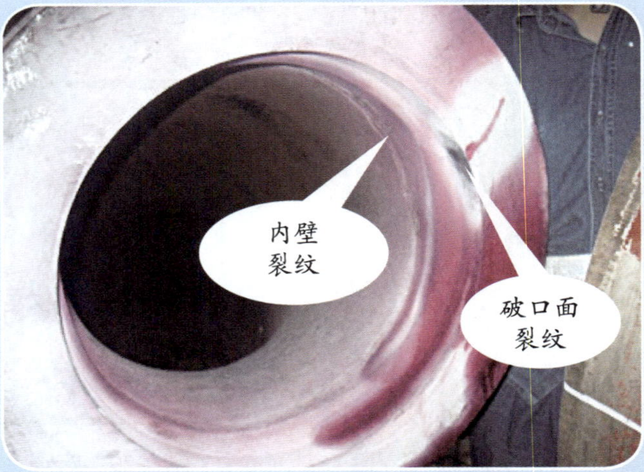

图 2-44　宏观照片

（a）宏观形貌

（b）内壁和端面挖补范围

（c）外壁和端面挖补范围

图 2-46　裂纹缺陷挖补范围照片

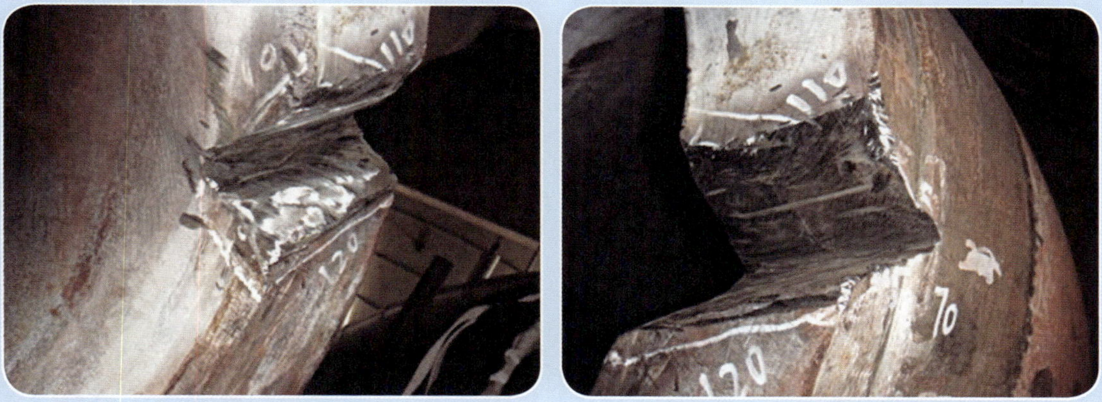

（a）内壁　　　　（b）外壁

图 2-47　裂纹缺陷挖除后的照片

（a）碳钢模拟管　　　　（b）适应性训练

图 2-48　适应性训练试焊件

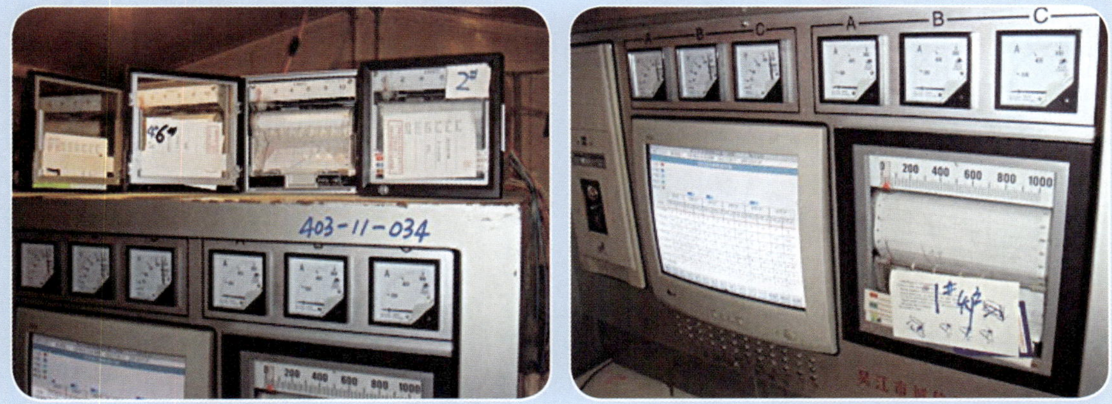

（a）热处理温控柜 1　　　　（b）热处理温控柜 2

图 2-49　热处理用控温柜照片

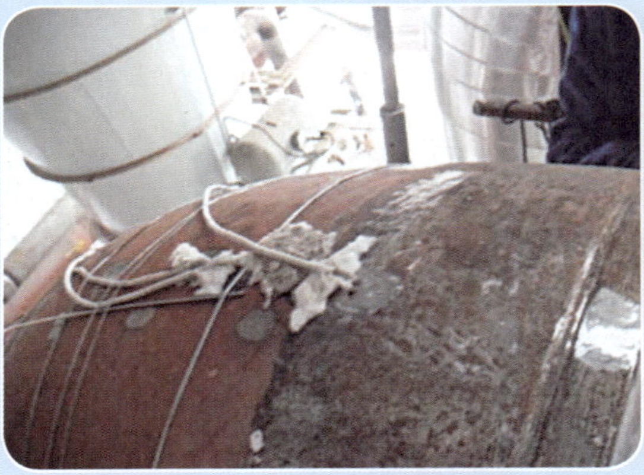

（a）上部热电偶布置

（b）下部热电偶布置

（c）加热带布置

（d）保温情况

图 2-51　补焊预热

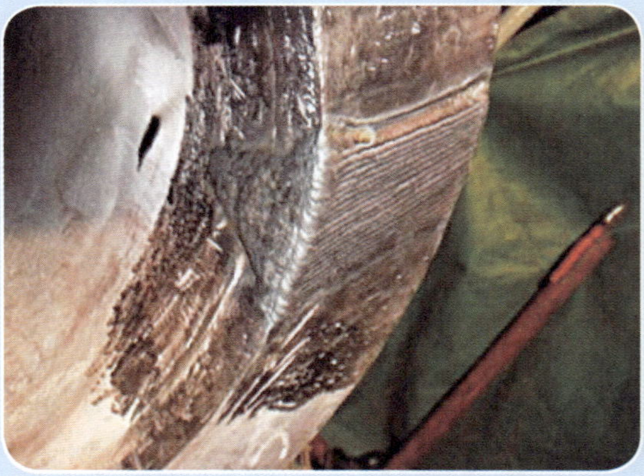

（a）内壁

（b）外壁

图 2-52　补焊后的照片

图 2-54　PWHT 加热带的布置

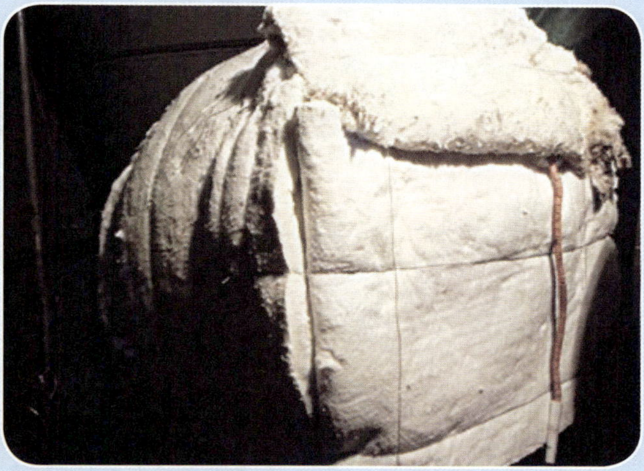

图 2-55　PWHT 保温情况

（a）坡口机械切削中　　　　（b）坡口机械切削后

图 2-57　坡口加工后的照片

图 2-58　23 号焊口的对口照片

图 2-59　焊缝照片

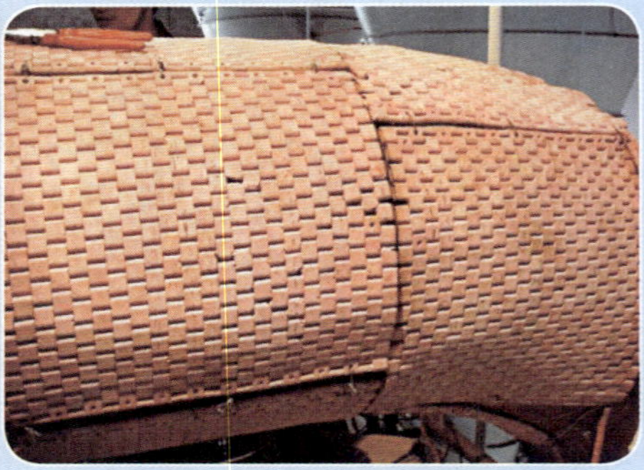

图 2-61　PWHT 加热器的布置

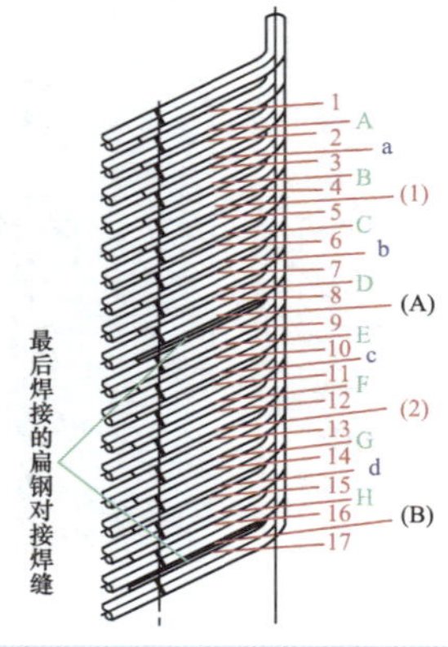

图 3-13　嵌入扁钢与 T23 管子之间的角焊缝焊接顺序

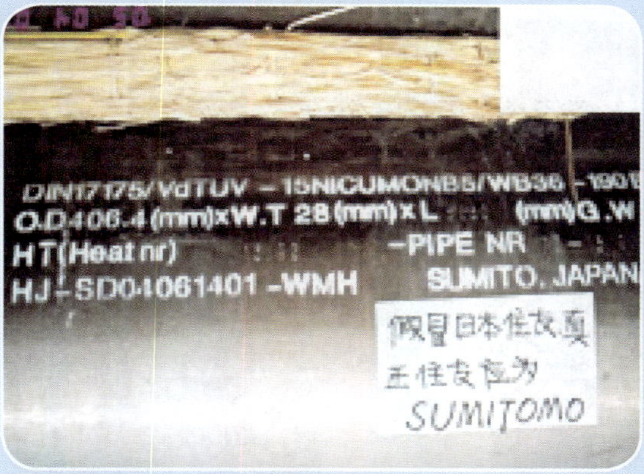

图 4-1　假冒进口 P91 材质

图 4-2　受热面管子表面损伤

图 4-3　联箱管子碰折

图 4-4　联箱内壁清洁度不良

图 4-5　T91 联箱下接管母材分层缺陷

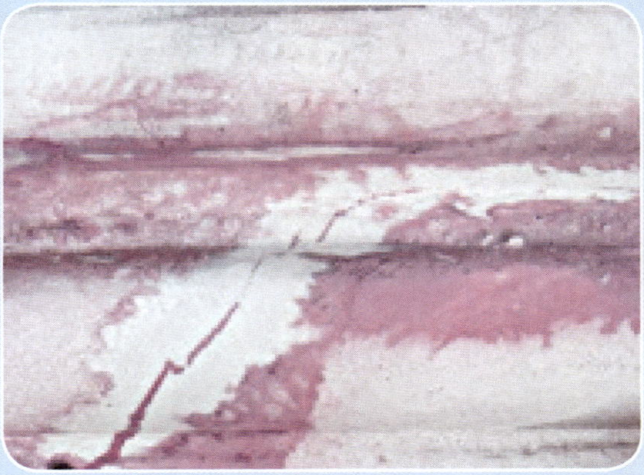

图 4-6　水冷壁裂纹

图 4-7　P92 母材分层缺陷

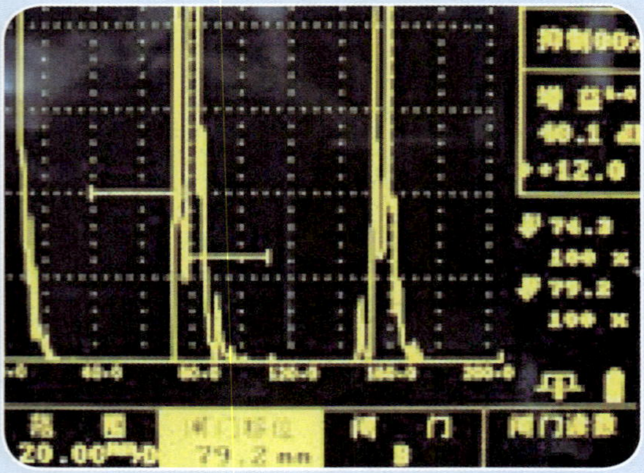

图 4-8　P92 母材分层缺陷超声波信号

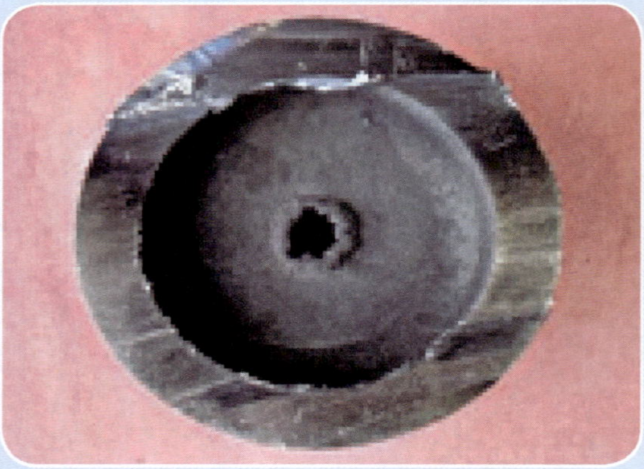

图 4-11　节流孔板进水侧垢样形貌

图 4-12　T23 水冷壁管子开裂

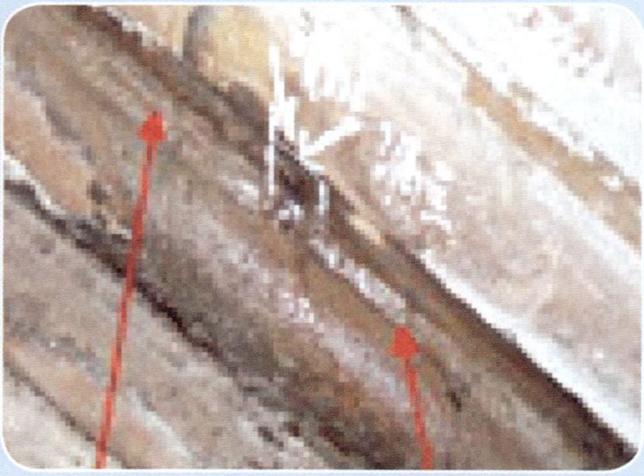

图 4-13　T23 水冷壁管子鳍片开裂

图 4-15　水冷壁鳍片开裂

图 4-16　水冷壁泄漏

图 4-18　水冷壁腐蚀形貌

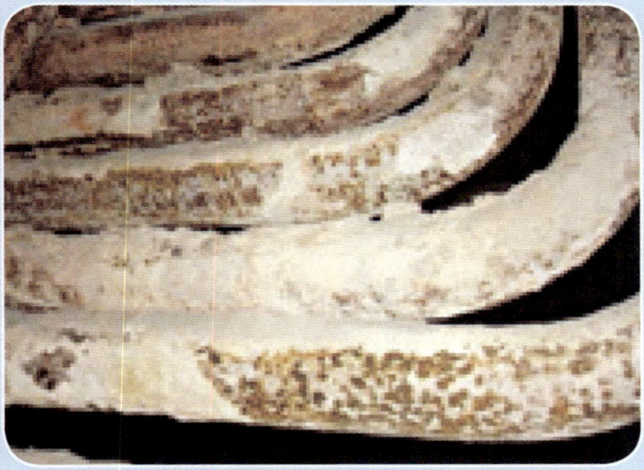

图 4-19　过热器腐蚀形貌

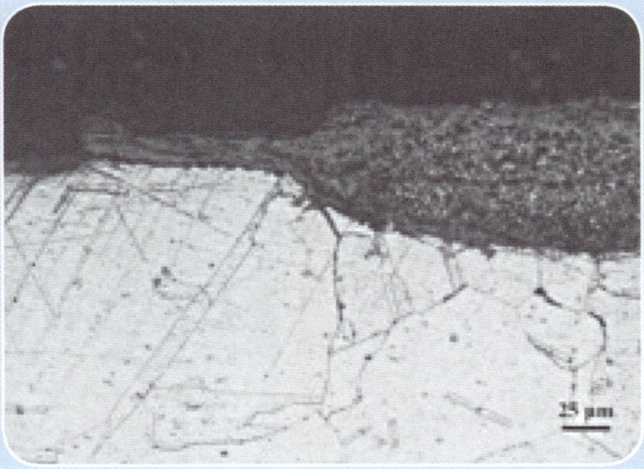

图 4-20　管子外壁的显微组织

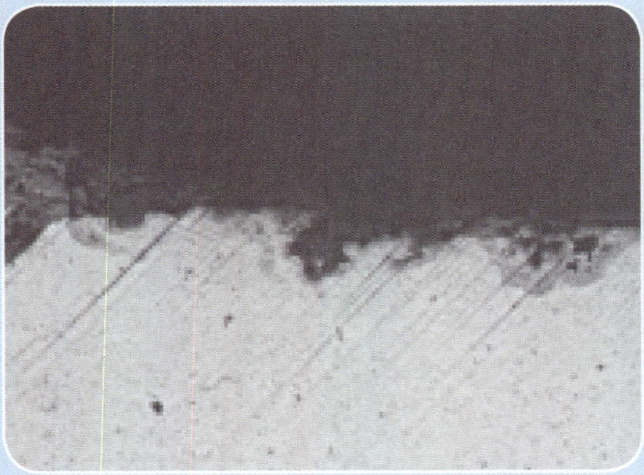

图 4-21　外壁的腐蚀坑形貌

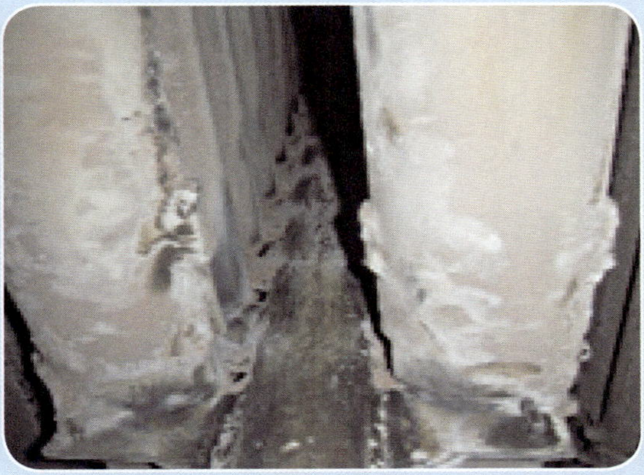

图 4-22　尾部吹损示意图 1

图 4-23　尾部吹损示意图 2

图 4-24　高温高压管道上连接小管路的宏观形貌

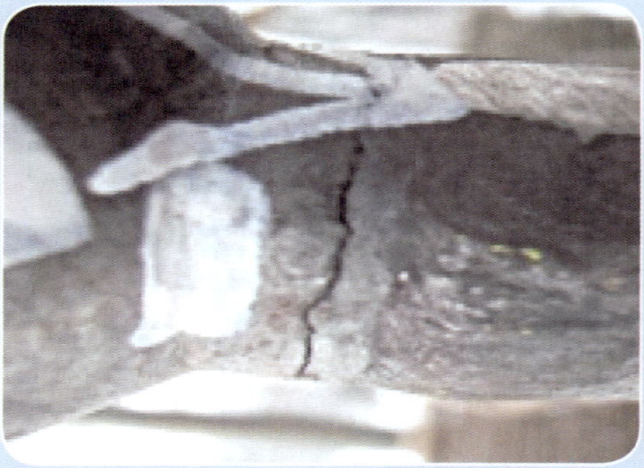

图 4-25　接管焊口裂纹

图 4-26　排空管磁粉检验缺陷显示

图 4-27　热段 A 侧排空管管座内开孔裂纹形貌

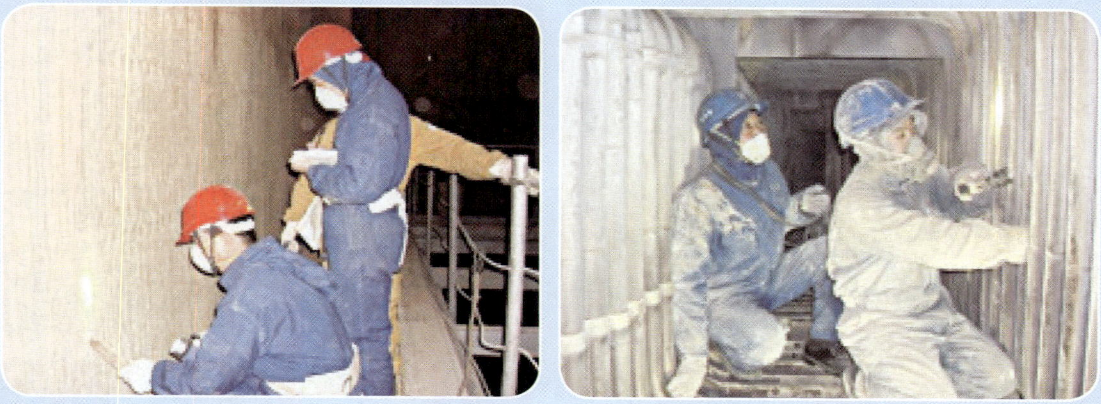

图 4-28　水冷壁防磨防爆及尾部检查

图 5-1　水冷壁节流孔结垢

图 5-2　T23 水冷壁开裂

图 5-3　12Cr1MoVG 联箱三通焊接接头裂纹

图 5-4　T23 管座裂纹

图 5-5　取含 δ　铁素体视图

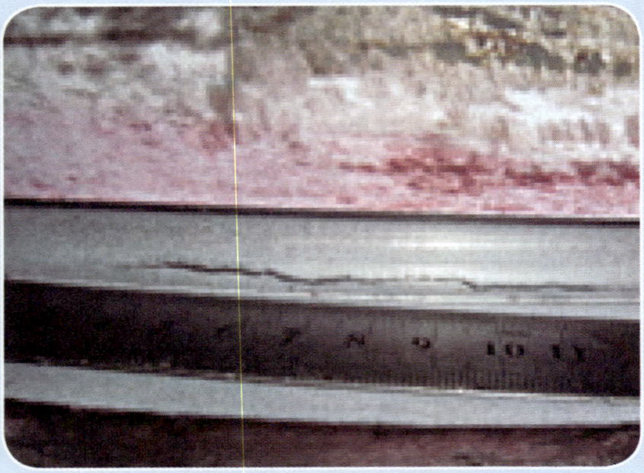

图 5-7　联箱开裂

图 5-8　热段裂纹，运行 4 个月

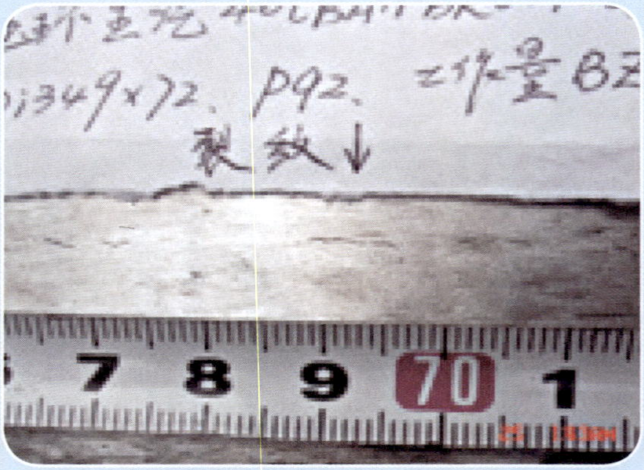

图 5-9　主蒸汽管道表面微裂纹

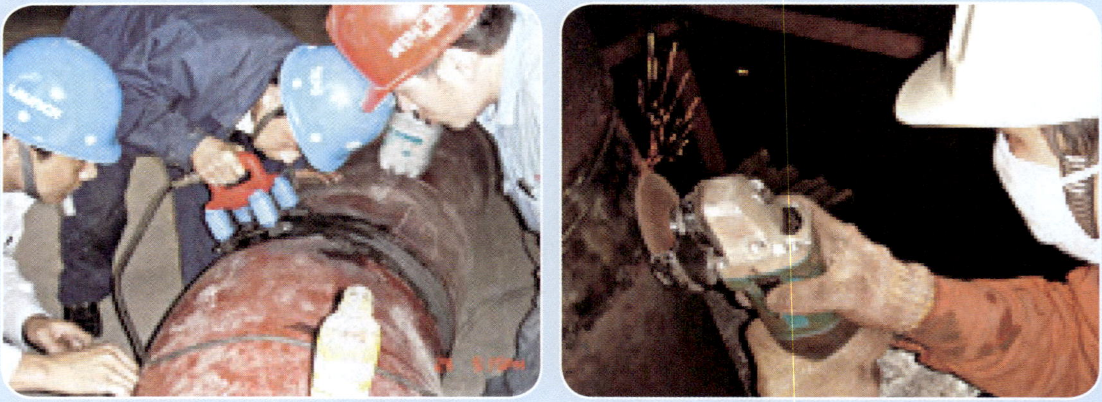

图 5-10　打磨消缺现场

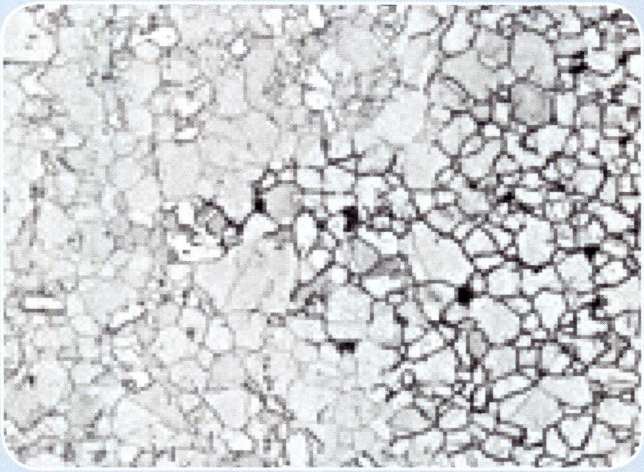

图 5-11　Super304H 钢裂纹尖端金相组织

图 5-12　抛光态裂纹的宏观形貌照片

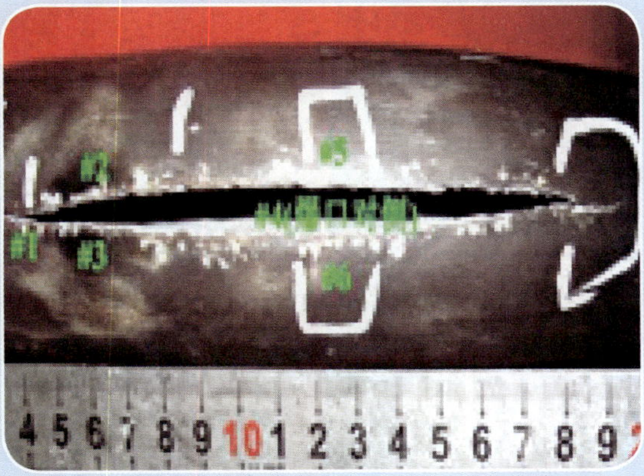

图 5-13　HR3C 钢爆管

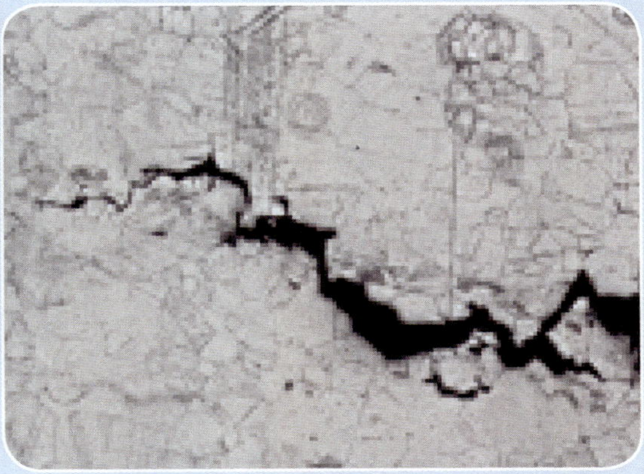

图 5-14　HR3C 钢爆管裂纹尖端

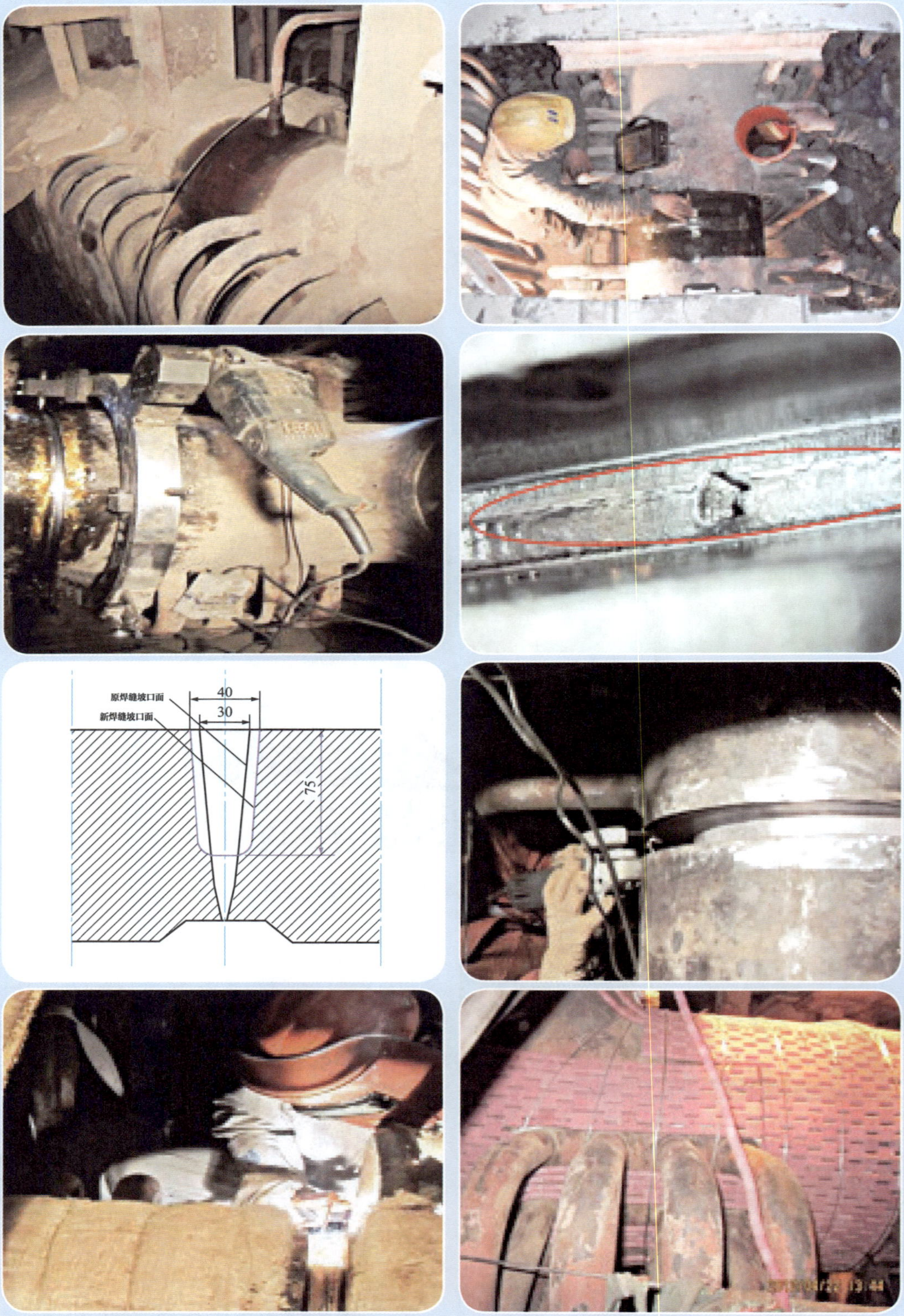

图 5-15　四级过热器出口联箱 P122 厂家焊缝检测消缺过程图片

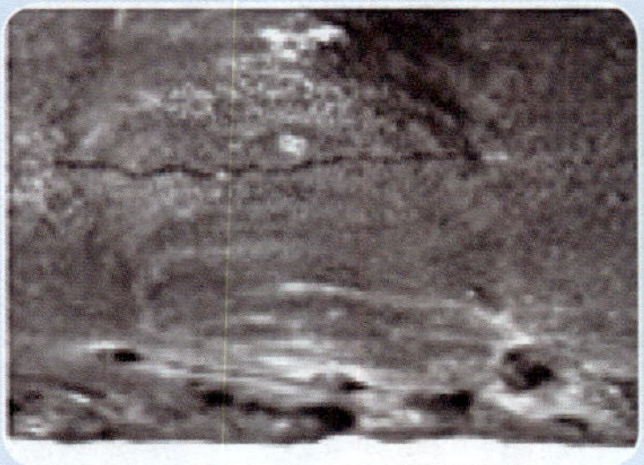

图 5-17 对接焊缝宏观裂纹图

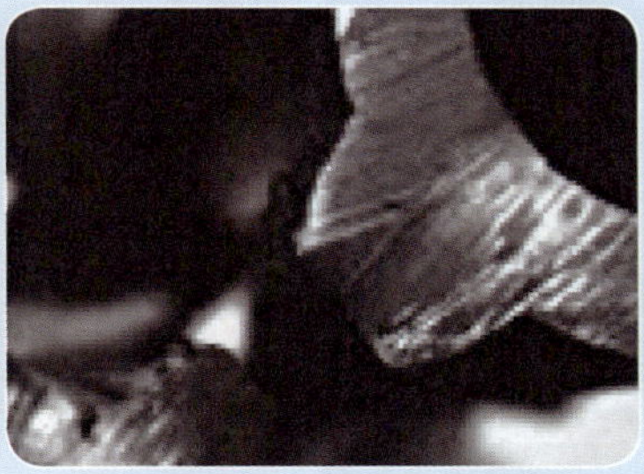

图 5-18 管子和鳍片焊缝处的裂纹

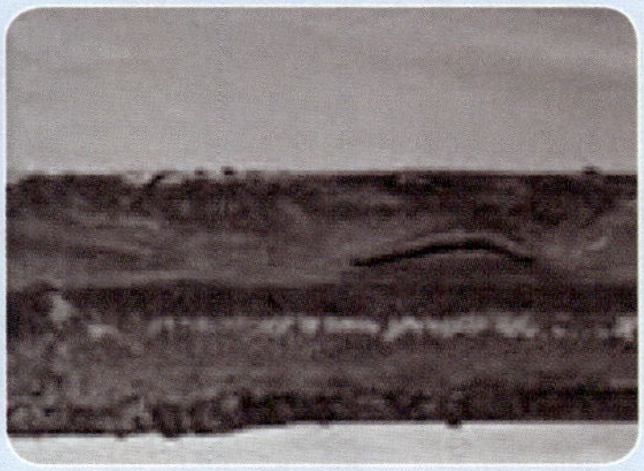

图 5-19 鳍片焊缝处爆裂外观

图 5-20 TP347H/T22 爆口（下端 T22）

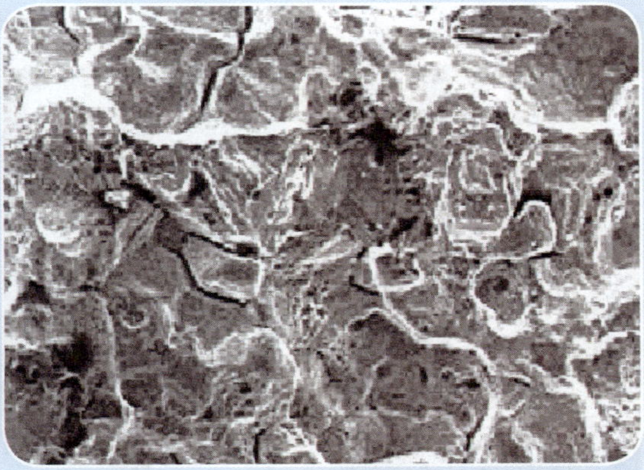

图 5-21 沿晶和穿晶断裂与二次裂纹

图 5-22 HR3C/T92 焊缝开裂（T92 端开裂）

图 5-23 HR3C/T92 焊缝开裂（T92 端开裂）

图 5-24　12Cr1MoVG/T23 角焊缝开裂
（T23 端开裂）

图 5-25　12Cr1MoVG /T23 对接焊缝
（T23 端开裂）

（a）照片（一）

（b）照片（二）

（c）照片（三）

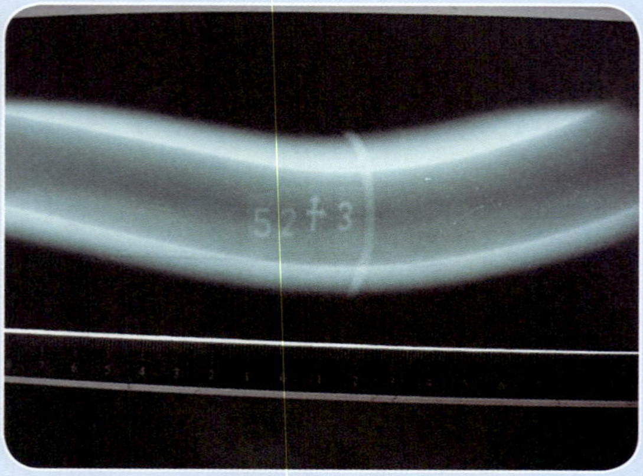

（d）照片（四）

图 7-1　过热系统氧化皮堆积

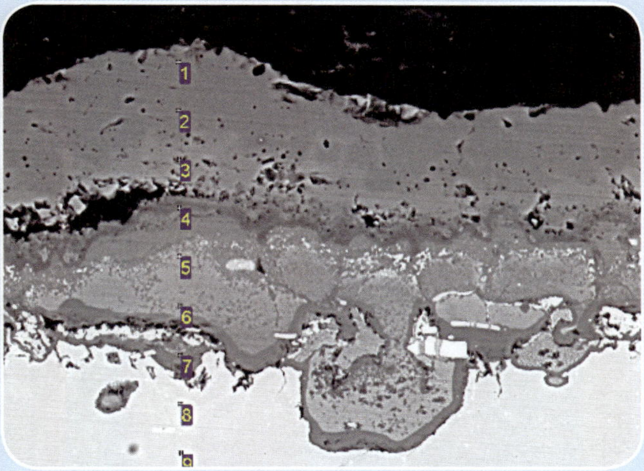

图 7-2　SUP304H 钢管内壁氧化皮成分分布

(a)　Ⅱ级屏式过热器

(b)　Ⅲ级屏式过热器

(c)　末级过热器

(d)　末级再热器

图 7-5　管子内壁剥落氧化皮的宏观形貌

图 7-6　蒸汽吹扫后过热器管内剥落氧化皮的堵塞形貌

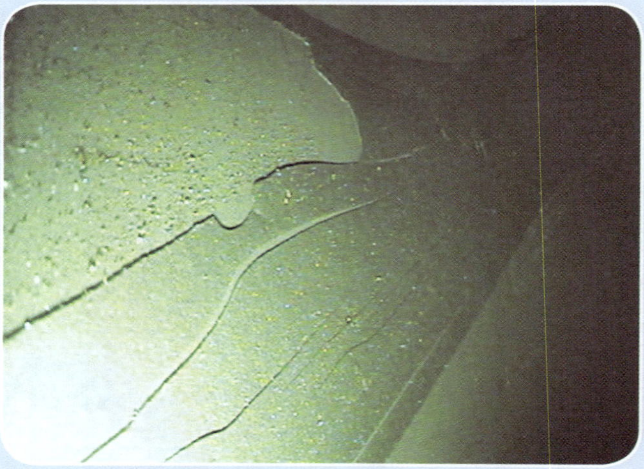

图 7-7　高温再热器内壁附着氧化皮的开裂起层形貌

图 7-8　高温再热器内壁已开裂起层但尚未脱落的氧化皮

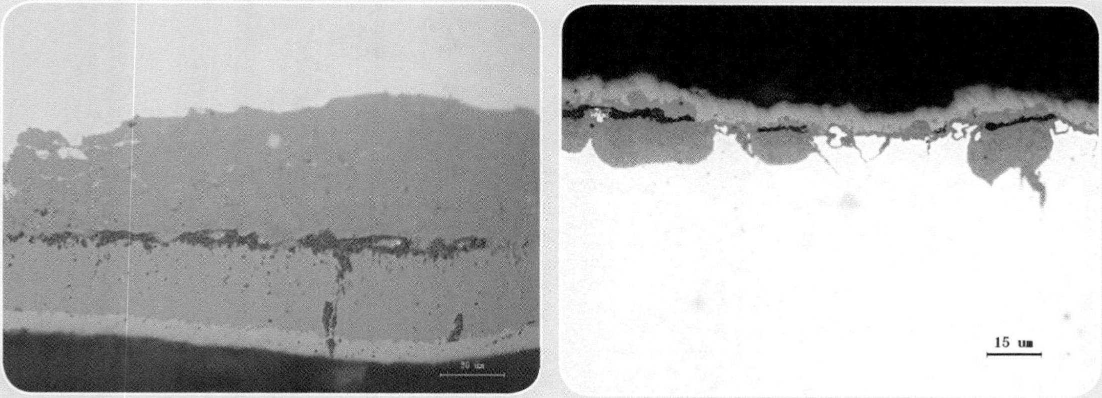

（a）二级对流再热器内壁未剥落部位氧化皮　　（b） Ⅲ级屏式过热器管内壁未剥落部位氧化皮

图 7-9　二级对流再热器和Ⅲ级屏式过热管内壁未剥落部位氧化皮的横截面金相照片

（a）二级对流再热器内壁剥落部位氧化皮　　（b） Ⅲ级屏式过热管内壁剥落部位氧化皮

图 7-10　二级对流再热器和Ⅲ级屏式过热器管内壁剥落部位氧化皮的横截面金相照片

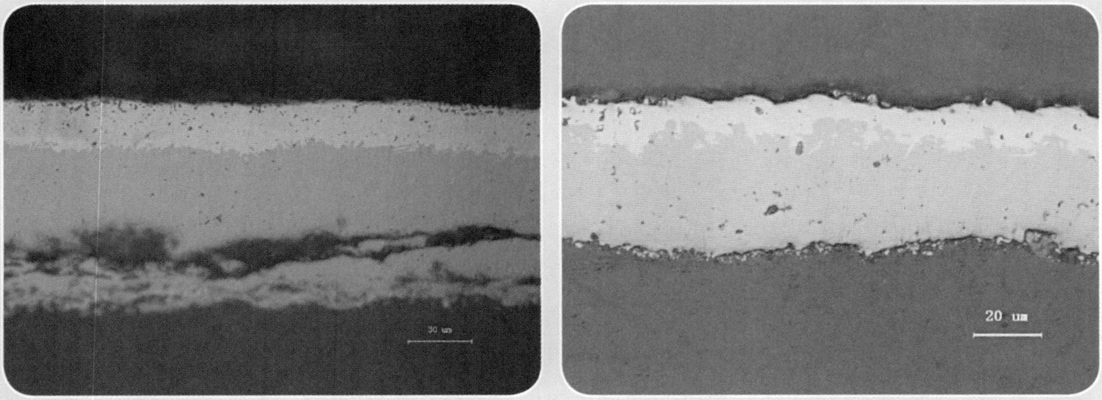

（a）二级对流再热器内收集到的剥落氧化皮　（b） Ⅲ级屏式过热器管内收集到的剥落氧化皮

图 7-11　二级对流再热器和Ⅲ级屏式过热器弯管内收集到的剥落氧化皮横截面金相照片

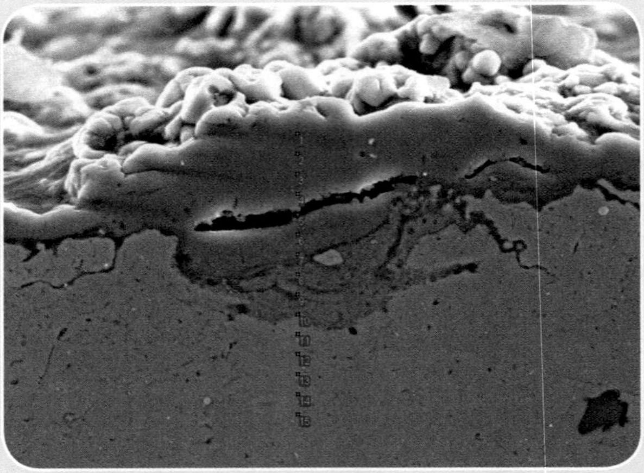

图 7-12　Ⅲ级屏式过热器管样内壁原生氧化皮外层未剥落部位横截面微区能谱分析位置图

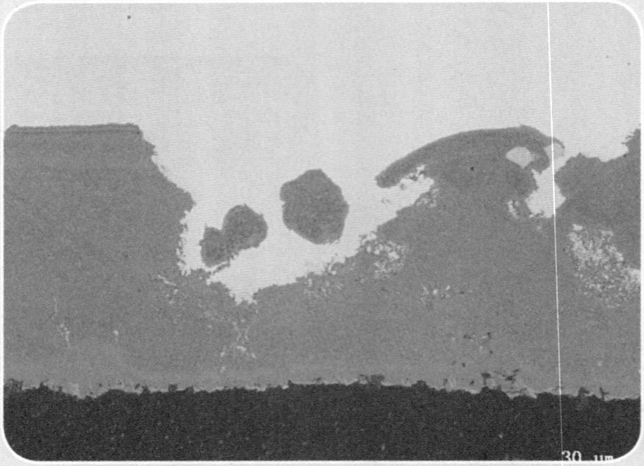

（a）二级对流再热器内壁氧化皮剥落部位

（b）二级对流过热器内壁氧化皮剥落部位

图 7-13　管样内壁氧化皮剥落部位在后继半年多运行过程中的生长形貌

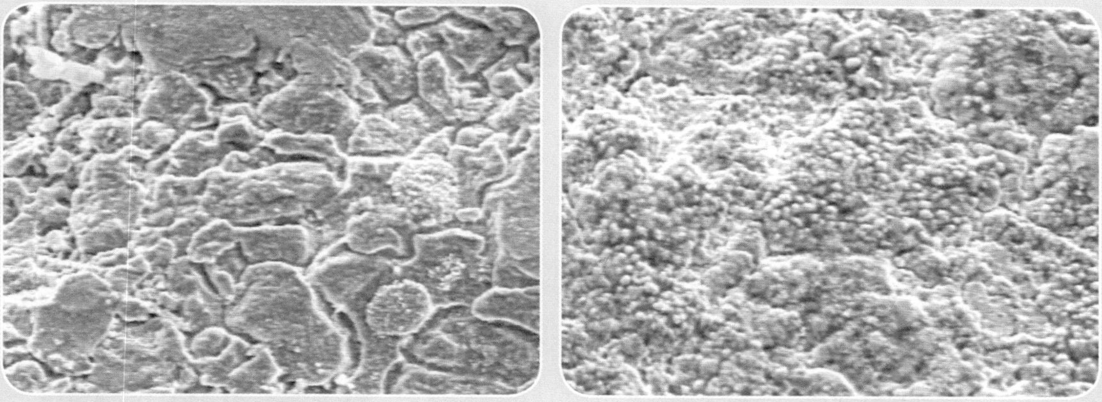

（a）未喷丸表面　　　　　　　　　　（b）喷丸表面

图 7-15　Super304H 钢管 650℃ ×24h 氧化后的氧化膜形貌

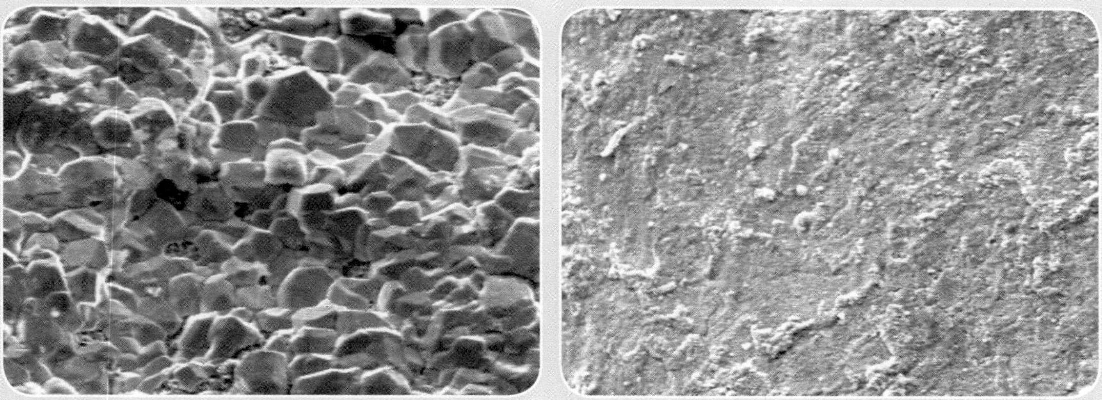

（a）未喷丸表面　　　　　　　　　　（b）喷丸表面

图 7-16　Super304H 钢管 700℃ ×24h 氧化后的氧化膜形貌

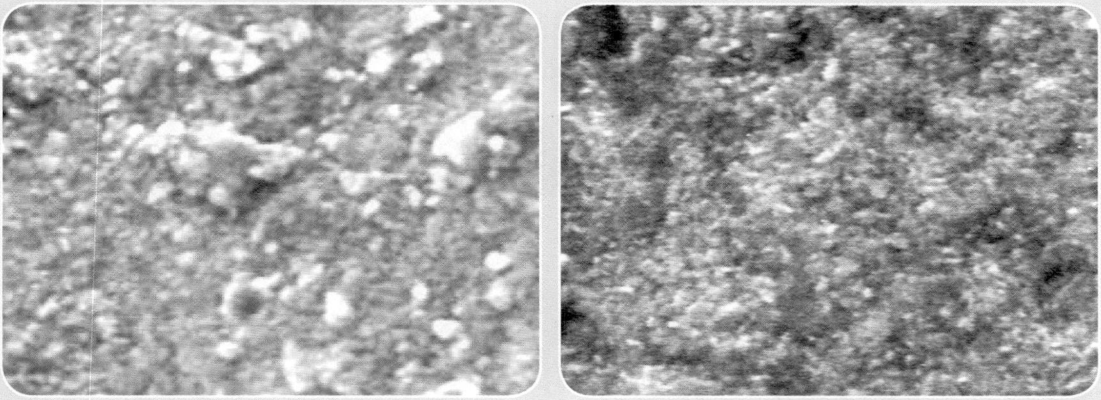

（a）未喷丸表面　　　　　　　　　　（b）喷丸表面

图 7-17　TP347H 钢管 700℃ ×24h 氧化后的氧化膜形貌

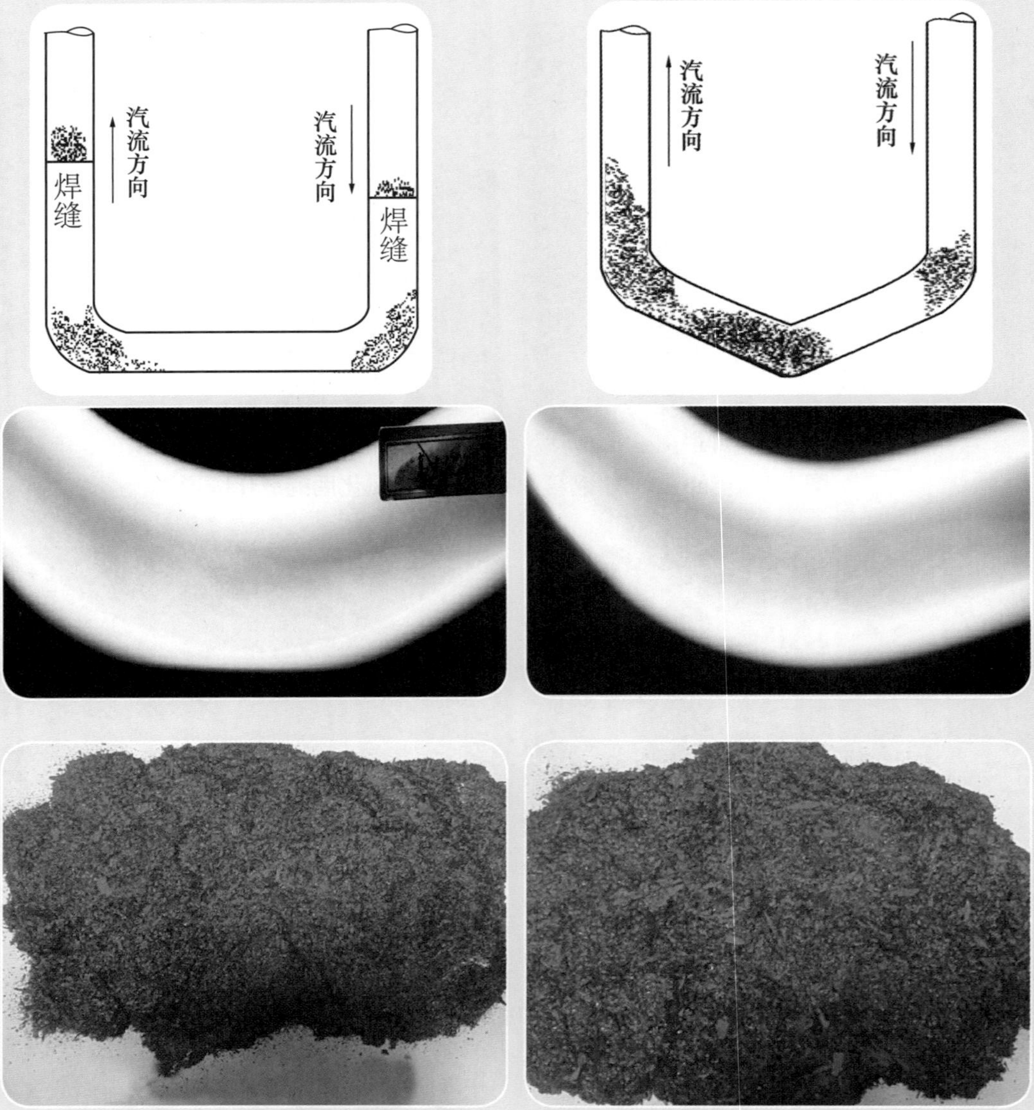

图 7-18　氧化物在钢管内剥离堆积堵塞

图 7-26　高温再热器 14 屏第 4 管照片